情報処理技術者試験学習書

出るとこだけ！
基本情報技術者
テキスト＆問題集 科目A 科目B

矢沢 久雄

2024年版

シラバス Ver.8.1 対応

対応試験：FE

本書内容に関するお問い合わせについて

このたびは翔泳社の書籍をお買い上げいただき、誠にありがとうございます。弊社では、読者の皆様からのお問い合わせに適切に対応させていただくため、以下のガイドラインへのご協力をお願い致しております。下記項目をお読みいただき、手順に従ってお問い合わせください。

●ご質問される前に
弊社 Web サイトの「正誤表」をご参照ください。これまでに判明した正誤や追加情報を掲載しています。

正誤表　https://www.shoeisha.co.jp/book/errata/

●ご質問方法
弊社 Web サイトの「書籍に関するお問い合わせ」をご利用ください。

書籍に関するお問い合わせ　https://www.shoeisha.co.jp/book/qa/

インターネットをご利用でない場合は、FAX または郵便にて、下記 "翔泳社 愛読者サービスセンター" までお問い合わせください。
電話でのご質問は、お受けしておりません。

●回答について
回答は、ご質問いただいた手段によってご返事申し上げます。ご質問の内容によっては、回答に数日ないしはそれ以上の期間を要する場合があります。

●ご質問に際してのご注意
本書の対象を超えるもの、記述個所を特定されないもの、また読者固有の環境に起因するご質問等にはお答えできませんので、予めご了承ください。

●郵便物送付先および FAX 番号
送付先住所　〒160-0006　東京都新宿区舟町 5
FAX 番号　　03-5362-3818
宛先　　　　（株）翔泳社 愛読者サービスセンター

※ 著者および出版社は、本書の使用による情報処理技術者試験合格を保証するものではありません。
※ 本書に記載された URL 等は予告なく変更される場合があります。
※ 本書の出版にあたっては正確な記述に努めましたが、著者および出版社のいずれも、本書の内容に対してなんらかの保証をするものではなく、内容やサンプルに基づくいかなる運用結果に関してもいっさいの責任を負いません。
※ 本書に掲載されている画面イメージなどは、特定の設定に基づいた環境にて再現される一例です。
※ 本書に記載されている会社名、製品名はそれぞれ各社の商標および登録商標です。
※ 本書では™、®、©は割愛させていただいております。

はじめに

　皆さん、こんにちは。本書の著者の矢沢久雄と申します。基本情報技術者試験は、IT エンジニアが職業人として仕事をして行く上で、免許に相当するぐらい重要な試験です。そのため、IT 企業への就職を目指す学生さんや、IT 企業の新入社員さんたちが、試験の合格を目指して一生懸命勉強しています。中堅社員さんやベテラン社員さんの中にも、試験にチャレンジしている人が、たくさんいらっしゃいます。

　国家試験なので、試験に出題されるテーマは、きちんと決められています。また、ほとんどの過去問題（令和5年度は公開問題）が公開されています。したがって、試験に合格するには、できるだけ多くの過去問題を解き、知らないことがあれば調べ、できない問題があれば繰り返し練習すればよいのです。ただし、それを自分一人でできるようになるには、前段階として、しっかりと基本的な知識を習得しておく必要があります。

　私は、長年にわたって、様々な企業や学校で、基本情報技術者試験の対策講座の講師を務めてまいりました。私の講座の内容は、自分一人で過去問題を解けるようになるための基本的な知識を提供するものです。IT を本格的に学ぶのは初めて、という受講者を対象にしています。独学ではわかりにくいテーマに重点を置いて、基礎概念や用語の意味から実際の試験問題の解法まで、とことんていねいに指導しています。本書は、私の講座を紙上で再現したものです。本書が、皆さんの試験合格の一助となれば幸いです。

2023年10月吉日

矢沢久雄

Contents
目次

本書内容に関するお問い合わせについて ……………………………………… ii
はじめに ……………………………………………………………………………… iii
本書の使い方 ………………………………………………………………………… viii
キャラクター紹介 …………………………………………………………………… xi
読者特典 ……………………………………………………………………………… xii

chapter 1 受験ガイダンス 001

1.0 なぜ基本情報技術者試験を受けるのか？ ………………………………… 002
1.1 基本情報技術者試験の内容 ………………………………………………… 005
1.2 情報処理推進機構のWebページから入手できる情報 …………………… 009
1.3 問題解法テクニック ………………………………………………………… 015
1.4 学習方法と学習スケジュール ……………………………………………… 018

chapter 2 2進数 021

2.0 なぜ2進数を学ぶのか？ …………………………………………………… 022
2.1 10進数と2進数の変換 ……………………………………………………… 028
2.2 2進数と16進数および8進数の変換 ……………………………………… 032
2.3 2の補数表現と小数点形式 ………………………………………………… 037
2.4 シフト演算と符号拡張 ……………………………………………………… 045
2.5 2進数の練習問題 …………………………………………………………… 051
2.6 2進数の練習問題の解答・解説 …………………………………………… 054

iv

chapter 3 論理演算 057

3.0	なぜ論理演算を学ぶのか？	058
3.1	論理演算とベン図の関係	063
3.2	論理演算で条件を結び付ける	066
3.3	論理演算によるマスク	070
3.4	論理演算による加算	075
3.5	論理演算の練習問題	083
3.6	論理演算の練習問題の解答・解説	088

chapter 4 データベース 093

4.0	なぜデータベースを学ぶのか？	094
4.1	E-R図	102
4.2	関係データベースの正規化	106
4.3	SQL	113
4.4	トランザクション処理	128
4.5	データベースの練習問題	135
4.6	データベースの練習問題の解答・解説	140

chapter 5 ネットワーク 145

5.0	なぜネットワークを学ぶのか？	146
5.1	ネットワークの構成とプロトコル	149
5.2	OSI基本参照モデル	155
5.3	ネットワークの識別番号	162
5.4	IPアドレス	167
5.5	ネットワークの練習問題	178
5.6	ネットワークの練習問題の解答・解説	182

chapter 6 セキュリティ …………………………………… 185

6.0	なぜセキュリティを学ぶのか？	186
6.1	技術を悪用した攻撃手法	190
6.2	セキュリティ技術	195
6.3	セキュリティ対策	204
6.4	セキュリティ管理	212
6.5	セキュリティの練習問題	215
6.6	セキュリティの練習問題の解答・解説	219

chapter 7 アルゴリズムとデータ構造 …………………… 223

7.0	なぜアルゴリズムとデータ構造を学ぶのか？	224
7.1	基本的なソートのアルゴリズム	231
7.2	基本的なサーチのアルゴリズム	238
7.3	基本的なデータ構造	247
7.4	アルゴリズムとデータ構造の練習問題	257
7.5	アルゴリズムとデータ構造の練習問題の解答・解説	262

chapter 8 テクノロジ系の計算問題 ………………………… 265

8.0	なぜテクノロジ系の計算問題が出題されるのか？	266
8.1	コンピュータシステムの計算問題	273
8.2	技術要素の計算問題	279
8.3	開発技術の計算問題	283
8.4	テクノロジ系の計算問題の練習問題	291
8.5	テクノロジ系の計算問題の練習問題の解答・解説	295

chapter 9 マネジメント系とストラテジ系の要点 ········· 299

9.0	なぜマネジメント系とストラテジ系の要点を学ぶのか？ ········· 300
9.1	マネジメント系の要点 ········· 305
9.2	ストラテジ系の要点 ········· 310
9.3	マネジメント系とストラテジ系の要点の練習問題 ········· 317
9.4	マネジメント系とストラテジ系の要点の練習問題の解答・解説 ········· 321

chapter 10 マネジメント系とストラテジ系の計算問題 ········· 325

10.0	なぜマネジメント系とストラテジ系の計算問題が出題されるのか？ ····· 326
10.1	マネジメント系の計算問題 ········· 331
10.2	ストラテジ系の計算問題 ········· 341
10.3	マネジメント系とストラテジ系の計算問題の練習問題 ········· 347
10.4	マネジメント系とストラテジ系の計算問題の練習問題の解答・解説 ····· 351

chapter 11 科目Bの対策 ········· 357

11.0	なぜ擬似言語の読み方と情報セキュリティのポイントを学ぶのか？ ····· 358
11.1	疑似言語の読み方 ········· 362
11.2	情報セキュリティのポイント ········· 381
11.3	科目Bの対策の練習問題 ········· 386
11.4	科目Bの対策の練習問題の解答・解説 ········· 392

Appendix 基本情報技術者模擬試験のご案内 ········· 395

Appendix 01	なぜ試験問題の全問を解くのか？ ········· 396
Appendix 02	模擬試験のダウンロード方法と実施方法 ········· 397

索引 ········· 399

本書の使い方

本書の著者は、長年にわたって、基本情報技術者試験の対策講座で講師を勤めてきました。その講義では、受験者に「わかるから楽しい」と感じていただくことを目的にしています。楽しければ、自ら進んで学習を続けられ、必ず試験に合格できるからです。本書は、このコンセプトを引きついでいます。

なぜ？がわかる
各章の冒頭のセクションでは、その章で習得する内容がなぜ必要なのかについて解説します。

人気講座を再現
著者による大人気の試験対策講座を紙面に再現しています。豊富な例題を解きながら理解を深めていきます。

ここに注目！
本書に掲載されている、数多くの図、表、例題の攻略のポイントをつぶやきます。吹き出しは要チェックです。

テクノロジ系に重点を置く
最小限の労力で合格を勝ち取るため、テクノロジ系に重点を置いた構成を採用しています。

chapter 1 | 基本情報技術者試験への取り組み方について確認します

基本情報技術者試験の制度や問題構成など、受験の際に必ず知っておくべき情報を提供します。また、代表的な問題解法テクニックを、例題をまじえて紹介します。さらに、学習の方法やスケジュールについてもレクチャーします。

まず試験全体について見ていきましょう

情報の入手方法を知りましょう

問題解法テクニックを学んで得点力をアップします

chapter 2-8 | テクノロジ系分野の重要項目をていねいに解説します

当たり前のことですが、基本情報技術者試験に合格するには、合格点を取らねばなりません。試験の出題分野の配分は、毎回ほぼ同じです。したがって、得点をアップするには、苦手分野を1つでも多く克服する必要があります。本書は、多くの受験者が苦手としているテクノロジ系の分野に重点を置いて、基礎からていねいに解説します。

なぜ学ぶのか？ から始めましょう

難しい概念も、ていねいな解説で理解できます

難関のアルゴリズムだって順を追っていけば大丈夫

chapter 9-10 | マネジメント系とストラテジ系については問題を解くコツ（要点）と計算問題の対策で攻略します

基本情報技術者試験の出題分野には、テクノロジ系だけでなく、マネジメント系とストラテジ系があります。本書は、マネジメント系とストラテジ系は問題を解くコツと計算問題に重点を置いて解説します。つかみどころのない問題にどう対処したらよいか、などについても詳しく説明しています。

なぜ？ を考えることが対策へのヒントになります

アローダイアグラムの問題はほぼ毎回のように出題されます

会計の知識も少しだけ必要になります

chapter 11 科目Bの対策をします

科目Bでは、アルゴリズムとプログラミング、および情報セキュリティの問題が出ます。アルゴリズムとプログラミングで使われる擬似言語の読み方と、情報セキュリティのポイントを知り、科目Bの対策をしましょう。

科目Bの出題分野を確認しましょう

擬似言語の読み方をマスターしましょう

情報セキュリティのポイントを知りましょう

Appendix 読者特典 科目Aと科目Bの模擬試験を行います

実際の試験を受ける前に、模擬試験として、科目Aと科目Bそれぞれの1回分の全問を解いて、制限時間内に解答する練習をしておきましょう。自分の苦手分野がわかったら、本書の該当する章を復習しましょう。模擬試験の問題、解答、および解説は、翔泳社のWebページからダウンロードしてください。

模擬試験1回分を解いてみましょう

解説を読んで理解しましょう

キャラクター紹介

モコ先生
情報処理技術者試験を熟知したベテラン講師。ネクタイは派手な色が好み。ソフトクリームに見間違えられることがある。

ひかるくん
IT企業に入社したばかりのエンジニア。基本情報技術者試験にチャレンジ中。趣味は寝ること、YouTubeを観ること、ソフトクリームを食べること。

ひかるくんの会社の先輩たち

読者特典

科目Aと科目Bの模擬試験を提供します

実際の試験を受ける前に、模擬試験として、科目Aと科目Bそれぞれの1回分の全問を解いて、制限時間内に解答する練習をしておきましょう。自分の苦手分野がわかったら、本書の該当する章を復習しましょう。模擬試験の問題、解答、および解説は、下記のURLからダウンロードしてください。

最短合格の道筋を解説した特典動画付き！

科目A・科目Bを効率よく合格する方法を著者自らが解説。最短合格のエッセンスが学べます。

スマホで使えるWebアプリ付き

過去の科目A・午前問題をスキマ時間で学べる。PCやタブレットでも使える。

過去5回分の過去問題が解ける！

模擬試験1回分に加えて、5回分（平成29年秋～令和元年秋）の過去問題＆解答解説もPDFで提供。

▼全読者特典のダウンロードはこちら▼

全読者特典は、以下のURLもしくはQRコードよりダウンロードが可能です。

https://www.shoeisha.co.jp/book/present/9784798183282

chapter 1
受験ガイダンス

第1章

この章では、試験制度や問題構成など、基本情報技術者試験を受験する際に、必ず知っておくべき情報を提供します。さらに、代表的な問題解法テクニックと例題を紹介します。

1.0 なぜ基本情報技術者試験を受けるのか？
1.1 基本情報技術者試験の内容
1.2 情報処理推進機構のWebページから入手できる情報
1.3 問題解法テクニック
1.4 学習方法と学習スケジュール

アクセスキー　K（大文字のケー）

section
1.0

重要度 ★★★　　難易度 ★☆☆

なぜ基本情報技術者試験を受けるのか？

ここがポイント！
- 基本情報技術者試験の位置付けを知りましょう。
- 基本情報技術者試験とITSSの対応を知りましょう。
- 基本情報技術者試験に合格する意義を知りましょう。

ITエンジニアの国家試験

　医師には医師国家試験があり、美容師には美容師国家試験があるように、ITエンジニアにも国家試験があります。それが、**情報処理技術者試験**です。
　情報処理技術者試験を受ける理由は、医師国家試験や美容師国家試験を受ける理由と同じです。特定の分野の専門知識を持ち、職業人として仕事を行う資格があることを示すためです。

基本情報技術者試験の位置付け

　IT業界には様々な職種があるため、情報処理技術者試験も、いくつかの試験区分に分けられています。その中で**基本情報技術者試験**は、図1.1のように最も基礎に位置付けられています。試験に合格すれば、ITエンジニアに必要とされる基礎知識を持っていることを示せます。

基本情報技術者試験はよく「ITエンジニアの登竜門」とも言われますよ！

ITエンジニアにとって、大事な試験なんですね！

図1.1 情報処理技術者試験の試験区分（情報処理技術者試験の試験要綱Ver 5.2より）

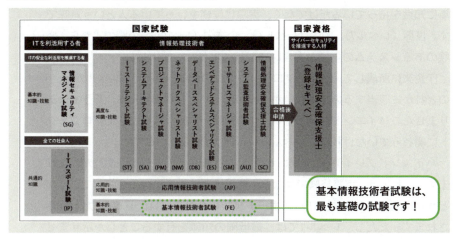

情報処理技術者試験とITSSの対応

　経済産業省が定めた**ITSS**（IT Skill Standard、ITスキル標準）というものがあります。これは、個人のIT関連能力を7段階のレベルに分類したものです。表1.1に、ITSSのレベル、能力、および主な判定方法を示します。

表1.1 個人のIT関連能力を7段階に分類したITSS

レベル	能　力	判定方法
レベル7	国内のハイエンドプレイヤーかつ世界で通用するプレイヤーである	実務経験
レベル6	国内のハイエンドプレイヤーである	実務経験
レベル5	企業内のハイエンドプレイヤーである	実務経験
レベル4	高度な知識と技能を有する	高度試験と実務経験
レベル3	応用的な知識と技能を有する	応用情報技術者試験
レベル2	基本的な知識と技能を有する	基本情報技術者試験
レベル1	最低限求められる基礎知識を有する	ITパスポート試験

基本情報技術者試験に合格すればレベル2です

1.0　なぜ基本情報技術者試験を受けるのか　**003**

上位のレベル7、6、5は、実務経験で判定されます。「プレイヤー」とは、単に知識を持っているだけでなく、実際に業務を行っている人という意味です。世界（レベル7）、国内（レベル6）、企業内（レベル5）の順ですから、経験のあるシステムの規模が大きいほどレベルが高くなります。

　IT企業に所属して何らかのプロジェクトに関わっていれば、レベル7、6、5のどれかに該当するのではないかと思われるかもしれませんが、そうではありません。ハイエンドプレイヤー、つまりリーダ的な存在としてプロジェクトに関わっていなければ、レベル7、6、5にはならないのです。

　ハイエンドプレイヤーではないなら、レベル4、3、2、1のいずれかになります。これらは、実務経験ではなく、情報処理技術者試験に合格しているかどうかで判定されます。ITパスポート試験に合格すれば、レベル1だと判定されます。ただし、レベル1では、最低限の知識を有することしか示せません。ITエンジニアとして業務を行うなら、知識だけでなく技能を有することも示す必要があります。そのためには、基本情報技術者試験に合格して、少なくともレベル2にならなければなりません。

ITスキルにレベルがあったんですね。

そうなんです。基本情報技術者試験に合格すると、レベル2として評価されますよ。

まずレベル2になって、そこからどんどんスキルをアップしていくぞ！

section 1.1 基本情報技術者試験の内容

重要度 ★★★　難易度 ★☆☆

ここがポイント！
- 科目Aと科目Bの問題の構成を知りましょう。
- 科目Aは、すべての分野から出題されます。
- 科目Bは、擬似言語のプログラムの問題が80%です。

試験の構成

基本情報技術者試験の問題の構成を表1.2に示します。試験は、科目Aと科目Bに分けられています。科目Aは、60問出題され60問全問に解答します。科目Bは、20問出題され20問全問に解答します。選択問題は、ありません。試験時間は、科目Aが90分で、科目Bが100分です。ここに示したのは、令和5年度（2023年度）4月以降の試験の構成です。令和4年度以前の試験では、問題の構成が異なります。

表1.2　基本情報技術者試験の問題の構成

科目名	出題分野	試験時間	問題数（解答数）	内容
科目A	全分野（テクノロジ系、マネジメント系、ストラテジ系）	90分	60問（60問）	知識を問う
科目B	アルゴリズムとプログラミング、情報セキュリティ	100分	20問（20問）	技能を問う

※本書執筆時点では、科目Aの分野ごとの出題割合は公開されていませんが、情報セキュリティに重点が置かれています。
※科目Bは、アルゴリズムとプログラミングが16問で、情報セキュリティが4問です。

> 科目A、科目Bとも全問に解答するので、解きやすい問題から着手していくとよいでしょう！

試験は、コンピュータを用いる方式で行われます。問題は、すべて多肢選択式（単一解答）です。科目A、科目Bとも、選択肢の中から正しい答えを選びます。科目Aは、すべての分野（テクノロジ系、マネジメント系、ストラテジ系）から、基本的な知識や用語の意味を問う問題が出題されます。科

目Bでは、プログラム（擬似言語で記述されています）を読み取る問題と、情報セキュリティに関する知識を事例（架空の事例です）にした問題が出題されます。

身体の不自由等によりコンピュータを用いる方式で受験できない場合は、春期（4月）と秋期（10月）の年2回、ペーパ方式で受験できます。

　科目Aの1問の内容は、数行〜十数行程度です。1問あたりの解答時間の目安は、**90分÷60問＝1.5分**です。科目Bの1問の内容は、1〜2ページ程度（科目Aよりは長い）です。1問あたりの解答時間の目安は、**100分÷20問＝5分**です。

　科目A、科目Bとも、1000点満点で、合格の基準点は、どちらも600点です。**平均600点ではなく、科目Aと科目Bそれぞれで600点以上を取らなければならないことに注意してください。**IRTに基づいて解答結果から評価点を算出するので、問題ごとの配点割合はありません。

IRT（Item Response Theory、項目応答理論）に基づいた評価とは、統計的な理論に基づいた評価です。基本情報技術者試験は、通年で受験でき、受験したタイミングによって問題の内容が異なります。IRTによる評価は、問題の内容が異なっていても、公平な評価ができます。

出題分野

　基本情報技術者試験の出題分野は、**テクノロジ系**、**マネジメント系**、**ストラテジ系**に大きく分類され、それぞれがいくつかの分野に分けられています。図1.2に出題分野の一覧を示します。**科目Aは、すべての分野から出題されます。科目Bは、アルゴリズムとプログラミング、および情報セキュリティの分野から出題されます。**

図1.2　基本情報技術者試験の出題分野の一覧

分野	大分類	中分類
テクノロジ系	基礎理論	基礎理論
		アルゴリズムとプログラミング
	コンピュータシステム	コンピュータ構成要素
		システム構成要素
		ソフトウェア
		ハードウェア
	技術要素	ヒューマンインターフェイス
		マルチメディア
		データベース
		ネットワーク
		セキュリティ
	開発技術	システム開発技術
		ソフトウェア開発管理技術
マネジメント系	プロジェクトマネジメント	プロジェクトマネジメント
	サービスマネジメント	サービスマネジメント
		システム監査
ストラテジ系	システム戦略	システム戦略
		システム企画
	経営戦略	経営戦略マネジメント
		技術戦略マネジメント
		ビジネスインダストリ
	企業と法務	企業活動
		法務

擬似言語

　科目Bのアルゴリズムとプログラミングの問題は、擬似言語で記述された
プログラムを読み取るものです。この擬似言語は、基本情報技術者試験独自
のプログラミング言語なので、**あらかじめ読み方を覚えておきましょう。**本
書の第11章で、擬似言語の読み方を説明します。アルゴリズムとプログラミ

1.1 基本情報技術者試験の内容　　**007**

ングの問題は、科目Bの8割を占めているので、擬似言語の読み方を覚えて
おくことは、合格への必須課題です。

　以下は、情報処理推進機構が2022年8月に公開した科目Bのサンプル問題
の一部です。擬似言語で記述されたプログラムを読み取って、穴埋めをする
内容になっています。

図1.3 **科目Bのサンプル問題**

問1　次のプログラム中の　　　　　　　に入れる正しい答えを，解答群の中か
ら選べ。

> ある施設の入場料は，0歳から3歳までは100円，4歳から9歳までは300円，10
> 歳以上は500円である。関数feeは，年齢を表す0以上の整数を引数として受け
> 取り，入場料を返す。
>
> **(プログラム)**
> ○整数型：fee（整数型：age）
> 　整数型：ret
> 　if（ageが3以下）
> 　　ret←100
> 　elseif（　　　　　　）
> 　　ret←300
> 　else
> 　　ret ← 500
> 　endif
> 　return ret
>
> **解答群**
> 　**ア**　（ageが4以上）and（ageが9より小さい）
> 　**イ**　（ageが4と等しい）or（ageが9と等しい）
> 　**ウ**　（ageが4より大きい）and（ageが9以下）
> 　**エ**　ageが4以上
> 　**オ**　ageが4より大きい
> 　**カ**　ageが9以下
> 　**キ**　ageが9より小さい

section 1.2 情報処理推進機構のWebページから入手できる情報

重要度 ★★★　難易度 ★★☆

ここがポイント！
- 試験に関する情報の種類と入手方法を知りましょう。
- 出題範囲は試験要綱とシラバスで決められています。
- 過去問題を練習することが最も効率的で効果的です。

受験案内

　情報処理技術者試験は、経済産業省が認定するものであり、試験の運営は、**独立行政法人情報処理推進機構**（IPA ＝ Information-technology Promotion Agency）によって行われています。情報処理推進機構のWebページから、試験に関する様々な情報を入手できます。

　任意のWebブラウザを使って情報処理推進機構のWebページ（https://www.ipa.go.jp/）にアクセスしたら、ページの上部にある「試験情報」をクリックしてください（図1.4）。

図1.4 情報処理推進機構のWebページ

　試験情報のWebページに切り換わったら、画面の上部を見てください。ここにあるメニューから、試験要綱・シラバス、過去問題、受験申込み、などを確認できます（図1.5）。

図1.5 情報処理技術者試験のWebページにあるメニュー

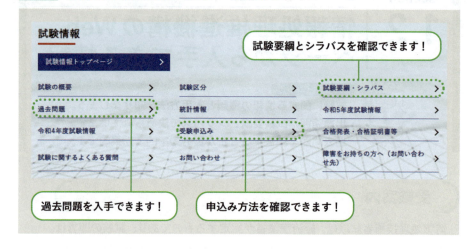

試験要綱とシラバス

　はじめて受験する人は、情報処理技術者試験のWebページにあるメニュー（図1.5）から「試験要綱・シラバス」をクリックして、基本情報技術者試験の**試験要綱**と**シラバス**（情報処理技術者試験における知識の細目）に、ざっと目を通しておきましょう。それによって、**試験に出題される問題の分野とテーマが、とても限られたものであることがわかります**。

　基本情報技術者試験は、国家試験です。出題者が自由に問題を作っているわけではありません。あらかじめ定められた試験要綱とシラバスに従って、問題が作られているのです。過去に実施された試験の問題を見ると、同じテーマの問題が、何度も出題されていることがわかります。試験要綱とシラバスに従って問題が作られているのですから、これは当然のことです。

　たとえば、令和5年度科目A公開問題問19は、CIO（シーアイオー）に関する問題です。どうして、CIOというテーマで問題が出題されたのでしょうか。それは、シラバスの中にCIOという用語が示されているからです（図1.6）。

試験要綱とシラバスには、ざっと目を通すだけでOKです！

図1.6 試験問題は、試験要綱とシラバスに従って作られている

試験問題

問19 CIOの説明はどれか。

ア　経営戦略の立案及び業務執行を統括する最高責任者
イ　資金調達，財務報告などの財務面での戦略策定及び執行を統括する最高責任者
ウ　自社の技術戦略や研究開発計画の立案及び執行を統括する最高責任者
エ　情報管理，情報システムに関する戦略立案及び執行を統括する最高責任者

どうして「CIO」に関する問題が出るのでしょうか？

シラバス

④ 情報システム戦略遂行のための組織体制
情報システム戦略遂行のための組織体制を理解する。

用語例　CIO, 情報システム戦略委員会, 情報システム部門

シラバスの中に「CIO」という用語が示されてるからです！

　CIOは、Chief Information Officer（最高情報責任者）の略語で、企業における情報管理、情報システムの戦略立案、およびそれらの執行を統括する最高責任者です。この問題の正解は、選択肢エです。
　試験要綱とシラバスの内容を、隅々まで読む必要はありません。ざっと目を通して、試験に出題される問題の分野とテーマが、とても限られたものであることを知ってください。そうすれば、安心して学習でき、やる気も出てきます。

過去問題

情報処理推進機構のWebページにあるメニュー（図1.5）から「**過去問題**」をクリックすると、過去問題と公開問題が一覧表示されたページに切り換わります（図1.7）。本書執筆時点（2023年10月）では、平成21年度春期試験～令和元年度秋期試験の過去問題と解答（令和2年度～令和4年度の過去問題と解答は公開されていません）、および令和5年度の公開問題と解答を入手できます。

令和元年度秋期試験までの過去問題は、旧制度であることに注意してください。旧制度では、試験が午前試験と午後試験に分けられていました。**旧制度の午前試験の内容は、問題数が多い（全部で80問）こと以外は、新制度の科目Aと同様なので、試験の学習題材として大いに活用してください**。それに対して、旧制度の午後試験の内容は、問題の出題分野、構成、ページ数、擬似言語の記述形式など、ほとんどの部分が異なるので、新制度の科目Bの学習題材にはならないでしょう。

令和4年度までは午前試験・午後試験だったのが、令和5年度以降は科目A・科目Bになった、ということですよね？

そうです！　科目Aは、令和4年度までの午前試験の内容ととても似ているので、公開されている令和元年度以前の過去問題も学習題材として大いに活用してください。

そうなんですね！　科目Bと、午後試験は似ていないってことですか？

出題傾向が大きく変わりました。科目Bには実際のプログラム言語の問題がなくなり、選択問題がなくて、情報セキュリティ、および、アルゴリズムとプログラミングの分野だけになりました。令和元年度以前の午後試験の過去問題は、学習題材にならないでしょう。

図1.7　過去問題が一覧表示されたページ

第1章　受験ガイダンス

CBT開始後の情報セキュリティマネジメント試験及び基本情報技術者試験の問題、解答例

令和5年度以降における情報セキュリティマネジメント試験（SG）及び基本情報技術者試験（FE）の問題、解答例は次をご覧ください。

・情報セキュリティマネジメント試験（SG）及び基本情報技術者試験（FE）　公開問題（問題冊子・解答例）

なお、令和2年度から令和4年度までの情報セキュリティマネジメント試験（SG）及び基本情報技術者試験（FE）の問題は非公開のため、問題、解答例等は掲載していません。

> 令和5年度の公開問題と解答を入手できます！

筆記による試験の問題、解答例、採点講評

問題冊子・配点割合・解答例・採点講評（2023年度、令和5年度）	問題冊子・配点割合・解答例・採点講評（2022年度、令和4年度）
問題冊子・配点割合・解答例・採点講評（2021年度、令和3年度）	問題冊子・配点割合・解答例・採点講評（2020年度、令和2年度）
問題冊子・配点割合・解答例・採点講評（2019年度、平成31年度、令和元年度）	問題冊子・配点割合・解答例・採点講評（2018年度、平成30年度）
問題冊子・配点割合・解答例・採点講評（2017年度、平成29年度）	問題冊子・配点割合・解答例・採点講評（2016年度、平成28年度）

> 旧制度の過去問題と解答を入手できます！

※このページには、令和2年度〜令和4年度も示されていますが、そこをクリックしても基本情報技術者試験の過去問題はありません（他の試験区分の過去問題があります）。

　問題と解答は、PDFファイルで提供されています。試験の年度を選んだら、図1.8に示したように「問題冊子」の部分を右クリックして表示されるメニューから「名前を付けてリンク先を保存」を選んでください（これは、Google Chromeの場合です。他のWebブラウザにも、同様のメニューがあるはずです）。問題のPDFファイルをダウンロードできます。解答のPDFファイルも、同様の手順でダウンロードできます。

1.2　情報処理推進機構のWebページから入手できる情報　**013**

図1.8 過去問題と解答をダウンロードする

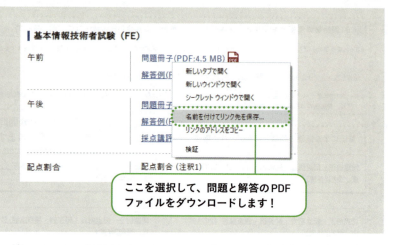

多くの過去問題と解答が、ダウンロードできちゃうんですね！

基本情報技術者試験の場合は、旧制度の平成21年度〜令和元年度の11年間分と、新制度の令和5年度の公開問題がダウンロードできますよ。
ただ、問題と解答が載っているだけで、解説や解法は書かれていません。

解説は載っていないんですね・・・。では、解法も合わせて確認したい、同じ問題をきちんと解けるようにしたい場合はどうしたらよいでしょうか？

私に任せてください！　本書の中で取り上げている問題は、どれも過去問題と公開問題で、すべてに詳しい解説と解法を示してありますよ！

section 1.3 問題解法テクニック

重要度 ★★★　　難易度 ★☆☆

ここがポイント！
- 代表的な問題解法テクニックを知りましょう。
- すべて選択問題なので消去法で解ける問題があります。
- 言葉の意味から判断して解ける問題もあります。

問題解法テクニックを意識して問題を解く

図1.9に、代表的な問題解法テクニックを示します。**これらのテクニックを意識して問題を解けば、得点が確実にアップします。**

図1.9　代表的な問題解法テクニック

- ◎選択肢に○、△、×を付けて正誤を評価する！
- ◎ヒッカケはないので、裏をかかず素直なものを選ぶ！
- ◎意味不明な選択肢は、不正解なので選ばない！
- ◎わからない用語は、言葉の意味から推測する！
- ◎具体例や、具体的な数値を想定して考える！

これらのテクニックを意識して、問題を解きましょう！

　基本情報技術者試験の問題は、すべて多肢選択式です。もしも正解を選べないなら、誤りと思われる選択肢に×を付けて消していきましょう。残ったものが正解です。

　明確に×とは判断できない選択肢には△を付けて、何ら誤りがないと思われる選択肢には○を付けます。そうして、裏をかかずに、○、△、×の中で、最も無難な印を付けた選択肢を選んでください。

　○も△も×も付けられない意味不明の選択肢は、多くの場合に誤りなので、選ばないようにしましょう。ただし、他の選択肢がすべて×で、1つだけが意味不明なら、それが正解なので選んでください。

　問題文の中にわからない用語がある場合は、英語でも日本語でも、それが

何であるかを、言葉の意味から推測してください。その際に、選択肢の文章の内容も、大いにヒントにしてください。

データがN個ある、というような問題の場合は、Nに具体的な数値を想定して、それに当てはまる選択肢を選んでください。問題に具体例が示されている場合は、それを想定してください。

問題解法テクニックを使って解ける問題の例 (その1)

問題解法テクニックを使って解ける問題の例を、いくつか紹介しましょう。はじめは、選択肢に○、△、×を付けて正誤を評価する、というテクニックで解ける問題の例です (例題1.1)。

> **例題1.1** 選択肢に○、△、×を付けて正誤を評価しよう (R01 秋 問56)
>
> **問56** システムの移行計画に関する記述のうち,適切なものはどれか。
>
> ○ **ア** 移行計画書には,移行作業が失敗した場合に旧システムに戻す際の判断基準が必要である。
> × **イ** 移行するデータ量が多いほど,切替え直前に一括してデータの移行作業を実施すべきである。
> △ **ウ** 新旧両システムで環境の一部を共有することによって,移行の確認が容易になる。
> × **エ** 新旧両システムを並行運用することによって,移行に必要な費用が低減できる。

選択肢アは、旧システムに戻す際の判断基準を設けるのですから、何も悪いことではありません。評価は、○です。選択肢イは、データ量が多ければ、移行に時間がかかるので、直前に一括というのは不適切です。評価は、×です。選択肢ウは、新旧両システムを共有することで移行の確認が容易になるかどうかわかりません。評価は、△です。選択肢エは、新旧両システムを並行運用したら、費用が増加するでしょう。評価は、×です。基本情報技術者試験には、めったにヒッカケ問題が出ないので、最も無難な正誤の評価を付けた選択肢アを選んでください。実際の正解も、選択肢アです。

問題解法テクニックを使って解ける問題の例（その2）

次は、わからない用語は、言葉の意味から推測する、というテクニックで解ける問題の例です。もしも、「**クラウドファンディング**」という用語がわからなかったら、言葉の意味から何であるかを考えてください（例題1.2）。

例題1.2　「クラウドファンディング」という言葉の意味を考えよう（R01 秋 問72）

問72　インターネットを活用した仕組みのうち，クラウドファンディングを説明したものはどれか。

ア　Webサイトに公表されたプロジェクトの事業計画に協賛して，そのリターンとなる製品や権利の入手を期待する不特定多数の個人から小口資金を調達すること

イ　Webサイトの閲覧者が掲載広告からリンク先のECサイトで商品を購入した場合，広告主からそのWebサイト運営者に成果報酬を支払うこと

ウ　企業などが，委託したい業務内容を，Webサイトで不特定多数の人に告知して募集し，適任と判断した人々に当該業務を発注すること

エ　複数のアカウント情報をあらかじめ登録しておくことによって，一度の認証で複数の金融機関の口座取引情報を一括して表示する個人向けWebサービスのこと

「クラウド」は、インターネットを利用しているという意味でしょう。「ファンディング」は、ファンド（fund＝資金）を得るという意味でしょう。したがって、「クラウドファンディング」は、インターネットを利用して資金を調達することだと推測できます。この説明に該当するのは、「Webサイトに公表された事業計画」や「小口資金を調達する」と示された選択肢アが最も適切です。実際の正解も、選択肢アです。

アドバイス

IT用語の多くは、英語です。意味のわからない言葉は、英和辞典で調べましょう。

section 1.4 学習方法と学習スケジュール

重要度 ★★★　難易度 ★★★

ここがポイント！
- 初めての受験なら、科目A、科目Bの順に学習しましょう。
- 受験経験があるなら、苦手分野に絞って学習しましょう。
- 合格基準を知り、学習スケジュールを立てましょう。

学習方法

　この章を読んで、試験制度や問題構成などがわかったら、分野ごとに学習を進めていきましょう。図1.10に、本書を使った学習方法の例を示します。これは、はじめて基本情報技術者試験を受験する人の場合です。受験経験がある人は、自分の苦手分野に絞った学習をしてください。

図1.10 本書を使った学習方法の例

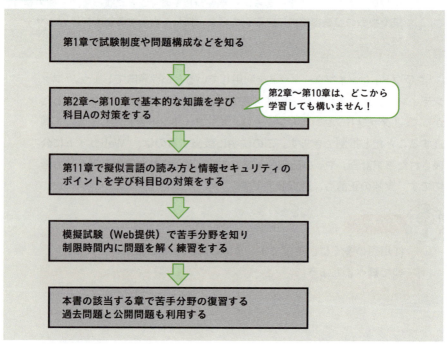

本書の第2章～第10章には、各分野のポイント解説と科目Aの問題例（旧制度の午前試験の過去問題および令和5年度の公開問題）があります。これらの章を学習すれば、科目Aの対策ができます。それぞれの章の内容は、独立しているので、どの章から学習を始めても構いません。

　本書の第11章では、科目Bの対策として、擬似言語の読み方、情報セキュリティのポイント解説、および練習問題（令和5年度の公開問題）があります。

　本書のWeb特典として、模擬試験として使える科目Aと科目Bそれぞれの1回分の問題（情報処理推進機構が2022年12月に公開したサンプル問題）を提供します。問題と解答および解説は、翔泳社のWebページからダウンロードできます（詳細はp.xii参照）。

> 学習の順番としては、「第1章」⇒「第2～10章」⇒「第11章」⇒「模擬試験」⇒「苦手分野の過去問題・公開問題」という感じですね！　合格できそう！

> 「第2～10章」の内容も「出るとこだけ！」に絞って、効率よく学習できるようになっていますよ。

> 効率的に学習して合格したいなと思っていたのでありがたいです。好きなソフトクリームのお店をまわったり、流行りの動画を見るのに忙しくて・・・。

学習スケジュール

　基本情報技術者試験は、通年で実施され、いつでも受験できます。ご自身のペースに合わせて学習スケジュールを立ててください。

　学習に要する時間は、人によって様々ですが、**はじめて受験されるなら、1日に1～2時間程度学習するとして3か月程度でしょう。**試験の合格基準は、科目Aと科目Bの両方が1000点満点で600点以上です。したがって、問題の60%以上に正解することが合格の目安となります。ただし、60%ギリギリでは不安ですので、**余裕を見て70%できるようになることを目標に学習しましょう。**

　コツコツと学習を続けていれば、知識がどんどん増えて、これまでにでき

なかった問題もできるようになります。そうして、あとどの程度学習すれば70%できるようになるかが見えてきたら、受験日を決めて申込みをしてください。受験日を決めると、これまで以上にやる気が出て、学習に力が入るはずです。

 memo

基本情報技術者試験には、科目Aが免除される制度（以下、**科目A免除制度**と呼びます）があります。これは、情報処理推進機構の認定を受けた講座を受講し、修了試験に合格することによって、基本情報技術者試験の科目Aが免除される制度です。実際の試験では科目Bだけを受験すればよいことになります。**修了試験の内容は科目Aの内容と同様**なので、**実際の試験より先に、科目Aだけを受験する制度**だといえます。

修了試験は、1つの実施期間中に2回受験できて、いずれかで合格すれば科目A免除制度が1年間有効になります。1つの実施期間における修了試験は、6月（1回目）と7月（2回目）、および12月（1回目）と1月（2回目）に行われます（これらの実施期間は、変更される場合があります）。情報処理推進機構の認定を受けた講座は、主に大学や専門学校で実施されていますが、一般が参加できる研修会社でも実施されています。どちらを利用する場合でも、**決められた回数の講座を受け（通信教育もあります）、決められた数の課題をこなさなければならない**ことに注意してください。

科目A免除制度は、長期的な学習スケジュールで試験合格を目指す受験者向けのものです。**たっぷりと時間を取れるなら、科目A免除制度の利用を検討するとよい**でしょう。科目A免除制度の詳細は、情報処理推進機構のWebページを参照してください。Webページの右上にある「検索」欄に「免除制度」と入力して検索すれば、様々な情報を見つけられます。

chapter 2

2進数

この章では、コンピュータの内部で使われている数値表現である2進数の仕組みを学習します。2進数で数えることから始めて、2進数で小数点数や負数を表す方法まで、実際に紙の上に書いて練習してください。

2.0 なぜ2進数を学ぶのか？
2.1 10進数と2進数の変換
2.2 2進数と16進数および8進数の変換
2.3 2の補数表現と小数点形式
2.4 シフト演算と符号拡張
2.5 2進数の練習問題
2.6 2進数の練習問題の解答・解説

アクセスキー 5 (数字のご)

section 2.0 なぜ2進数を学ぶのか？

重要度 ★★★　難易度 ★★★★

ここがポイント！
- 2進数を学ぶ理由を知りましょう。
- 2進数が苦手なら2進数で数える練習から始めましょう。
- 2進数の代用表現として16進数と8進数も使われます。

ビットとバイトコンピュータの内部では2進数が使われている

　コンピュータの内部では、私たち人間が慣れ親しんでいる10進数ではなく、2進数が使われています。したがって、**コンピュータの内部に関する問題を解くためには、2進数を学んでおく必要があります**。具体的には、ディジタル回路やデータの形式などに関する問題です。

2進数の苦手を克服する方法

　もしも、2進数が苦手なら、2進数で数える練習から始めましょう。**2進数は、0と1だけで数を表します**。0、1と数えたら、次に10に桁上がりします。**2進数では、10を「じゅう」ではなく、「いちぜろ」と読む約束になっています**。

表2.1　0～15個のリンゴを10進数と2進数で数える

リンゴ	10進数	2進数	リンゴ	10進数	2進数
	0	0	🍎🍎🍎🍎🍎🍎🍎🍎	8	1000
🍎	1	1	🍎🍎🍎🍎🍎🍎🍎🍎🍎	9	1001
🍎🍎	2	10	🍎🍎🍎🍎🍎🍎🍎🍎🍎🍎	10	1010
🍎🍎🍎	3	11	🍎🍎🍎🍎🍎🍎🍎🍎🍎🍎🍎	11	1011
🍎🍎🍎🍎	4	100	🍎🍎🍎🍎🍎🍎🍎🍎🍎🍎🍎🍎	12	1100
🍎🍎🍎🍎🍎	5	101	🍎🍎🍎🍎🍎🍎🍎🍎🍎🍎🍎🍎🍎	13	1101
🍎🍎🍎🍎🍎🍎	6	110	🍎🍎🍎🍎🍎🍎🍎🍎🍎🍎🍎🍎🍎🍎	14	1110
🍎🍎🍎🍎🍎🍎🍎	7	111	🍎🍎🍎🍎🍎🍎🍎🍎🍎🍎🍎🍎🍎🍎🍎	15	1111

0～1111の2進数を紙の上に書いてみましょう

10進数と区別するためです。1010なら、「いちぜろいちぜろ」と読みます。

　表2.1は、0〜15個のリンゴを、10進数と2進数で数えた様子です。2進数に慣れるまでは、0、1、10、・・・、1111と紙の上に何度も書いて練習してください。だんだん2進数の仕組みがわかるはずです。

ビットとバイト

　2進数の1桁のことを**ビット**と呼びます。ビット（bit）は、binary digit（2進数の数字）の略語です。2進数の8桁のことを**バイト**と呼びます。バイト（byte）は、「かじる」を意味するbiteをもじって作られた造語です。**8ビット＝1バイトです。**これは、12＝1ダースと呼ぶことに似ています（図2.1）。

図2.1　8ビットをまとめて1バイトと呼ぶ

```
10101010                          …2進数で8桁　＝8ビット　＝1バイト

1010101010101010                  …2進数で16桁＝16ビット＝2バイト

10101010101010101010101010101010  …2進数で32桁＝32ビット＝4バイト
```

ビットとバイトの使い分け

　試験問題では、データをビット単位で示す場合と、バイト単位で示す場合があります。たとえば、ネットワークを流れるデータの伝送速度は、ビット単位で示します。伝送するファイルのサイズは、バイト単位で示します。例題2.1のように、**ビット単位とバイト単位が混在した問題では、どちらかに単位を揃えて計算してください。**この問題の正解は、選択肢エです。

例題2.1　ビット単位とバイト単位が混在した問題の例（H28 春 問31）

問31　64kビット／秒の回線を用いて10^6バイトのファイルを送信するとき，伝送におよそ何秒掛かるか。ここで，回線の伝送効率は80%とする。

ア　19.6　　　　**イ**　100　　　　**ウ**　125　　　　**エ**　156

　伝送の速度はビット単位　　　ファイルのサイズはバイト単位

2.0　なぜ2進数を学ぶのか　**023**

ビット数と符号化

コンピュータの内部では、あらゆる情報を2進数の数値で表しています。たとえば、文字、画像、音声などを、数値で表しています。このように、本来なら数値でない情報を、数値に置き換えて表したものを**符号**や**コード**（code）と呼びます。

表せる符号の数

ビット数によって、表せる符号の数が決まります。1ビットで表せる符号は、0と1の2通りです。2ビットで表せる符号は、00、01、10、11の4通りです。3ビットで表せる符号は、000、001、010、011、100、101、110、111の8通りです。

それでは、4ビットで表せる符号は、何通りでしょう。2進数は、1桁が0と1の2通りです。4ビットあれば、それぞれの桁が2通りに変化できるので、全部で$2 \times 2 \times 2 \times 2 = 2^4 = 16$通りの符号が表せます。**Nビットなら、$2^N$通りです。**

表2.2に、ビット数と表せる符号の数を示します。8ビット＝1バイトでは、256通りの符号が表せます。これは、半角英数記号と半角カナを表すのに、ちょうどよい数です。そのため、**1バイトを半角1文字に割り当てた文字コードがよく使われます。**

表2.2 ビット数と表せる符号の数

ビット数	表せる符号の数
1	0、1の**2**通り
2	00～11の**4**通り
3	000～111の**8**通り
4	0000～1111の**16**通り
5	00000～11111の**32**通り
6	000000～111111の**64**通り
7	0000000～1111111の**128**通り
8(1バイト)	00000000～11111111の**256**通り

Nビットで表せる符号の数は、2^N通りです

ビットパターンの個数を比較する

例題2.2は、32ビットで表せる符号の数と、24ビットで表せる符号の数を比較する問題です。「**ビットパターン**」とは、2進数の0と1で作られる数値のパターン、つまり符号のことです。

例題2.2 表現できるビットパターンの個数（H28 秋 問4）

問4 32ビットで表現できるビットパターンの個数は，24ビットで表現できる個数の何倍か。

ア 8   **イ** 16   **ウ** 128   **エ** 256

Nビットで表せる符号の数は、2^N通りです。したがって、32ビットで表せる符号の数は$2^{32}=4294967296$通りで、24ビットで表せる符号の数は$2^{24}=16777216$通りです。ただし、$4294967296÷16777216$という計算をしたのでは、あまりにも面倒です。簡単に答えが得られるように、計算方法を工夫しましょう。

桁数が1ビット増えると、表現できる符号の数が2倍になります。32ビットと24ビットは、$32-24=8$ビット違うので、表現できる符号の数が$2×2×2×2×2×2×2×2=256$倍（2倍を8回）違います。この計算なら、簡単に答えが得られます。正解は、選択肢エです。

データを格納する入れ物のサイズ

コンピュータの内部では、装置によって、データを格納する入れ物のサイズ（桁数）が、あらかじめ決まっています。 入れ物のサイズに満たない桁数のデータを格納する場合は、上位桁を0で埋めます。たとえば、図2.2のように2進数の10というデータを格納する場合、4ビットの入れ物なら0010になり、8ビットの入れ物なら00000010になり、16ビットの入れ物なら0000000000000010になります。

2.0 なぜ2進数を学ぶのか **025**

図2.2 入れ物のサイズを一杯に使ってデータを格納する

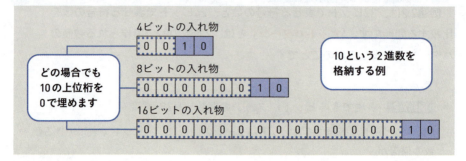

　紙の上であれば、0、1、10、11、100のように、だんだん桁数が増えていく2進数を書けますが、**実務では、このような2進数は使われません。**なぜなら、2進数を使うのは、コンピュータの内部の様子を示すときだからです。コンピュータの内部では、装置によって、データを格納する入れ物のサイズが決まっています。したがって、たとえば4ビットの入れ物を使うなら、常に4ビット使って、0000、0001、0010、0011、0100が格納されます。

大きな数と小さな数を表す接頭辞

　たとえば、ハードディスクの記憶容量を表すときには、100GバイトのG（ギガ）のように、大きな数を表す接頭辞が使われます。メモリのアクセス時間を示すときには、10n秒のn（ナノ）のように、小さな数を表す接頭辞が使われます（表2.3）。試験問題でも、これらの接頭辞がよく使われるので、意味を覚えておきましょう。

　大きな数を表す接頭辞は、k（キロ）＝1,000＝10^3を基準として、kの1,000倍がM（メガ）＝10^6、Mの1,000倍がG（ギガ）＝10^9、Gの1,000倍がT（テラ）＝10^{12}です。1,000倍ごとに接頭辞があります。10^6＝100万のことをミリオン（million）と呼ぶこともあります。

　小さな数を表す接頭辞は、m（ミリ）＝1/1,000＝10^{-3}を基準として、mの1/1,000がμ（マイクロ）＝10^{-6}、μの1/1,000がn（ナノ）＝10^{-9}で、nの1/1,000がp（ピコ）＝10^{-12}です。1/1,000ごとに接頭辞があります。

表2.3 大きな数と小さな数を表す接頭辞

大きな数を表す		小さな数を表す	
接頭辞(読み方)	意味	接頭辞(読み方)	意味
k(キロ)	10^3	m(ミリ)	10^{-3}
M(メガ)	10^6	μ(マイクロ)	10^{-6}
G(ギガ)	10^9	n(ナノ)	10^{-9}
T(テラ)	10^{12}	p(ピコ)	10^{-12}

大きな数はkを
小さな数はmを
基準にすると
覚えやすいでしょう

16進数と8進数の役割

　桁数が多い2進数は、紙の上に書いても、言葉で伝えても、わかりにくいものです。たとえば、誰かに電話で「データの値は、2進数で010010110110だ」と伝えたら、それを聞いた相手は、データの値を聞き違えてしまうかもしれません。

　そこで、2進数の代用表現として、16進数と8進数がよく使われます。2進数を16進数や8進数に変換すると、桁数が少なくなって、わかりやすくなるからです。たとえば、2進数の010010110110は、16進数で4B6（よんびーろく）であり、8進数で2266（にいにいろくろく）です（図2.3）。それぞれの変換方法は、すぐ後で説明します。

図2.3 16進数と8進数は、2進数の代用表現である

　試験問題に16進数や8進数が出題されたときは、「**本来なら2進数で示したいところだが、間違いやすいので16進数や8進数で示しているのだ**」と考えてください。

section 2.1 10進数と2進数の変換

重要度 ★★★　難易度 ★★★☆

ここがポイント!
- 手作業で10進数を2進数に変換する練習をしましょう。
- 手作業で2進数を10進数に変換する練習もしましょう。
- どちらも、変換方法の仕組みを理解してください。

10進数を2進数に変換する

　10進数を2進数に変換したり、2進数を16進数に変換したりすることを**基数変換**と呼びます。**基数（きすう）**とは、基準の数という意味です。

　10進数の基数は10で、2進数の基数は2です。これから、10進数、2進数、16進数、8進数、それぞれの基数変換の手順を示します。ここで示す手順をスラスラできるようになるまで、何度も繰り返し練習してください。

　まず、10進数を2進数に変換する手順です。これは、「**2で割った余りを求めることを、商が0になるまで繰り返す**」です。これによって、変換後の2進数が、下位桁から順に得られます。

　例を示しましょう。図2.4は、123という10進数を2進数に変換する手順です。1111011という2進数に変換できました。1111011は7ビットなので、もしもデータの入れ物が8ビットなら、上位桁を0で埋めて01111011にします。

図2.4 10進数を2進数に変換する手順

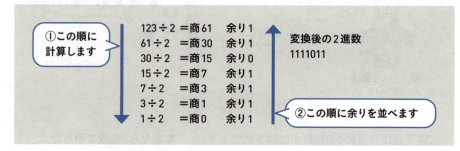

10進数を2進数に変換する仕組み

　2で割った余りを求めることを、商が0になるまで繰り返すことで、10進数を2進数に変換できる仕組みを説明しましょう。**難しそうに思える2進数の仕組みは、私たち人間が慣れ親しんだ10進数の仕組みに当てはめて考えてみると、とてもわかりやすくなります。**

　たとえば、123という10進数を、2で割った余りを求めるのではなく、10で割った余りを求めると、どうなるでしょう。図2.5に示したように、123の下位桁から順に3、2、1が得られます。10進数は、10で桁上がりする数なので、10で割った余りを求めれば、最下位桁の数字が得られるのです。これを繰り返せば、下位桁から順に1桁ずつ数字が得られます。同様の仕組みで、2で割った余りを求めることを繰り返せば、2進数の下位桁から順に1桁ずつ数字が得られるのです。

図2.5　10進数を10で割った余りを求めることを繰り返す

2進数を10進数に変換する

　今度は、2進数を10進数に変換してみましょう。2進数を10進数にする手順は、**「各桁の数字に、桁の重みを掛けて、集計する」**です。「桁の重み」とは、桁の位置が示す数の大きさのことです。

　例を示します。図2.6は、1111011という2進数を10進数に変換する手順です。123という10進数に変換できました。

図2.6 2進数を10進数に変換する手順

```
64   32   16   8    4    2    1  ……2進数の桁の重み
 ×    ×    ×   ×    ×    ×    ×
 1    1    1   1    0    1    1  ……2進数の桁の数字
 ‖    ‖    ‖   ‖    ‖    ‖    ‖
64   32   16   8    0    2    1
```

桁の重みと、桁の数字を掛けて

64 + 32 + 16 + 8 + 0 + 2 + 1 = 123 ……変換後の10進数 ── その結果を集計する

2進数を10進数に変換する仕組み

次に、前述した「各桁の数字に、桁の重みを掛けて、集計することで、2進数を10進数に変換できる」仕組みを説明します。ここでも、10進数の仕組みに当てはめて考えてみましょう。たとえば、456という10進数で、各桁の数字に、桁の重みを掛けて、集計すると、どうなるでしょう。図2.7に示したように、456が得られます。これは、**数というものは、各桁の数字に、桁の重みを掛けて、集計した値を意味しているからです**。456は、100が4つと、10が5つと、1が6つあり、それらを集計したものです。

図2.7 10進数で、各桁の数字に、桁の重みを掛けて、集計する

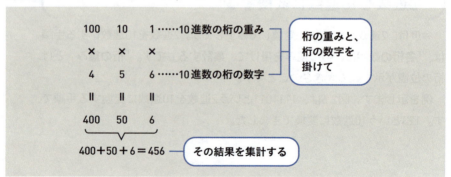

数というものが、各桁の数字に、桁の重みを掛けて、集計した値を意味しているのは、2進数でも同じです。ただし、10進数と2進数では、桁の重みが違います。10を基数とした10進数では、最下位桁の重みが1で、桁が上がる

と重みが10倍になります。したがって、10進数の桁の重みは、最下位桁から順に、1、10、100、1000、……（指数で表すと、10^0、10^1、10^2、10^3、……）です。

　これと同様に考えて、2を基数とした2進数では、最下位桁の重みが1で、桁が上がると重みが2倍になります。したがって、2進数の桁の重みは、最下位桁から順に、1、2、4、8、……（指数で表すと、2^0、2^1、2^2、2^3、……）です。

アドバイス

10^0でも2^0でも、0乗は1になります。

2進数、ムズすぎます・・・。0と1が多くて頭がパンクしそうです。

あせってはいけません。慣れれば、10進数より2進数の方が簡単ですよ。たとえば、0〜9を使う10進数には、掛け算のパターン（掛け算の九九）が1×1〜9×9までの81通りもありますが、0と1だけを使う2進数では1×1だけの1通りしかありません。このように、2進数の方が簡単なのですが、2進数に慣れるまでには少し時間がかかります。すぐに理解できない部分があれば、その部分を繰り返し読んでください。基数変換は、実際に紙の上でやってみてください。

わかりました！あせらずに、2進数に慣れるまで、繰り返し学習します。

section 2.2 2進数と16進数および8進数の変換

重要度 ★★★　難易度 ★★★☆

ここがポイント！
- 0〜Fで数を表す16進数の仕組みを理解してください。
- 0〜7で数を表す8進数の仕組みを理解してください。
- 2進数と16進数および8進数の対応を知りましょう。

16進数と8進数の仕組み

16進数は、16で桁上がりする数え方です。16進数では、15までを1桁で表さなければならないので、A〜Fを数字として使って、0、1、2、3、4、5、6、7、8、9、A、B、C、D、E、F、10、……と数えます。16進数のA〜Fは、10進数の10〜15に相当します。2進数と同様に、**16進数でも10を「いちぜろ」と読みます**。5Aなら、「ごえい」と読みます。

8進数は、8で桁上がりする数え方です。8進数では、0、1、2、3、4、5、6、7、10、……と数えます。10進数の8と9は、使われません。2進数や16進数と同様に、**8進数でも10を「いちぜろ」、36を「さんろく」と読みます**。

2進数の代用表現として16進数と8進数が使われるのは、相互に変換が容易だからです（図2.8）。16進数の場合は、**2進数の4桁が、16進数の1桁にピッタリ対応します**。2進数の4桁で表せる0000〜1111の情報も、16進数の1桁で表せる0〜Fの情報も、全部で16通りだからです。8進数の場合は、**2進数の3桁が8進数の1桁にピッタリ対応します**。2進数の3桁で表せる000〜111の情報も、8進数の1桁で表せる0〜7の情報も、全部で8通りだからです。

16進数になると、アルファベットまで登場するのですね。びっくりです。

16進数は、1桁が16通りなので、0〜9の10通りでは足りず、A〜Fの6通りも使って、全部で16通りにしています

図2.8 2進数と16進数および8進数の対応

2進数	8進数
000	0
001	1
010	2
011	3
100	4
101	5
110	6
111	7

> 2進数の3桁が8進数の1桁に対応する

> 2進数の4桁が16進数の1桁に対応する

2進数	16進数	2進数	16進数
0000	0	1000	8
0001	1	1001	9
0010	2	1010	A
0011	3	1011	B
0100	4	1100	C
0101	5	1101	D
0110	6	1110	E
0111	7	1111	F

2進数を16進数に変換する

2進数を16進数に変換する手順は、**「2進数を下位桁から4桁ずつ区切って、それぞれを1桁の16進数に変換する」**です。4桁ずつ区切った2進数を16進数に変換する手順は、2進数を10進数に変換する手順と同様に、**「各桁の数字に、桁の重みを掛けて、集計する」**です。ただし、集計結果が10～15になった場合は、それをA～Fに置き換えます。

例を示しましょう。図2.9は、01101100という2進数を16進数に変換する手順です。下位桁から4ビットずつ0110と1100に区切り、それぞれの部分で桁の重みと、桁の数字を掛けて集計して、6Cという16進数に変換できました。

図2.9 2進数を16進数に変換する手順

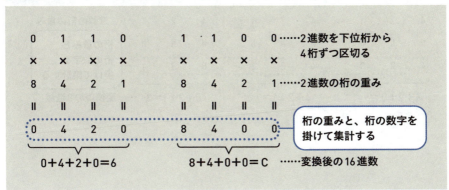

4桁の2進数の桁の重みは、下位桁から順に1、2、4、8です。これを「**いち・にい・よん・ぱあ**」と覚えておくとよいでしょう。それによって、2進数と16進数の変換が暗算でできるようになります。たとえば、0110は、「いち・にい・よん・ぱあ」の「よん」と「にい」の桁が1なので、4+2=6になります。1100は、「いち・にい・よん・ぱあ」の「ぱあ」と「よん」の桁が1なので、8+4=12になります。10進数の12は、10から数えて10→11→12なので、16進数をA→B→Cと指折り数えて、Cであることがわかります。

2進数を8進数に変換する

2進数を8進数に変換する手順は、「**2進数を下位桁から3桁ずつ区切って、それぞれを1桁の8進数に変換する**」です。3桁ずつ区切った2進数を8進数に変換する手順は、2進数を10進数に変換する手順と同様に、「**各桁の数字に、桁の重みを掛けて、集計する**」です。3桁の2進数なので、集計した結果は0〜7になります。

例を示しましょう。図2.10は、110111011という2進数を8進数に変換する手順です。下位桁から3ビットずつ110と111と011に区切り、それぞれの部分で桁の重み（いち・にい・よん）と、桁の数字を掛けて集計して、673という8進数に変換できました。

図2.10 2進数を8進数に変換する手順

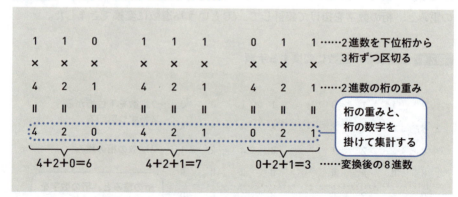

16進数を2進数に変換する

　16進数を2進数に変換する手順は、「**16進数の各桁を、4桁の2進数に変換する**」です。1桁の16進数を4桁の2進数に変換するには、4桁の2進数の桁の重みである8、4、2、1を、どのように集計すれば、16進数の1桁の値になるかを考えます。

　例を示しましょう。図2.11は、6Cという16進数を2進数に変換する手順です。6＝0＋4＋2＋0なので、0110という2進数になります。同様に、C＝12＝8＋4＋0＋0なので、1100という2進数になります。0110と1100を並べて書いて、01101100という2進数に変換できました。

図2.11　16進数を2進数に変換する手順

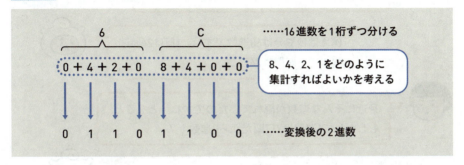

8進数を2進数に変換する

　8進数を2進数に変換する手順は、「**8進数の各桁を、3桁の2進数に変換する**」です。1桁の8進数を3桁の2進数に変換するには、3桁の2進数の桁の重みである4、2、1を、どのように集計すれば、8進数の1桁の値になるかを考えます。

　例を示しましょう、図2.12は、673という8進数を2進数に変換する手順です。6＝4＋2＋0なので、110という2進数になります。同様に、7＝4＋2＋1なので、111という2進数になります。3＝0＋2＋1なので、011という2進数になります。110と111と011を並べて書いて、110111011という2進数に変換できました。

図2.12 8進数を2進数に変換する手順

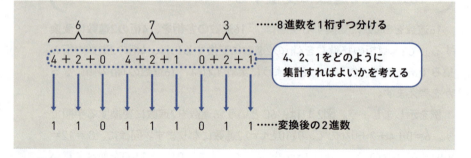

 2進数・8進数・16進数以外にはどんなものがありますか？

 例えば秒や分は60進数ですね。1日は24時間なので、時間は24進数。

 身近にそんな進数が隠れていたのですね。となると、もしかして1週間は7日間だから7進数！？

 その通りです！○○進数という考え方に慣れてきましたね。

section 2.3 2の補数表現と小数点形式

重要度 ★★★　難易度 ★★★

ここがポイント！
- 2の補数表現の仕組みを理解してください。
- 2の補数表現でマイナスの数を求める手順を知りましょう。
- 2進数の0と1だけで小数点数を表す方法を知りましょう。

符号なし整数と符号あり整数

　8ビットの2進数で表せる情報は、00000000〜11111111の256通りです。これを10進数に変換すると、0〜255の256通りの0以上のプラスの整数になります。これを**符号なし整数**と呼びます。

　マイナスの値を表す場合は、00000000〜11111111の256通りの情報を128通りずつの2つに分け、一方をプラスの整数とし、他方をマイナスの整数にします。これを**符号あり整数**と呼びます。

　符号なし整数と符号あり整数のどちらを使うのかは、プログラムを作るときに、データの性質に合わせて指定します。たとえば、社員数のデータなら、0以上のプラスだけなので、符号なし整数を使うことを指定します。利益のデータなら、プラスもマイナスもあるので、符号あり整数を使うことを指定します。

符号ビット

　符号あり整数を使う場合は、最上位ビットが0ならプラスの整数を表し、最上位ビットが1ならマイナスの値を表す約束になっています（すぐ後で示す2の補数表現の場合）。最上位ビットを見れば、とりあえずプラスかマイナスかがわかるので、この部分を「**符号ビット**」と呼びます。8ビットの2進数では、00000000〜01111111が0以上のプラスの整数を表し、11111111〜10000000がマイナスの整数を表します（図2.13）。

図2.13 符号あり整数の最上位ビットを符号ビットと呼ぶ

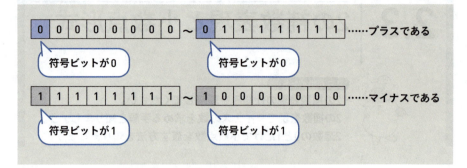

2の補数表現

　符号あり整数でマイナスの数を表す方法として、**2の補数表現**があります。これは、コンピュータの内部にある入れ物のサイズが決まっていることを利用して、マイナスのマーク（−）を使わずに、0と1だけでマイナスの値を表す方法です。

　2の補数表現の例を示しましょう。データの入れ物のサイズが8ビットの場合、11111111がマイナス1を表しています。なぜなら、11111111と00000001を足すと、9ビット目に桁上がりして100000000になりますが、入れ物のサイズが8ビットなので桁上がりの1が消えてしまい、00000000になるからです。**00000001（イチ）と足して00000000（ゼロ）になるのですから、11111111は、マイナス1であるとみなすことができます**（図2.14）。

図2.14 2の補数表現の仕組み

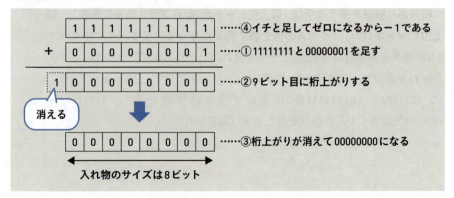

マイナスの数を求める方法

　2の補数表現では、ある数に足すと0になる数を求め、それをある数のマイナスの数とします。ある数に足すと0になる数は、**「反転して1を加える」**ことで求められます。反転するとは、0と1を逆にすることです。

　たとえば、ある数を00000001とした場合、これを反転すると11111110になります。11111110に1を加えると、11111111になります。これが、00000001のマイナスの数、つまりマイナス1です（図2.15）。

図2.15 反転して1を加えることで、マイナスの数になる

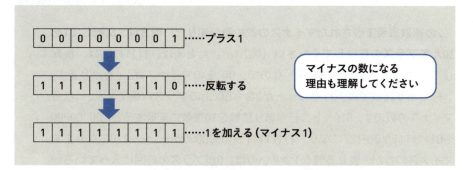

　反転して1を加えることで、マイナスの数が求められる仕組みを説明しましょう（図2.15）。00000001と、それを反転しただけの11111110を足すとどうなるでしょう。すべての桁が1の11111111になります。それでは、00000001と、それを反転した11111110より1大きい11111111を足すとどうなるでしょう。すべての桁が1の11111111より1大きくなるので、9ビット目に桁上がりして100000000になりますが、入れ物のサイズが8ビットなので、桁上がりの1が消えてしまい00000000になります。

　つまり、**ある数を反転して1を加えた数は、ある数に足して0になる数になる**のです。ある数に足して0になる数は、ある数のマイナスの数です。

マイナスのマイナスはプラスになる

　00000001（1）を反転して1を加えると11111111（−1）になります。逆に、11111111（−1）を反転して1を加えると00000001（1）になります。マイナ

スのマイナスは、プラスだからです（図2.16）。

図2.16 マイナスの数に反転して1を加えるとプラスの数になる

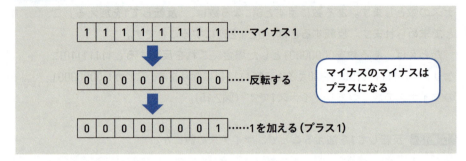

　2の補数表現で表されたマイナスの数の値が知りたい場合は、反転して1を加えてプラスの数にしてください（図2.16）。たとえば、11111100は、反転して1を加えると00000100（4）なので、0以上のマイナス4だとわかります。
　符号あり整数では、符号ビットが0なら0以上のプラスの数であり、1ならマイナスの数です。8ビットの符号あり整数を10進数に変換すると、00000000〜01111111が0〜127になり、11111111〜10000000が−1〜−128になります。マイナスの方が、表せる値が1つ多いのは、0がプラスの範囲に入っているからです。

固定小数点形式

　コンピュータの内部で小数点数（小数点がある数）を表す場合は、小数点を意味するドット（.）を使わずに、0と1だけで表現します。そのための形式として、**固定小数点形式**と**浮動小数点形式**があります。
　固定小数点形式は、あらかじめ小数点の位置を決めておくものです。たとえば、8ビットの2進数で、上位4ビットと下位4ビットの間に小数点があると決めておけば、01011010が0101.1010を表していることになります。**実際には、01011010という整数であっても、それを0101.1010という小数点数だとみなすのです**（図2.17）。マイナスの小数点数は、2の補数表現で表します。

図2.17 固定小数点形式の例

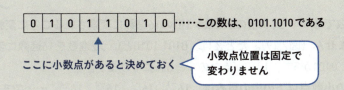

2進数の小数点以下の桁の重み

0101.1010という2進数を10進数に変換してみましょう。小数点以下の数があっても、2進数を10進数に変換する手順は、「**各桁の数字に、桁の重みを掛けて、集計する**」です。10進数の小数点以下の桁の重みが、0.1、0.01、0.001、0.0001（10^{-1}、10^{-2}、10^{-3}、10^{-4}）であるように、**2進数の小数点以下の桁の重みは、0.5、0.25、0.125、0.0625（2^{-1}、2^{-2}、2^{-3}、2^{-4}）です。**

2進数の桁の重みは、桁が上がると2倍になり、桁が下がると1/2になることから、すぐに求められます（図2.18）。0101.1010という2進数を10進数に変換すると、整数部分が4＋1＝5で、小数点以下が0.5＋0.125＝0.625なので、5.625になります。

図2.18 2進数の桁の重み

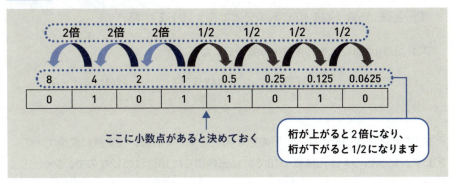

2の補数表現で表された1010.0110というマイナスの小数点数を10進数に変換する場合は、反転して1を加えて、0101.1010というプラスの小数点数にすると、0101.1010→4＋1＋0.5＋0.125＝5.625なので、そのマイナスの－5.625になります。

2.3 2の補数表現と小数点形式

16進数の小数点数

小数点数であっても、4桁の2進数が1桁の16進数に変換されることに変わりはありません（図2.19）。たとえば、0101.1010という2進数を16進数に変換すると、0101が5で、1010がAなので、5.Aになります。

16進数の小数点以下の桁の重みは、16^{-1}、16^{-2}、16^{-3}、16^{-4}、……です。

図2.19 16進数の桁の重み（下の例題2.3の16進数を例にしています）

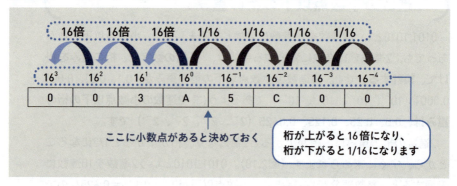

例題2.3は、16進数の小数点数を10進数に変換する問題です。「各桁の数字に、桁の重みを掛けて、集計する」という手順で変換できます。

例題2.3 16進小数を10進数の分数で表す（H22 秋 問1）

問1　16進小数3A.5Cを10進数の分数で表したものはどれか。

ア　$\dfrac{939}{16}$　　イ　$\dfrac{3735}{64}$　　ウ　$\dfrac{14939}{256}$　　エ　$\dfrac{14941}{256}$

3A.5Cに16進数の桁の重みと桁の数を掛けて集計すれば、10進数に変換できます。16進数のAは10進数の10で、16進数のCは10進数の12なので、$3 \times 16^1 + 10 \times 16^0 + 5 \times 16^{-1} + 12 \times 16^{-2} = 3 \times 16 + 10 \times 1 + 5/16 + 12/16^2 = 3735/64$になります。正解は、選択肢イです。

浮動小数点形式

小数点数を表すもう1つの形式である**浮動小数点形式**では、小数点数を**符号部**、**指数部**、**仮数部**という3つの整数の情報で表します（図2.20）。

図2.20 浮動小数点形式の符号部、仮数部、指数部

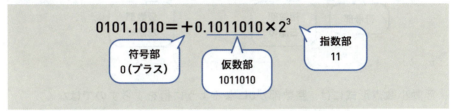

たとえば、小数点のある0101.1010という2進数を浮動小数点形式で表す場合は、整数部が0になるように桁をずらして0101.1010＝0.1011010×2^3にして、小数点以下の1011010を仮数部とします。桁を3つ分ずらしたことによって生じた2^3の3を2進数で表した11を指数部とします。符号部は、プラスを0で表し、マイナスを1で表します。ここでは、プラスの値なので、符号部は0です。ただし、**この符号部は、2の補数表現の符号ビットとは違います。** 1ビットで、プラスとマイナスという2通りの情報を符号化しています。

浮動小数点形式の具体例

浮動小数点形式の符号部、仮数部、指数部の入れ物を、それぞれ何ビットで表すかは、試験問題に示されます。たとえば、先ほどの例にあげた小数点数を、符号部1ビット、指数部7ビット、仮数部8ビットとした全体で16ビットの浮動小数点形式で表すと、図2.21のようになります。入れ物をサイズ一杯に使って、指数部は右詰めで、仮数部は左詰めで格納します。

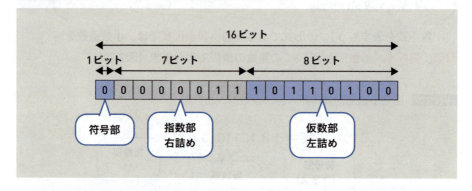

図2.21 全体で16ビットの浮動小数点形式の例

　浮動小数点形式には、整数部が0になるように桁をずらすのではなく0101.1010＝1.011010×2^2のように、**整数部が1になるように桁をずらして、整数部の1を省略した小数点以下を仮数部とする形式**もあります。ただし、どちらの形式であっても、1つの小数点数を符号部、指数部、仮数部という3つの整数の情報で表すことに、違いはありません。

マイナスの指数部を表す方法

浮動小数点形式で指数部がマイナスのときは、2の補数表現を使う場合と、イクセス（excess＝「過多」）表現を使う場合があります。イクセス表現では、指数部のビット数で表せる真ん中の値をゼロとみなします。これは、トランプを例にすると、1（エース）〜13（キング）の真ん中の7をゼロとみなす、ということです。これによって、6がマイナス1に、5がマイナス2になります。また、8がプラス1に、9がプラス2になります。2の補数表現とイクセス表現のどちらを使うかは、問題に示されます。

section 2.4 シフト演算と符合拡張

重要度 ★★★　難易度 ★★★

ここがポイント！
- 論理シフトと算術シフトの違いを理解しましょう。
- 算術シフトで乗算と除算が行えることを知りましょう。
- 符号拡張の意味と仕組みを理解しましょう。

論理シフト

　コンピュータの内部では、2進数のデータの桁をずらすことができ、これを**シフト**（shift）と呼びます。データを上位桁にずらすことを**左シフト**と呼び、下位桁にずらすことを**右シフト**と呼びます。シフトによって値が変化するので、シフトは演算の一種です。

　シフトによってはみ出した桁は、消えてなくなります。シフトして空いた桁は、0で埋められます。 このようなシフトを**論理シフト**と呼びます。上位桁に論理シフトすることを**論理左シフト**と呼び、下位桁に論理シフトすることを**論理右シフト**と呼びます。

　例を示しましょう。図2.22の（1）は、8ビットの入れ物に格納された11010111というデータを、1ビットだけ論理左シフトした結果を示したものです。図2.22の（2）は、同じデータを、1ビットだけ論理右シフトした結果を示したものです。

> コンピュータの内部では、2進数のデータの桁が右にシフトしたり、左にシフトしたりするわけですね。0と1が、横跳びしてるみたい。

図2.22 論理シフトの例

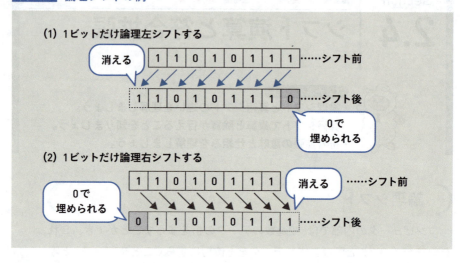

算術シフト

2進数は、1桁上がると2倍になり、1桁下がると1/2になります。このことから、シフトを2倍の乗算や、1/2の除算の代用とすることができます。左シフトすれば桁が上がって2倍になり、右シフトすれば桁が下がって1/2になるからです。

> **ここが大事！**
> 2進数は、1ビット左シフトすると2倍になり、1ビット右シフトすると1/2になります。

シフトを乗算と除算の代用とする場合は、2の補数表現を考慮して、シフト前後でデータの符号が変わらないようにする必要があります。このようなシフトを**算術シフト**と呼びます。上位桁に算術シフトすることを**算術左シフト**と呼び、下位桁に算術シフトすることを**算術右シフト**と呼びます。

算術シフトを実現する方法は、コンピュータの種類によって違いがあります。旧制度の基本情報技術者試験の午後試験のアセンブラが対象としているCOMET Ⅱという架空のコンピュータでは、**最上位桁の符号ビットを除いた部分をシフト対象とします**。シフトによって符号ビットが変化してしまうと、

シフト前後で符号が変わってしまうからです。さらに、**算術右シフトによって空いた上位桁には、符号ビットと同じ値を入れます。** これによって、正しい計算結果が得られます（図2.23）。

図2.23　算術右シフトでマイナスの値を1/2にする例

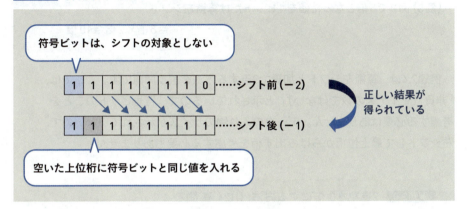

算術左シフトと加算による乗算

　データの値を1ビットだけ算術左シフトすると、もとの値を2倍した結果が得られます。さらに、その結果を1ビットだけ算術左シフトすると、2倍×2倍になるので、もとの値を4倍した結果が得られます。さらに、その結果を1ビットだけ算術左シフトすると、2倍×2倍×2倍になるので、もとの値を8倍した結果が得られます。このように、算術左シフトで実現できるのは、2倍、4倍、8倍、16倍、…という2のべき乗の乗算だけです。

　3倍、5倍、10倍などの、2のべき乗でない乗算を実現したい場合は、算術左シフトと加算を組み合わせます。 たとえば、3倍したい場合は、1ビットだけ算術左シフトして2倍になった値と、もとの値を加算すれば、2倍＋1倍で3倍になります。5倍したい場合は、2ビットだけ算術左シフトして4倍になった値と、もとの値を加算すれば、4倍＋1倍で5倍になります（図2.24）。

| 図2.24 | 算術左シフトと加算を組み合わせて任意の乗算を行う |

（例1） 1ビットだけ算術左シフトした結果＋もとの値＝2倍＋1倍＝3倍

（例2） 2ビットだけ算術左シフトした結果＋もとの値＝4倍＋1倍＝5倍

（例3） 例2で5倍となった値を1ビットだけ算術左シフト

　　　　　　　　　　　　　　　　　　　　　＝5倍×2倍＝10倍

例題2.4は、算術左シフトと加算で3倍する方法を選ぶ問題です。ここでは、「非負（マイナスの数ではない）」と示されているので、符号ビットのことを考慮する必要はありません。データの入れ物のサイズが示されていないので、左シフトして最上位桁からはみ出す桁を考慮する必要もありません。

| 例題2.4 | 2進数を3倍にする方法（H24 春 問2） |

問2 非負の2進数 $b_1 b_2 \cdots b_n$ を3倍にしたものはどれか。

ア $b_1 b_2 \cdots b_n 0 + b_1 b_2 \cdots b_n$
イ $b_1 b_2 \cdots b_n 00 - 1$
ウ $b_1 b_2 \cdots b_n 000$
エ $b_1 b_2 \cdots b_n 1$

1ビットだけ算術左シフトした結果＋もとの値＝2倍＋1倍＝3倍になります。$b_1 b_2 \cdots b_n$ を1ビットだけ算術左シフトした結果は、$b_1 b_2 \cdots b_n 0$ です。これにもとの値を足すので、$b_1 b_2 \cdots b_n 0 + b_1 b_2 \cdots b_n$ です。正解は、選択肢アです。

算術右シフトによる除算

算術右シフトによる除算で実現できるのは、1/2、1/4、1/8、1/16、…という2のべき乗分の1だけです。算術右シフトと他の演算を組み合わせて、1/3、1/5、1/10などの、任意の除算を行うことはできません。

任意の除算を実現したい場合は、引き算を繰り返すという方法があります。わかりやすいように10進数で例を示すと、100÷3という除算を行う場合は、

100から3を引くことを繰り返して、引けた回数と余りを求めます。全部で33回引けて1余るので、100÷3の商は33で、余りは1であることがわかります。

 **ここが大事！**
算術右シフトでできるのは、1/2、1/4、1/8、1/16、・・・という2のべき乗分の1だけです。

符号拡張

　コンピュータの内部にあるデータの入れ物のサイズには、8ビット、16ビット、32ビット、64ビットなどがあります。大きな入れ物に格納されたデータを、小さな入れ物に格納することはできません。入りきらない上位桁が失われてしまうからです。小さな入れ物に格納されたデータを、大きな入れ物に格納することならできます。空いた上位桁を0で埋めればよいからです。ただし、**2の補数表現のマイナスの値の場合は、空いた上位桁を1で埋めます。0で埋めると、同じ値にならないからです。**

　たとえば、8ビットの00000001というプラスの値を16ビットの入れ物に格納する場合は、空いた上位桁を0で埋めて0000000000000001とします。8ビットの11111111というマイナスの値を16ビットの入れ物に格納する場合は、空いた上位桁を1で埋めて1111111111111111とします。

　プラスの値の符号ビットは0であり、マイナスの値の符号ビットは1です。したがって、小さな入れ物に格納されたデータを大きな入れ物に格納するときは、値がプラスであってもマイナスであっても、符号ビットと同じ値で上位桁を埋めればよいと言えます。**まるで上位桁に向かって符号ビットを「グィ〜ン」と拡張しているように見えるので、これを符号拡張と呼びます**（図2.25）。

 プラス・マイナスの符号付きのデータを、より大きなビットのデータに変換する際に上位桁にビットを補ってデータを拡張することを、符号拡張と言います。符号ビットを拡張しているように見えるからです！

図2.25 同じ値のままビット数を増やすときは符号拡張する

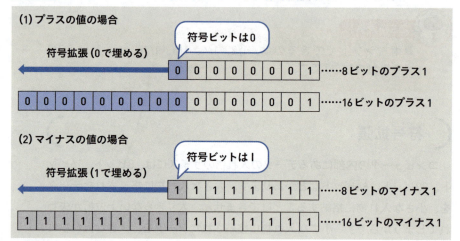

解説を読んで、なんとなく分かったような、分からないような感じです・・・。

先に次のページの練習問題を解いてみて、解説を読むとより理解できるかもしれませんね。

section 2.5 2進数の練習問題

16進数を10進数に変換する

練習問題 2.1 　16進数の小数点数と10進数の変換（R05 公開 問1）

問1 16進小数 0.C を 10 進小数に変換したものはどれか。

ア　0.12　　　イ　0.55　　　ウ　0.75　　　エ　0.84

16進数の小数点以下の桁の重みは、16^{-1}、16^{-2}、16^{-3}、16^{-4}、…です。

2進数の小数点以下の桁の重み

練習問題 2.2 　2進数で表すと無限小数になるもの（H26 春 問1）

問1 次の10進小数のうち，2進数で表すと<u>無限小数</u>になるものはどれか。

ア　0.05　　　イ　0.125　　　ウ　0.375　　　エ　0.5

無限小数とは、3.3333…のように永遠に続く数のことです！

051

固定小数点形式

練習問題 2.3 　固定小数点形式で表されたマイナスの数（H23 秋 問2）

問2 10進数 -5.625 を，8ビット固定小数点形式による2進数で表したものはどれか。ここで，小数点位置は3ビット目と4ビット目の間とし，負数には2の補数表現を用いる。

ア　01001100　　イ　10100101　　ウ　10100110　　エ　11010011

プラス5.625を2進数に変換してから負数にします！

論理シフト

練習問題 2.4 　論理右シフト（H25 秋 問2）

問2 32ビットのレジスタに16進数ABCDが入っているとき，2ビットだけ右に論理シフトした値はどれか。

ア　2AF3　　イ　6AF3　　ウ　AF34　　エ　EAF3

16進数を2進数に変換してからシフトします！

算術シフト

練習問題 2.5 　算術右シフト（H24 秋 問1）

問1 8ビットの2進数11010000を右に2ビット算術シフトしたものを，00010100から減じた値はどれか。ここで，負の数は2の補数表現によるものとする。

ア　00001000　　イ　00011111　　ウ　00100000　　エ　11100000

論理右シフトではなく算術右シフトであることに注意してください！

算術左シフトと加算による乗算

練習問題 2.6 算術左シフトと加算による乗算（H28 春 問1）

問1 数値を2進数で格納するレジスタがある。このレジスタに正の整数xを設定した後，"レジスタの値を2ビット左にシフトして，xを加える"操作を行うと，レジスタの値はxの何倍になるか。ここで，あふれ（オーバフロー）は，発生しないものとする。

ア　3　　　　イ　4　　　　ウ　5　　　　エ　6

レジスタとは、CPUの中にあるデータの入れ物のことです！

算術右シフトによる除算

練習問題 2.7 算術右シフトによる除算（H27 秋 問1）

問1 10進数の演算式7÷32の結果を2進数で表したものはどれか。

ア　0.001011　　イ　0.001101　　ウ　0.00111　　エ　0.0111

32が2のべき乗であることに注目しよう！

2進数の問題は、出題されるときは「問1」「問2」として試験の冒頭に出てくる傾向があるみたいですね。

section
2.6 | 2進数の練習問題の解答・解説

16進数を10進数に変換する

練習問題 2.1   16進数の小数点数と10進数の変換（R05 公開 問1）

解答 ウ

解説 16進数の小数点以下1桁の桁の重みを10進数で示すと1/16です。16進数のCを10進数で示すと12です。したがって、16進数の0.Cは、10進数で12/16＝0.75です。

2進数の小数点以下の桁の重み

練習問題 2.2   2進数で表すと無限小数になるもの（H26 春 問1）

解答 ア

解説 2進数の小数点以下の桁の重みである0.5、0.25、0.125、0.0625を足し合わせて表せる10進数なら、2進数に変換しても無限小数になりません。以下のように、選択肢の中で、アの0.05だけが、これらを足し合わせて表せません。したがって、0.05が無限小数になります。

ア　0.05＝表せない
イ　0.125＝0.125
ウ　0.375＝0.25＋0.125
エ　0.5＝0.5

別の解法として、2倍することを繰り返して整数にできるなら、無限小数でないと判断する方法もあります。ただし、0.5、0.25、0.125、0.0625を足し合わせて表せれば、無限小数でないと判断した方が簡単です。

054

固定小数点形式

練習問題 **2.3** 　固定小数点形式で表されたマイナスの数（H23 秋 問2）

解答 　ウ

解説 　5.625の整数部の5＝4＋1なので、4ビットの2進数で0101です。小
数点以下の0.625＝0.5＋0.125なので、4ビットの2進数で1010です。した
がって、5.625は、2進数で01011010です。2の補数表現でマイナスの数を
表すので、01011010を反転して1を加えた10100110が、－5.625です。

論理シフト

練習問題 **2.4** 　論理右シフト（H25 秋 問2）

解答 　ア

解説 　シフトは、2進数のデータを対象として行います。16進数のABCD
は、2進数で1010 1011 1100 1101になります。これを2ビットだけ論理右シ
フトすると、空いた上位桁を00で埋めて、0010 1010 1111 0011になります。
はみ出した下位桁は失われます。0010 1010 1111 0011という2進数を16進
数で表すと、2AF3になります。

算術シフト

練習問題 **2.5** 　算術右シフト（H24 秋 問1）

解答 　ウ

解説 　11010000を2ビットだけ算術右シフトすると、空いた上位桁を符
号ビットの1で埋めて、11110100になります。11110100は、最上位ビット
が1なので、マイナスの値です。このマイナスの値を引くのですから、こ
のマイナスの値をプラスに変換した値を足すことと同じになります。マイ
ナスの値を反転して1を加えると、プラスの値になります。11110100を反
転して1を加えると、00001100になります。00010100に00001100を足すと、
00100000になります。2進数の足し算を行うときは、10進数の足し算と同

2.6 2進数の練習問題の解答・解説　　**055**

様に、下位桁から順に1桁ずつ足しますが、1＋1が桁上がりすることに注意してください（図2.26）。

図2.26 2進数の足し算を行う

```
  00010100
+ 00001100
──────────
  00100000
```

10進数と同様に、下位桁から順に1桁ずつ足します

1＋1が桁上がりすることに注意しよう！

算術左シフトと加算による乗算

練習問題 2.6 算術左シフトと加算による乗算（H28 春 問1）

解答 ウ

解説 レジスタ（register）とは、コンピュータの演算制御装置であるCPU（Central Processing Unit）の中にあるデータの入れ物のことです。レジスタの値を2ビットだけ左シフトすると、もとの値は4倍になります。それに、もとの値を加えるので、4倍＋1倍＝5倍になります。

算術右シフトによる除算

練習問題 2.7 算術右シフトによる除算（H27 秋 問1）

解答 ウ

解説 32が、2のべき乗であることに注目してください。÷32＝÷2÷2÷2÷2÷2なので、7÷32の結果を2進数で表したものは、7を2進数で表した111を5ビット算術右シフトした値です（プラスの値なのでシフト後の上位桁に0を入れます）。1ビット右シフトするごとに、小数点位置が左にずれます。111の小数点位置を5つ左にずらすと、0.00111になります。

chapter 3

論理演算

この章では、論理演算の種類と使い方を学習します。論理演算は、条件を結び付けることや、データを部分的にマスクすることなどに使われますが、加算を実現する仕組みにもなっています。

3.0 なぜ論理演算を学ぶのか？
3.1 論理演算とベン図の関係
3.2 論理演算で条件を結び付ける
3.3 論理演算によるマスク
3.4 論理演算による加算
3.5 論理演算の練習問題
3.6 論理演算の練習問題の解答・解説

アクセスキー　b　（小文字のビー）

section 3.0 なぜ論理演算を学ぶのか？

重要度 ★★★　難易度 ★★★★

ここがポイント！
- 論理演算を学ぶ理由を知りましょう。
- ANDやORなどの意味は、英語として理解しましょう。
- 論理積や論理和という日本語が使われることもあります。

コンピュータにできる演算の種類

　コンピュータにできる演算は、加算、減算、乗算、除算の四則演算だけではありません。第2章で紹介したシフト演算（桁をずらす演算）や、この章で紹介する論理演算もできます。

　論理演算の用途には、条件を結び付けること、データを部分的に変化させることなどがあり、どれも試験の出題テーマになっています。また、コンピュータの内部的な仕組みとして、論理演算で加算を実現していることも、試験の出題テーマになっています。

AND演算、OR演算、NOT演算

　基本的な**論理演算**の種類には、**AND演算**、**OR演算**、**NOT演算**があります。論理演算は、難しい演算でも、不思議な演算でもありません。四則演算やシフト演算と同様に、人間の感覚として自然に理解できる演算です。**演算の意味は、英語の意味そのものです。AND演算は「かつ」を、OR演算は「または」を、NOT演算は「でない」を意味します。**

基本的な論理演算の意味

A AND B：AかつB
A OR B：AまたはB
NOT A：Aでない

たとえば、基本情報技術者試験に合格する条件は、「科目Ａの得点が600点以上である、かつ、科目Ｂの得点が600点以上である」です。これを論理演算で示すと、「科目Ａの得点が600点以上である AND 科目Ｂの得点が600点以上である」になります。

　逆に、基本情報技術者試験に不合格となる条件は、「科目Ａの得点が600点以上でない、または、科目Ｂの得点が600点以上でない」です。これを論理演算で示すと、「(NOT 科目Ａの得点が600点以上である) OR (NOT 科目Ｂの得点が600点以上である)」になります。

　このように、私たちの日常生活では、自然に「かつ（AND）」「または（OR）」「でない（NOT）」という言葉を使っています。それを演算とみなしたものが、論理演算です。

真と偽

　論理演算は、**命題**を対象とした演算です。命題とは、「科目Ａの得点が600点以上である」のように**真**（true）か**偽**（false）を判断できる文のことです。真か偽を判断できる条件のことであると考えてもよいでしょう。真と偽のことを**真理値**と呼びます。**真偽値**や**論理値**と呼ぶこともあります。

　四則演算に2＋3＝5や7−4＝3のような演算結果があるように、論理演算にも演算結果があります。それは、やはり真と偽です。たとえば、「科目Ａの得点が600点以上である AND 科目Ｂの得点が600点以上である」という AND 演算は、「科目Ａの得点が600点以上である」という条件と、「科目Ｂの得点が600点以上である」という条件が、両方とも真のとき、演算結果が真になります。これを四則演算と同様の式に表すと、「真 AND 真 ＝ 真」になります。

真理値表

　論理演算の結果を表にまとめたものを**真理値表**と呼びます。図3.1は、AND演算、OR演算、NOT演算の真理値表です。ＡやＢは、何らかの条件です。

　Ａ AND Ｂの結果は、Ａが真かつＢが真のとき、真になります。Ａ OR Ｂは、Ａが真またはＢが真のとき、真になります。NOT Ａは、Ａの値を反転（真を偽に、偽を真に）します。

3.0　なぜ論理演算を学ぶのか　**059**

図3.1 基本的な論理演算の真理値表

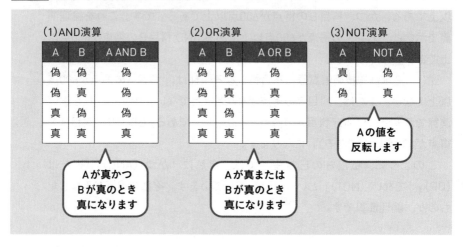

論理演算の真と偽は、2通りの情報なので、1ビットの2進数で符号化できます。たとえば、真を1に、偽を0に符号化すれば、AND演算、OR演算、NOT演算の真理値表は、図3.2のようになります。

図3.2 真を1に、偽を0に符号化した真理値表

(1) AND演算

A	B	A AND B
0	0	0
0	1	0
1	0	0
1	1	1

(2) OR演算

A	B	A OR B
0	0	0
0	1	1
1	0	1
1	1	1

(3) NOT演算

A	NOT A
1	0
0	1

これらの真理値表の意味は、それぞれ図3.1と同じです

これらの真理値表を、丸暗記する必要はありません。AND演算が「かつ」、OR演算が「または」、NOT演算が「でない」という意味だとわかっていれば、自然に理解できることだからです。

NAND演算、NOR演算、XOR演算

論理演算の種類には、NAND演算、NOR演算、XOR演算というものもあります。これらの論理演算は、AND演算、OR演算、NOT演算を組み合わせて実現できるのですが、よく使われるので、NAND演算、NOR演算、XOR演算という名前が付けられています。

NAND演算は、NOT ANDという意味であり、「ナンド」と読みます。NOR演算は、NOT ORという意味であり、「ノア」と読みます。XOR演算は、exclusive ORという意味であり、「エックスオア」と読みます。XOR演算をEOR演算と呼ぶこともあります。EORも、exclusive ORという意味であり、「イーオア」と読みます。

NAND演算、NOR演算、XOR演算の真理値表を図3.3に示します。**A NAND Bは、NOT(A AND B)という意味なので、A AND Bを反転した結果になります。A NOR Bは、NOT(A OR B)という意味なので、A OR Bを反転した結果になります。**

A XOR Bは、AとBのどちらか一方だけが真のとき、真になります。A XOR Bは、「AでありBでない、または、AでなくBである」という意味なので、(A AND (NOT B)) OR ((NOT A) AND B)と表すこともできます。exclusiveは、「排他的」という意味です。AとBのどちらか一方だけが真であることを「他方を排除する」と言っているのです。

図3.3 NAND演算、NOR演算、XOR演算の真理値表

(1) NAND演算

A	B	A NAND B
偽	偽	真
偽	真	真
真	偽	真
真	真	偽

AND演算の結果を反転します

(2) NOR演算

A	B	A NOR B
偽	偽	真
偽	真	偽
真	偽	偽
真	真	偽

OR演算の結果を反転します

(3) XOR演算

A	B	A XOR B
偽	偽	偽
偽	真	真
真	偽	真
真	真	偽

AまたはBの一方だけが真のとき真になります

3.0 なぜ論理演算を学ぶのか

論理演算の表記方法

論理演算の中で、特によく使われるのは、AND演算、OR演算、NOT演算、XOR演算の4つです。これらの論理演算は、英語だけでなく、日本語や演算記号で表記することもあります（表3.1）。

表3.1 論理演算の主な表記方法

表記方法	AND演算	OR演算	NOT演算	XOR演算
英　語	AND	OR	NOT	XOR（EOR）
日本語	論理積	論理和	論理否定	排他的論理和
演算記号	・	＋	￣	⊕

※NOT演算の演算記号は、NOT Aを、上付き線で$\overline{A}$と表します。

どの表記方法も試験問題に出題されます

基本的な論理演算を組み合わせた論理演算の意味

A NAND B ＝ NOT (A AND B)：AかつB、でない
A NOR B ＝ NOT (A OR B)：AまたはB、でない
A XOR B ＝ (A AND (NOT B)) OR ((NOT A) AND B)：AとBのどちらか一方だけが真

memo

XOR演算を表す方法

基本的な論理演算を組み合わせてXOR演算を表すには、(A AND (NOT B)) OR((NOT A) AND B)だけでなく、(A OR B) AND (NOT(A AND B))など、いくつかの方法があります。

section 3.1 論理演算とベン図の関係

重要度 ★★★　難易度 ★★★

ここがポイント！
- 論理演算をベン図で示せることを知りましょう。
- ベン図の交わり、結び、補集合の意味を知りましょう。
- 複雑な論理演算は、ベン図で理解できる場合があります。

AND演算、OR演算、NOT演算をベン図で表す

　論理演算は、集合を表す際に使われるベン図で示すこともできます。ベン図は、集合を円で表したものです。この円を、論理演算の条件とみなします。円の内側が条件に該当することを意味し、円の外側が条件に該当しないことを意味します。図3.4は、ベン図で表したAND演算、OR演算、NOT演算です。アミカケした部分が、論理演算の結果に相当します。

図3.4　ベン図で表したAND演算、OR演算、NOT演算

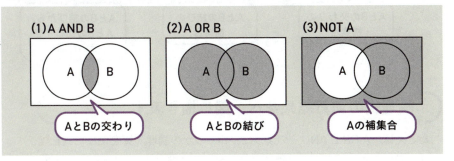

(1) A AND B　AとBの交わり
(2) A OR B　AとBの結び
(3) NOT A　Aの補集合

　A AND Bは、集合Aと集合Bの交わりと同じです。集合では、交わりを∩で表すので、A AND Bは、A∩Bと同じです。∩は、帽子の形に似ているので「キャップ（cap）」と読みます。

　A OR Bは、集合Aと集合Bの結びと同じです。集合では、結びを∪で表すので、A OR Bは、A∪Bと同じです。∪は、茶碗の形に似ているので「カップ（cup）」と読みます。

　NOT Aは、「Aでない」という意味なので、集合Aの補集合と同じです。補

集合は、ベン図の円の外側です。集合では、補集合を上付き線で表すので、NOT Aは、$\overline{A}$と同じです。 ̄ は、棒の形に似ているので「バー（bar）」と読みます。

NAND演算、NOR演算、XOR演算をベン図で表す

　NAND演算、NOR演算、XOR演算を、ベン図で表すこともできます。A NAND Bは、A AND Bの補集合です。A NOR Bは、A OR Bの補集合です。A XOR Bは、A OR BからAとBの交わりの部分を取り除いたものです。図3.5は、ベン図で表したNAND演算、NOR演算、XOR演算です。アミカケした部分が、論理演算の結果に相当します。

図3.5　ベン図で表したNAND演算、NOR演算、XOR演算

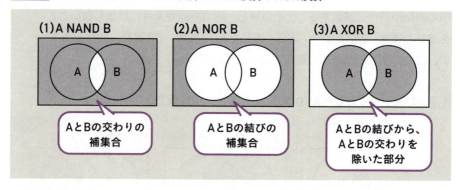

論理式の演算結果をベン図に描き表す

　たとえば、A OR B AND Cのように、いくつかの論理演算を使った式を**論理式**と呼びます。論理式の演算結果は、ベン図に描き表すとわかりやすくなります。それによって、複雑な論理式を、別の単純な論理式で表せることが、わかる場合もあります。

　A OR B AND Cの演算結果をベン図に表してみましょう。AND演算の方がOR演算より優先順位が高いので、カッコで囲むとA OR (B AND C)になります。これは、「Aである、または、（BかつCである）」という意味なので、まずAをアミカケし、続けてB AND Cをアミカケします。両者を合わせたものが、A OR B AND Cの演算結果です（図3.6）。

図3.6　A OR B AND C の演算結果をベン図に表す

(1) Aをアミカケする → **(2) 続けてB AND Cをアミカケする**

これが、A OR B AND Cの演算結果です

「A OR B AND C」よりも、正直ベン図で表した方がわかりやすいです。

論理演算の問題で混乱したときには、ベン図で書いてみると答えがカンタンに導けることも多いですよ。

そうしたいと思います！　ベン図を書けるように練習するぞ〜！

section 3.2 論理演算で条件を結び付ける

重要度 ★★★　難易度 ★★★★

ここがポイント！
- フローチャートで処理の流れを示す方法を知りましょう。
- 分岐や繰り返しの条件で、論理演算が使われます。
- ド・モルガンの法則は、身近な具体例で理解できます。

処理の流れを表すフローチャート

　論理演算の用途の1つとして、いくつかの条件を結び付けることがあります。プログラムの処理の流れを変えるときやデータベースの検索で条件を指定しますが、その際にいくつかの条件を結び付けることがあるのです。ここでは、プログラムにおける例を示します。データベースにおける例は、第4章で示します。

　プログラムは、コンピュータに行わせる処理を書き並べたものです。**処理が進んで行くことを「処理が流れる」と考えます。**プログラムの処理の流れを図示する際には、**フローチャート**（flow chart＝**流れ図**）が、よく使われます。表3.2は、フローチャートの主な図記号です。

表3.2　フローチャートの主な図記号

図記号	意　味
（角丸長方形）	プログラムの始まりと終わりを表す
（長方形）	処理を表す
（ひし形）	分岐（選択）を表す
（ペア記号）	繰り返しの始まりと終わりを表す

繰り返しの図記号はペアで使われます

それぞれの図記号の中に、処理内容や条件を示す言葉や数式などを記入します。図記号を線で結んで、処理の流れを表します。処理は、基本的に上から下に流れます。上から下の流れを表す線には、向きを表す矢印を付ける必要はありません。上から下の流れでない場合は、向きを表す矢印を付けます。

処理の流れの種類

処理の流れの種類は、順番に進む**順次**、条件に応じて分かれる**分岐（選択）**、条件に応じて何度か同じ処理を行う**繰り返し**の3つに大きく分類できます。図3.7は、フローチャートで表した、順次、分岐（選択）、繰り返しの例です。

流れが分岐した後は、再び1つに合流します。したがって、**分岐は、2つの処理のいずれかを選んでいるとも考えられるので、「選択」**とも呼ばれます。

繰り返しの始まりと終わりを表す図記号には、それらがペアであることを示す**「ループ」**のような適当な名前を書き込みます。

図3.7 フローチャートで表した、順次、分岐、繰り返しの例

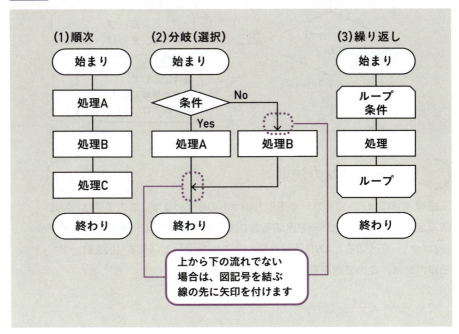

（1）の順次では、処理が「処理A」「処理B」「処理C」の順に、順番に流れます。（2）の分岐では、条件がYesなら「処理A」が行われ、Noなら「処理B」が行われます。（3）の繰り返しでは、条件（継続する条件が示されている場合）が真である限り「処理」が繰り返されます。

分岐や繰り返しの条件を論理演算で結び付ける

分岐や繰り返しの条件では、たとえば「A > 0か？」のような単独の条件だけでなく、「A > 0、かつ、B > 0か？」「A > 0、または、B > 0か？」「A > 0、または、B > 0でないか？」のように、論理演算で複数の条件を結び付けることができます。フローチャートの図記号の中には、任意の文や数式などを記入できるので、AND、OR、NOTではなく、「かつ」「または」「でない」のような言葉で論理演算を示すこともあります（図3.8）。

図3.8 論理演算で条件を結び付ける例

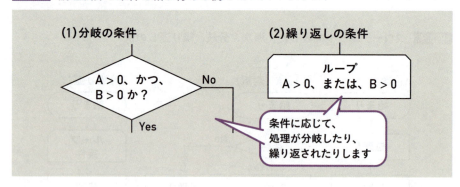

ド・モルガンの法則

論理演算には**ド・モルガンの法則**というものがあります。この法則は、AND演算全体に付けられたバーを区切るとOR演算に変わり、OR演算全体に付けられたバーを区切るとAND演算に変わることを示しています（図3.9）。ド・モルガンは、この法則を見出した人物の名前です。

図3.9 ド・モルガンの法則

(1) $\overline{A \text{ AND } B} = \overline{A} \text{ OR } \overline{B}$ ← バーを区切ると、ANDがORに変わります！

(2) $\overline{A \text{ OR } B} = \overline{A} \text{ AND } \overline{B}$ ← バーを区切ると、ORがANDに変わります！

　ド・モルガンの法則は、とても難しいように思えますが、実は、人間の感覚として自然に理解できるものです（図3.10）。たとえば、「金持ち、かつ、イケメン」というAND演算全体を否定すると、「（金持ち、かつ、イケメン）ではない」になります。この条件は、「金持ちでない、または、イケメンでない」というOR演算に言い換えられます。さらに、「金持ち、または、イケメン」というOR演算全体を否定すると、「（金持ち、または、イケメン）ではない」になります。この条件は、「金持ちでない、かつ、イケメンでない」というAND演算に言い換えられます。これが、ド・モルガンの法則です。

図3.10 ド・モルガンの法則は、人間の感覚として自然と理解できる

（金持ち、かつ、イケメン）ではない人って、どんな人？　　金持ちでない人、または、イケメンでない人のことです！

(1) $\overline{\text{金持ち AND イケメン}} = \overline{\text{金持ち}} \text{ OR } \overline{\text{イケメン}}$

(2) $\overline{\text{金持ち OR イケメン}} = \overline{\text{金持ち}} \text{ AND } \overline{\text{イケメン}}$

（金持ち、または、イケメン）ではない人って、どんな人？　　金持ちでない人、かつ、イケメンでない人のことです！

インパクトのある例ですね・・・。

section 3.3 論理演算によるマスク

重要度 ★★★　難易度 ★★★

ここがポイント！
・データをマスクすることの意味を知りましょう。
・AND、OR、XORのマスクは、具体例で理解しましょう。
・上位ビットや下位ビットを得る方法を知りましょう。

AND演算によるマスク

　論理演算の用途には、条件を結び付けることの他に、データを部分的に変化させることがあります。これは、データの一部を覆い隠すような処理なので、**マスク**（mask）と呼ばれます。AND演算、OR演算、XOR演算によるマスクがよく使われます。マスクでは、データを2進数で表して、1ビットごとに論理演算を行います。1が真で、0が偽です。

　最初は、AND演算によるマスクです。例として、01010110と00001111をAND演算してみましょう（図3.11）。ここでは、01010110をデータと呼び、

図3.11 AND演算によるマスクの例

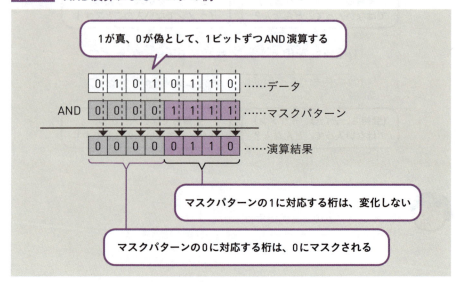

00001111をマスクパターンと呼ぶことにします。演算結果は、データの上位4ビットが0になり、下位4ビットは変化しません。**AND演算によるマスクでは、マスクパターンの0に対応する部分が0にマスクされ、1に対応する部分が変化しません。**

OR演算によるマスク

次は、OR演算によるマスクです。例として、01010110というデータと00001111というマスクパターンをOR演算してみましょう（図3.12）。演算結果は、データの上位4ビットが変化せず、下位4ビットが1にマスクされました。**OR演算によるマスクでは、マスクパターンの1に対応する部分が1にマスクされ、0に対応する部分が変化しません。**

図3.12　OR演算によるマスク

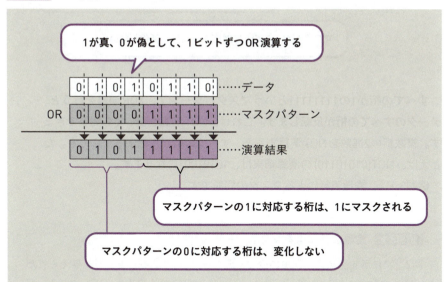

XOR演算によるマスク

最後は、XOR演算によるマスクです。例として、01010110というデータと00001111というマスクパターンをXOR演算してみましょう（図3.13）。演算結果は、データの上位4ビットが変化せず、下位4ビットが反転（0が1になり、

1が0になること）しました。**XOR演算によるマスクでは、マスクパターンの1に対応する部分が反転し、0に対応する部分が変化しません。**

図3.13　XOR演算によるマスク

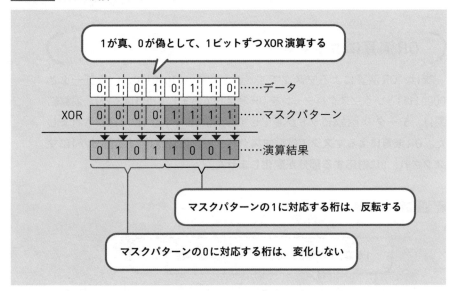

　すべての桁が1の11111111というマスクパターンで、XOR演算を行うと、**データのすべての桁が反転します。**これは、NOT演算を使っても実現できます。複数桁の2進数をNOT演算すると、すべての桁が反転するからです。たとえば、NOT(01010110)の演算結果は、10101001になります。
　例題3.1は、論理演算によるマスクの問題です。

例題3.1　論理演算によるマスク（H30 秋 問2）

問2　次に示す手順は，列中の少なくとも一つは1であるビット列が与えられたとき，最も右にある1を残し，他のビットを全て0にするアルゴリズムである。例えば，00101000が与えられたとき，00001000が求まる。aに入る論理演算はどれか。

　手順1　与えられたビット列Aを符号なしの2進数と見なし，Aから1を引き，結果をBとする。

手順2　AとBの排他的論理和（XOR）を求め，結果をCとする。
手順3　AとCの　a　を求め，結果をAとする。

ア　排他的論理和（XOR）　　イ　否定論理積（NAND）
ウ　論理積（AND）　　　　　エ　論理和（OR）

問題文に示された00101000の中には1が2カ所ありますが、この中の最も右にある1を残し、残りをすべて0にする方法を求める問題です。手順に示されたとおりにやってみましょう。

【手順1】B＝A－1＝00101000－00000001＝00100111です。
【手順2】C＝A XOR B＝00101000 XOR 00100111＝00001111です。
【手順3】A　a　Cを目的の結果とするので、00101000　a　00001111＝00001000です。　a　に該当するのは、AND演算です。正解は、選択肢ウです（図3.14）。

図3.14　データ、マスクパターン、演算結果から論理演算を判断する

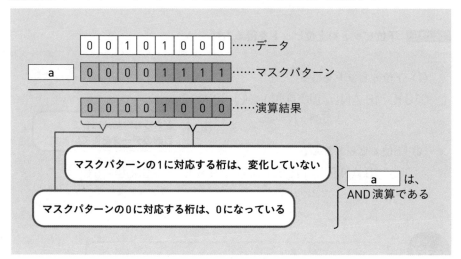

3.3 論理演算によるマスク

上位ビットや下位ビットを得る

マスクの応用例として、データの上位ビットや下位ビットを得る方法を紹介しましょう。たとえば、8ビットの入れ物に格納された01010110というデータの下位4ビットの0110を得るには、どうしたらよいでしょう。コンピュータは、データの入れ物のサイズが決まっているので、8ビットの入れ物を分割して、4ビットだけ取り出すことはできません。

そこで、**8ビットの入れ物の上位4ビットを0でマスクした00000110を、01010110の下位4ビットを取り出したものとします。**上位4ビットを0でマスクし、下位4ビットを変化させないのですから、01010110というデータと、00001111というマスクパターンをAND演算すればよいことになります（図3.15（1））。

それでは、01010110というデータの上位4ビットの0101を得るには、どうしたらよいでしょう。この場合には、まず、11110000というマスクパターンとAND演算を行い、下位4ビットを0でマスクした01010000を得ます。次に、01010000を4ビット論理右シフトして、00000101を得ます。**01010000のままでは、0101を得たことになりません。0101を右詰めにして00000101とすれば、0101を得たことになります**（図3.15（2））。

図3.15　下位ビットや上位ビットを得る方法

(1) 下位4ビットを得る
01010110 AND 00001111 = 00000110
データ　　　　マスクパターン

どちらも右詰めにして目的のデータを得ています

(2) 上位4ビットを得る
01010110 AND 11110000 = 01010000 → 00000101
データ　　　　マスクパターン　　　　　　　　　4ビット論理右シフト

下位4ビットを得る・・・。つまりどういうことですか？

難しいかもしれませんね。もう一度、このページを読み直してみましょう！

section 3.4 論理演算による加算

重要度 ★★★　難易度 ★★★

ここがポイント！
- 論理回路のMIL記号の種類と意味を知りましょう。
- 論理回路の機能は、具体例を想定すれば読み取れます。
- 加算の仕組みは、やや難しいですが、よく出題されます。

論理回路を表すMIL記号

コンピュータの内部には、論理演算を行う小さな電子回路が数多くあり、これらを**論理回路**と呼びます。論理回路は、**MIL記号**で図示します。MIL（ミル）は、米軍の規格であるMilitary Standardを意味しています。

表3.4に、主なMIL記号の種類と意味を示します。どの図記号も、左側が入力で、右側が出力です。

NOT回路の出力には、白丸が付いています。この白丸は、データを反転することを意味しています。そのため、AND回路の出力に白丸を付けた記号がNAND（NOT AND）回路になり、OR回路の出力に白丸を付けた記号がNOR（NOT OR）回路になります。

表3.4　主なMIL記号の種類と意味

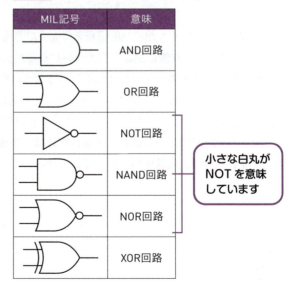

小さな白丸がNOTを意味しています

3.4 論理演算による加算　075

論理回路の入力と出力

　コンピュータの内部では、1本の電線で、2進数の1桁のデータを伝えます。MIL記号では、左側の電線から入力されたデータが、内部で論理演算され、その結果が右側の電線から出力されます。

　たとえば、図3.16は、AND回路の入力と出力のパターンを示したものです。AND演算なので、1と1が入力されたときだけ、1が出力されます。それ以外の入力では、0が出力されます。

図3.16 AND回路の入力と出力

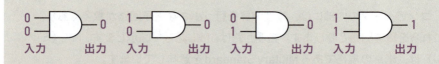

1本の電線で1桁の2進数を伝えるので、電線の値は0か1のいずれかです

MIL記号をつないだ論理回路

　試験問題には、いくつかのMIL記号をつないだ論理回路が示されることがあります。**このような論理回路の出力が何になるかを判断するには、入力から最終的な出力までのデータの変化を0と1で書き込むとよいでしょう。**

　たとえば、図3.17は、2つのNOT回路と3つのNAND回路をつないだ論理回路です。0と1という入力から、最終的な出力までのデータの変化を書き込んであります。**線の重なりに黒丸がある部分は、電線がつながっています。黒丸がない部分は、電線がつながっていません。**

論理回路にデータの変化を0と1を書き込んでいくと、わかりやすいですよ。

本当ですね。私でもできそう！

図3.17 いくつかのMIL記号をつないだ論理回路の出力

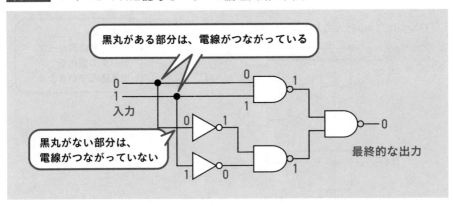

　例題3.2は、入力が同じ値のときだけ1を出力する論理回路を選ぶものです。XとYに具体的な入力パターンを想定して、それぞれの論理回路にデータの変化を書き込めば、正解を選べます。

例題3.2 入力が同じ値のときだけ1を出力する論理回路（H22春 問26）

問26　入力XとYの値が同じときにだけ，出力Zに1を出力する回路はどれか。

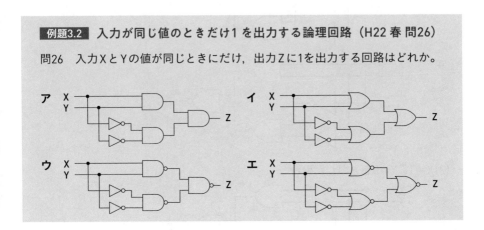

　X＝0、Y＝0という同じ値を入力したときの出力Zを求めると、図3.18（1）になります。出力Zが1になっているのは、選択肢イとウだけです。選択肢イとウにしぼって、X＝1、Y＝0を入力したときの出力Zを求めると、図3.18（2）になります。異なる入力のときは、出力Zが0になっていなければなりません。したがって、選択肢ウが正解です。

図3.18 それぞれの論理回路にデータの変化を書き込む

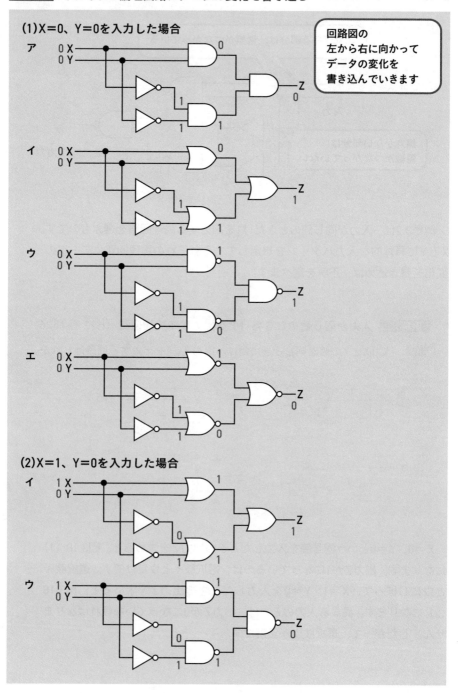

半加算と全加算

　コンピュータは、内部的な仕組みとして、いくつかの論理演算で加算を実現しています。加算には、**半加算**と**全加算**があります。図3.19は、4ビットの0101と0011を加算した結果を示したものです。

図3.19 最下位桁は半加算、それ以外の桁は全加算

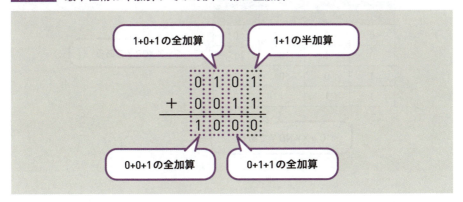

　最下位桁は、1と1という2つの数値を足すだけです。これを半加算と呼びます。2桁目は、0と1と下位桁からの桁上がりの1という3つの数値を足します。これを全加算と呼びます。3桁目と4桁目も、3つの数値を足すので、全加算です。

　すぐ後で説明しますが、半加算を2つ使うことで、全加算が実現されています。これを逆に言うと、**全加算の半分で半加算が実現されています。だから、半加算と呼ぶのです。**

半加算器の仕組み

　論理回路を使って、半加算を実現したものを**半加算器**（half adder）と呼び、全加算を実現したものを**全加算器**（full adder）と呼びます。それぞれの仕組みを説明しましょう。

　まず、半加算器です。半加算器は、1ビットの数値を2つ足します。足し合わせる数値の組合わせは、0＋0＝0、0＋1＝1、1＋0＝1、1＋1＝10の4通りです。1＋1＝10だけ桁上がりするので、他の演算結果も2桁に揃えると、0＋

0＝00、0＋1＝01、1＋0＝01、1＋1＝10になります。図3.20は、それぞれの1ビットに、X＋Y＝CSという名前を付けて、真理値表にしたものです。CはCarry（桁上がり）、SはSum（和）を意味します。

図3.20 半加算器の真理値表

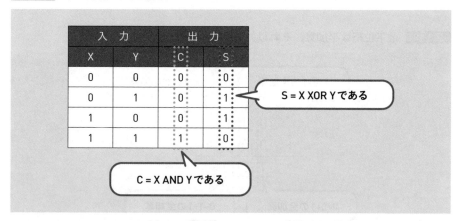

　この真理値表を見ると、XとYが両方とも1のときに、Cが1になることがわかります。したがって、C＝X AND Yです。XとYのどちらか一方だけが1のときに、Sが1になることがわかります。したがって、S＝X XOR Yです。論理演算で、半加算が実現できました。図3.21は、MIL記号で半加算器の仕組みを示したものです。

図3.21 MIL記号で示した半加算器の仕組み

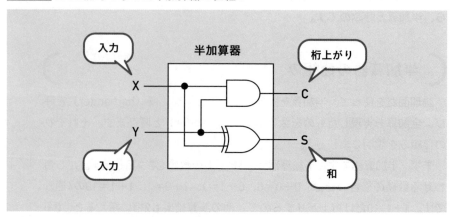

全加算器の仕組み

　全加算器は、その桁にある2つの数値X、Yと、下位桁からの桁上がりの数値C´の3つを加算し、上位桁への桁上がりCと、和Sを得ます。半加算器で、2つの数値を足せるので、半加算器が2つあれば、3つの数値を足せます。**全加算器の桁上がりCは、2つの半加算器のいずれかが桁上がりを起こしたときに1になります。したがって、OR回路で求められます。**図3.22は、MIL記号で全加算器の仕組みを示したものです。

図3.22 MIL記号で示した全加算器の仕組み

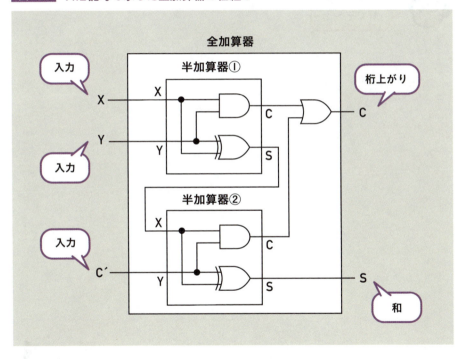

　ここが大事！

　全加算器は、半加算器2つとOR回路で作れます。

　半加算器を1つ、全加算器を3つ用意して、下位桁の加算器のC出力を上位桁の全加算器のC入力につなげば、先ほど図3.19に示した4ビットの2進数の

加算ができます。**この仕組みに、2の補数表現で表されたマイナスの数値を入力すれば、減算も行えます。マイナスの数値を加算することは、減算と同じだからです。**

論理演算の分野はこれで完璧です！

練習問題を解いて、きちんと理解できているか確認してみましょう。

解くぞ〜！

section 3.5 論理演算の練習問題

論理式とベン図を対応付ける

練習問題 3.1 集合で示された式を表すベン図（H25 秋 問1）

問1 集合 $(\overline{A} \cap B \cap C) \cup (A \cap B \cap \overline{C})$ を網掛け部分（ ）で表しているベン図はどれか。ここで，∩は積集合，∪は和集合，$\overline{X}$はXの補集合を表す。

ア
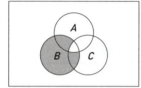

イ
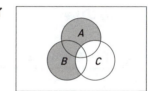

ウ
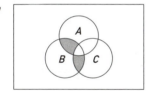

エ
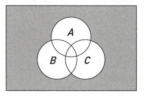

積集合はAND演算、和集合はOR演算、補集合はNOT演算です！

論理演算の優先順位

練習問題 3.2　論理式と恒等的に等しいもの（H26 春 問3）

問3 論理式 $\overline{A}\cdot\overline{B}\cdot C + A\cdot\overline{B}\cdot C + \overline{A}\cdot B\cdot C + A\cdot B\cdot C$ と恒等的に等しいものはどれか。ここで，・は論理積，＋は論理和，$\overline{A}$ は A の否定を表す。

ア　$A\cdot B\cdot C$
イ　$A\cdot B\cdot C + \overline{A}\cdot\overline{B}\cdot C$
ウ　$A\cdot B + B\cdot C$
エ　C

「恒等的に等しい」とは、「A、B、C がどんな値でも等しい」という意味です！

プログラムの分岐の条件を結び付ける

練習問題 3.3　同じ動作をする流れ図（H25 秋 問8）

問8 右の流れ図が左の流れ図と同じ動作をするために，a，b に入る Yes と No の組合せはどれか。

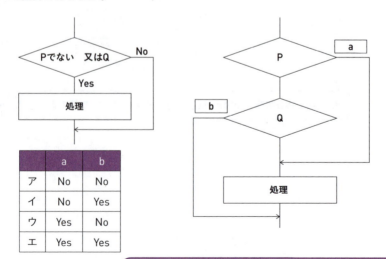

「Pでない　又はQ」という条件の結び付けを「Pであるか」「Qであるか」という条件に分けています！

ド・モルガンの法則

練習問題 3.4　論理式と等しいもの（H21 春 問3）

問3 論理式 $\overline{(A+B) \cdot (A+\overline{C})}$ と等しいものはどれか。ここで，・は論理積，＋は論理和，$\overline{X}$ はXの否定を表す。

ア　$A \cdot \overline{B} + \overline{A} \cdot C$
イ　$\overline{A} \cdot B + A \cdot \overline{C}$
ウ　$(A + \overline{B}) \cdot (\overline{A} + C)$
エ　$(\overline{A} + B) \cdot (A + \overline{C})$

ド・モルガンの法則で論理式を変形してみよう！

上位ビットや下位ビットを得る

練習問題 3.5　パリティビット以外のビットを得る（H31 春 問2）

問2 最上位をパリティビットとする8ビット符号において，パリティビット以外の下位7ビットを得るためのビット演算はどれか。

ア　16進数0FとのANDをとる。
イ　16進数0FとのORをとる。
ウ　16進数7FとのANDをとる。
エ　16進数FFとのXOR（排他的論理和）をとる。

「パリティビット」は、データの誤りチェックのために付加された1ビットです！

論理回路の入力と出力

練習問題 3.6 　論理回路の入力と出力の関係（R01 秋 問22）

問22 次の回路の入力と出力の関係として，正しいものはどれか。

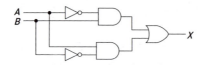

ア

入力		出力
A	B	X
0	0	0
0	1	0
1	0	0
1	1	1

イ

入力		出力
A	B	X
0	0	0
0	1	1
1	0	1
1	1	0

ウ

入力		出力
A	B	X
0	0	1
0	1	0
1	0	0
1	1	0

エ

入力		出力
A	B	X
0	0	1
0	1	1
1	0	1
1	1	0

AとBの入力に具体的なデータを想定して出力Xを求めてください！

全加算器の仕組み

練習問題 3.7　全加算器の出力（H21 秋 問25）

問25 図は全加算器を表す論理回路である。図中のxに1，yに0，zに1を入力したとき，出力となるc（けた上げ数），s（和）の値はどれか。

	c	s
ア	0	0
イ	0	1
ウ	1	0
エ	1	1

全加算器は、1ビットの2進数を3つ加算します！

練習問題、おつかれさまでした！

ありがとうございます。いったん休憩しますね。ソフトクリーム食べようーっと。

3.5 論理演算の練習問題

section 3.6 論理演算の練習問題の解答・解説

論理式とベン図を対応付ける

練習問題 3.1　集合で示された式を表すベン図（H25 秋 問1）

解答　ウ

解説　($\overline{A}$∩B∩C) ∪ (A∩B∩$\overline{C}$) を、($\overline{A}$∩B∩C) と (A∩B∩$\overline{C}$) に分けて、アミカケします。($\overline{A}$∩B∩C) は、「Aでなく、かつ、Bであり、かつ、Cである」という意味なので、アミカケすると、図3.23（1）になります。(A∩B∩$\overline{C}$) は、「Aであり、かつ、Bであり、かつ、Cでない」という意味なので、続けてアミカケすると、図3.23（2）になります。

図3.23　∪で分けてベン図にアミカケする

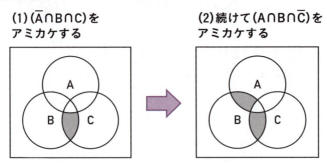

(1) ($\overline{A}$∩B∩C)を アミカケする
(2) 続けて (A∩B∩$\overline{C}$)を アミカケする

> ∪で分けてベン図でアミカケしていくと、わかりやすいですね・・・。

論理演算の優先順位

練習問題 3.2 論理式と恒等的に等しいもの（H26 春 問3）

解答 エ

解説 この問題では、AND演算、OR演算、NOT演算を、・、＋、－という演算記号で表しています。これらの演算記号から、論理演算の優先順位が、NOT演算、AND演算、OR演算の順に高いことを覚えてください。$\overline{A}\cdot\overline{B}\cdot C+A\cdot\overline{B}\cdot C+\overline{A}\cdot B\cdot C+A\cdot B\cdot C$ をカッコで囲むと、$(\overline{A}\cdot\overline{B}\cdot C)+(A\cdot\overline{B}\cdot C)+(\overline{A}\cdot B\cdot C)+(A\cdot B\cdot C)$ になります。カッコで囲まれた部分ごとに、ベン図をアミカケしていくと、この式が単純にCを表していることがわかります（図3.24）。

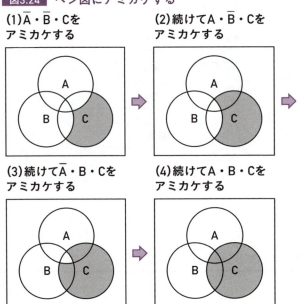

図3.24 ベン図にアミカケする

こんな複雑な式なのに、「C」と同じだったのですね！

プログラムの分岐の条件を結び付ける

練習問題 3.3　同じ動作をする流れ図（H25 秋 問8）

解答　ア

解説　処理を行う条件は、「Pでない、又は、Qである」です。　a　の流れは、Pという条件に対して処理を行うものなので、No（Pでない）です。　b　の流れは、Qという条件に対して処理を行わないものなので、No（Qでない）です。YesとNoを書き込んだフローチャートを図3.25に示します。

図3.25　YesとNoを書き込んだフローチャート

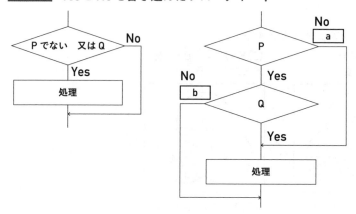

ド・モルガンの法則

練習問題 3.4　論理式と等しいもの（H21 春 問3）

解答　ア

解説　ド・モルガンの法則では、AND演算に付けられたバーを区切るとOR演算に変わり、OR演算に付けられたバーを区切るとAND演算に変わります。ド・モルガンの法則を使って、式全体に付けられたバーを区切って行くと、式を図3.26のように変形できます。

図3.26 ド・モルガンの法則を使ってバーを区切っていく

$\overline{(\overline{A} + B) \cdot (A + \overline{C})}$ ……変形前の状態

↓

$\overline{(\overline{A} + B)} + \overline{(A + \overline{C})}$ ……バーを区切ると・が＋に変わる

↓

$(\overline{\overline{A} \cdot \overline{B}}) + \overline{(A + \overline{C})}$ ……バーを区切ると＋が・に変わる

↓

$(\overline{\overline{A}} \cdot \overline{B}) + (\overline{\overline{A} \cdot C}})$ ……バーを区切ると＋が・に変わる

↓

$(A \cdot \overline{B}) + (\overline{A} \cdot C)$ ……二重のバーを取る

↓

$A \cdot \overline{B} + \overline{A} \cdot C$ ……カッコを取る（変形完了）

バーの上にバーが付いて二重になったときは、NOTのNOT（でないのでない）であり何もしないのと同じことなので、二重のバーを取ることができます。AND演算の方がOR演算より優先順位が高いので、AND演算を囲んでいるカッコを取ることができます。

上位ビットや下位ビットを得る

練習問題 3.5 パリティビット以外のビットを得る（H31 春 問2）

解答 ウ

解説 パリティビット（parity bit）は、データの誤りチェックのために付加された1ビットです。8ビットのデータの下位7ビットを得るとは、上位1ビットを0にして下位7ビットを変化させない、ということです。したがって、01111111という2進数とAND演算します。選択肢は、16進数で表記されているので、7FとAND演算します。

論理回路の入力と出力

練習問題 3.6 論理回路の入力と出力の関係（R01 秋 問22）

解答 イ

解説 まず、図3.27（1）に示したように「A＝0、B＝0」を入力すると、

3.6 論理演算の練習問題の解答・解説　**091**

出力Xは0になります。これで、答えを選択肢アとイに絞り込めます。次に、図3.27（2）に示したように「A＝0、B＝1」を入力すると、出力Xは1になります。これで、答えを選択肢イに絞り込めます。

図3.27 AとBの入力に具体的なデータを想定して出力Xを求める

(1) A＝0、B＝0のとき、X＝0になる

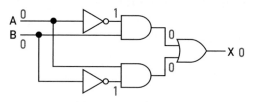

(2) A＝0、B＝1のとき、X＝1になる

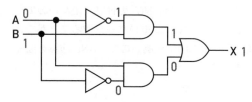

この問題は、別の解き方もあります。論理回路を論理式で表すと「(NOT A AND B) OR (A AND NOT B)」になります。これは「AでなくBである、または、AでありBでない」という意味であり、どちらか一方だけが真なら真になる排他的論理和（XOR）です。選択肢の中で排他的論理和の真理値表になっているのは、選択肢イです。これで、答えが得られます。

全加算器の仕組み

練習問題 3.7 全加算器の出力（H21 秋 問25）

解答 ウ

解説 全加算器は、1ビットの2進数を3つ足して、その結果として和と桁上がりを得ます。ここでは、1と0と1を足します。2進数は、2で桁上がりするので、1＋0＋1＝10となり、桁上がりは1で、和は0です。

chapter 4
データベース

この章では、データベースの基礎用語、設計で使われるE-R図、表を整える正規化、表を読み書きするSQL文、およびデータベースの矛盾を防ぐトランザクション処理などを学習します。

- 4.0 なぜデータベースを学ぶのか？
- 4.1 E-R図
- 4.2 関係データベースの正規化
- 4.3 SQL
- 4.4 トランザクション処理
- 4.5 データベースの練習問題
- 4.6 データベースの練習問題の解答・解説

| アクセスキー | L （大文字のエル） |

section 4.0 なぜデータベースを学ぶのか？

重要度 ★★★　難易度 ★★★★

ここがポイント！
- データベースを学ぶ理由を知りましょう。
- 主キーと外部キーの役割を知りましょう。
- 従属性は、後で説明する正規化を理解するために重要です。

データベースとDBMS

　初期のコンピュータは、計算を自動的に行うために使われていましたが、現在のコンピュータの用途は、計算だけではありません。大量のデータを蓄積したデータベースを実現するためにも使われています。そのため、データベースに関する様々な知識が、試験の出題テーマになっています。

　データベースは、データの実体である「ファイル」と、データを管理する「プログラム」から構成されています。 このプログラムをDBMS（DataBase Management System＝データベース管理システム）と呼びます。試験には、DBMSに命令を伝えるSQL文や、DBMSが提供するトランザクション処理などが出題されます。

　さらに、データベースの設計も、試験の出題テーマになっています。業務の中にあるデータを図示するE-R図（いーあーるず）や、関係データベースの正規化などが出題されます。現在のデータベースの主流は、データを表形式で格納する関係データベース（relational database）です。正規化は、表を適切に設計するための理論です。

関係データベースの基礎知識

　関係データベースでは、データを表形式で格納します。 コンピュータのハードディスクの中に、あたかも表があるかのように、データの読み書きが行えるのです。1つのデータベースは、1つだけの表で構成することも、複数の表で構成することもできます。

　1つの表に、関係のある1つのデータの集合を格納します。たとえば、社員

のデータを「社員表」に格納し、部署の情報を「部署表」に格納します。この場合は、「社員表」と「部署表」という2つの表で、1つのデータベースが構成されることになります。

1つの表は、いくつかの行と列から構成されています。**表には、行単位でデータを登録します。**図4.1は、社員のデータを格納した「社員表」です。ここでは、5行のデータが登録されています。**データベースでは、データを「件」単位で数える**ので、5行のデータのことを、5「件」のデータ、または5件の「レコード」と呼ぶ場合もあります。

図4.1　社員のデータを格納した社員表

社員番号	氏名	性別	生年月日	給与
0001	佐藤一郎	男	1951-01-01	450000
0002	鈴木二郎	男	1962-02-02	400000
0003	高橋花子	女	1973-03-03	350000
0004	田中四朗	男	1984-04-04	300000
0005	渡辺良子	女	1995-05-05	250000

→ 5件のレコード

表の列には、タイトル欄を付けて、レコードとして登録される項目の名前を書き込みます。このタイトル欄だけを取り出して、表の構成を示すことがあります。試験問題では、図4.2のように、項目の名前をA、B、C、D、Eのように示すこともあります。これは、「特に名前は付けないが、何らかの項目である」という意味です。

図4.2　表のタイトル欄だけを取り出して表の構成を示す

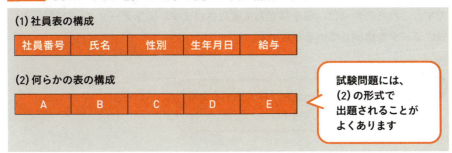

(1) 社員表の構成

社員番号	氏名	性別	生年月日	給与

(2) 何らかの表の構成

A	B	C	D	E

試験問題には、(2)の形式で出題されることがよくあります

登録、読み出し、更新、削除

表に対するデータの読み書きは、「登録」「読み出し」「更新」「削除」の4つに分類できます。登録とは、新たなレコードを書き込むことです。読み出しとは、既存のレコードを取得することです。更新とは、既存のレコードの内容を部分的に変更することです。削除とは、既存のレコードを消し去ることです。

表に対するデータの操作の種類
登録：新たなレコードを書き込む
読み出し：既存のレコードを取得する
更新：既存のレコードを部分的に変更する
削除：既存のレコードを消し去る

登録を行うときには、条件を指定しませんが、読み出し、更新、削除を行うときには、条件を指定できます。たとえば、先ほどの社員表を読み出す際に、「性別が男である」という条件を指定できます。条件は、AND演算やOR演算で結び付けることができます。NOT演算で、否定することもできます。

データベースを操作するには、日常生活で使われている表現を、登録、読み出し、更新、削除という言葉に置き換える必要があります。 たとえば、社員が「入社」することは、社員表への「登録」です。「男性社員の一覧を得る」ことは、社員表の「読み出し」です。佐藤一郎さんの「給与をアップ」することは、佐藤一郎さんのレコードの「更新」です。鈴木二郎さんが「退職」することは、鈴木二郎さんのレコードの「削除」です。

この章の後半で詳しく説明しますが、データベースを操作するSQLの命令も、登録、読み出し、更新、削除に分けられています（表4.1）。**登録はINSERT命令、読み出しはSELECT命令、更新はUPDATE命令、削除はDELETE命令です。** これらの命令は、表を指定して実行されます。関係データベースは、表にデータを格納しているからです。

登録は、データを「挿入」するからINSERTなんですね。

表4.1　登録、読み出し、更新、削除を行うSQLの命令

操作	SQLの命令	SQL文の例
登録	INSERT	INSERT INTO 社員表 VALUES ('0006', '伊藤六郎', '男', '1995-06-06', 220000)
読み出し	SELECT	SELECT 氏名 FROM 社員表 WHERE 性別 = '男'
更新	UPDATE	UPDATE 社員表 SET 給与 = 500000 WHERE 社員番号 = '0001'
削除	DELETE	DELETE FROM 社員表 WHERE 社員番号 = '0002'

英語だと思えば、SQL文の意味がわかるでしょう

主キーの役割

　関係データベースを構築することは、表を作ることに他なりません。その際に、必ず守らなければならないルールがあります。それは、**「表には主キーが必要である」**です。**主キー**（primary key）**とは、他のレコードと同じ値にならないユニークな情報を持つ列**のことです。これまで例にしてきた「社員表」では、「社員番号」が主キーです。

　もしも、主キーがない「社員表」を作ったら、どうなるでしょう（図4.3）。滅多にないことですが、同姓同名、同じ性別、同じ誕生日、同じ給与の社員が2名いたら、まったく同じレコードが2件登録されてしまい、両者を区別できません。これでは、データベースが使いものになりません。

図4.3　主キーがない社員表

氏名	性別	生年月日	給与
山本友子	女	1995-07-07	230000
山本友子	女	1995-07-07	230000

区別できない！

　同様の理由で、**主キーにNULL（ヌル）を登録することはできません。**NULLは、「空（から）」を意味します。図4.4は、主キーである「社員番号」をNULLにした例です。この場合も、まったく同じ内容のレコードが2件登録されてしまい、両者を区別できません。ここでは、「社員番号」に**下線を付けて、主キーであることを示しています。**

4.0　なぜデータベースを学ぶのか　**097**

図4.4 主キーがNULLの社員表

社員番号	氏名	性別	生年月日	給与
NULL	山本友子	女	1995-07-07	230000
NULL	山本友子	女	1995-07-07	230000

区別できない！

※「社員番号」に付けた下線は、主キーであることを示します。

従属性

表において「○○が決まれば、△△が決まる」ということを従属性と呼びます。たとえば、社員表には、「社員番号が決まれば、氏名が決まる」「社員番号が決まれば、性別が決まる」「社員番号が決まれば、生年月日が決まる」「社員番号が決まれば、給与が決まる」という従属性があります。

「○○が決まれば、△△が決まる」という従属性は、「○○」から「△△」に向けた矢印で示します。図4.5は、「社員表」の従属性を示したものです。主キーから、他のすべての列に従属性の矢印が付いています。その他に、余分な矢印はありません。**適切な表（後で説明する正規化された表）は、このような従属性になります。**

図4.5 従属性を矢印で示した社員表

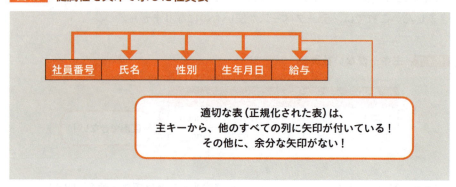

リレーションシップ

　1つのデータベースが複数の表から構成されている場合は、表から別の表をたどって、目的のデータを取得することがあります。このように表と表を関連付けることを**リレーションシップ**（relationship）と呼びます。**リレーションシップは、主キーと外部キーによって実現されます。外部キー**（foreign key）とは、別の表の主キーのことです。

　たとえば、社員のデータを格納した「社員表」から、部署のデータを格納した「部署表」をたどって、佐藤一郎が所属する「部署名」を取得するとしましょう（図4.6）。この場合には、「社員表」に、「部署表」の主キーである「部署番号」を追加します。「社員表」の「部署番号」は、別の表の主キーなので、外部キーです。「社員表」の佐藤一郎の行を見ると、「部署番号」が002であることがわかります。この002で「社員表」から「部署表」をたどると、「部署名」が経理部だとわかります。

図4.6　部署番号を使って社員表から部署表をたどる

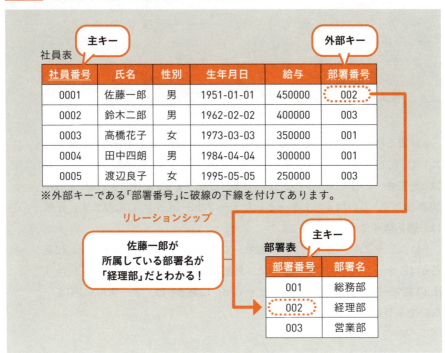

例題4.1は、従属性とリレーションシップに関する問題です。テーブル（表のこと）の列を、カッコで囲んで示しています。

例題4.1 従属性とリレーションシップ（H29春 問25）

問25 属性aの値が決まれば属性bの値が一意に定まることを、a→bで表す。例えば、社員番号が決まれば社員名が一意に定まるという表現は、社員番号→社員名である。この表記法に基づいて、図の関係が成立している属性a～jを、関係データベース上の三つのテーブルで定義する組合せとして、適切なものはどれか。

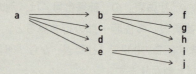

ア　テーブル1（a）
　　テーブル2（b, c, d, e）
　　テーブル3（f, g, h, i, j）

イ　テーブル1（a, b, c, d, e）
　　テーブル2（b, f, g, h）
　　テーブル3（e, i, j）

ウ　テーブル1（a, b, f, g, h）
　　テーブル2（c, d）
　　テーブル3（e, i, j）

エ　テーブル1（a, c, d）
　　テーブル2（b, f, g, h）
　　テーブル3（e, i, j）

---

aが決まれば、b、c、d、eが決まるので、これはaを主キーとしたテーブル1（a, b, c, d, e）になります。bが決まれば、f、g、hが決まるので、これはbを主キーとしたテーブル2（b, f, g, h）になります。eが決まれば、i、jが決まるので、これはeを主キーとしたテーブル3（e, i, j）になります。正解は、選択肢イです。

bは、テーブル2（b, f, g, h）の主キーです。テーブル1（a, b, c, d, e）にあるbは、テーブル2の主キーなので、外部キーです。eは、テーブル3（e, i, j）の主キーです。テーブル1（a, b, c, d, e）にあるeは、テーブル3の主キーなので、外部キーです。

参照の整合性

先ほどの図4.6の「部署表」から「部署番号」が002の行を削除すると、どうなるでしょう（図4.7）。「社員表」の佐藤一郎の「部署番号」002から、「部署表」の「部署番号」002をたどれなくなります。つまり、佐藤一郎の所属部署が不明ということになってしまいます。

図4.7 データを削除すると表から表にたどれなくなってしまう

社員表

社員番号	氏名	性別	生年月日	給与	部署番号
0001	佐藤一郎	男	1951-01-01	450000	002
0002	鈴木二郎	男	1962-02-02	400000	003
0003	高橋花子	女	1973-03-03	350000	001
0004	田中四朗	男	1984-04-04	300000	001
0005	渡辺良子	女	1995-05-05	250000	003

たどった先にデータがない！

部署表

部署番号	部署名	
001	総務部	
002	経理部	削除
003	営業部	

DBMSには、このようなことが起きないように、表の更新や削除をチェックする機能があります。これによって**参照の整合性**が保たれます。参照とは、表から表をたどることです。整合性とは、必ずたどれるという意味です。したがって、「部署表」から「部署番号」が002の行を削除しようとしても、DBMSが操作を受け付けません。

4.0 なぜデータベースを学ぶのか **101**

section 4.1 E-R図

重要度 ★★★　　難易度 ★★★

ここがポイント！
- E-R図の役割と表記方法を知りましょう。
- 多重度の種類は、身近な具体例で理解しましょう。
- 多重度は、互いを結ぶ紐だと考えるとわかりやすいです。

E-R図の役割

関係データベースを構築する前段階として、業務の中にあるデータを明確にする作業を行うことがあります。その際によく使われるのが、**E-R図**です。E-R図のE-Rは、Entity Relationshipの略語です。**エンティティ（Entity）**は、**実体**という意味ですが、関係のある1つのデータの集合のことだと考えるとわかりやすいでしょう。**リレーションシップ（Relationship）**は、**関連**という意味で、エンティティとエンティティの結び付きのことです。

一般的に、はじめにE-R図を描き、それをもとにして関係データベースの表を作ります。**基本的に、E-R図の1つのエンティティが、関係データベースの1つの表になります。E-R図のリレーションシップは、関係データベースのリレーションシップになります**（図4.8）。

図4.8　一般的なデータベース設計の手順

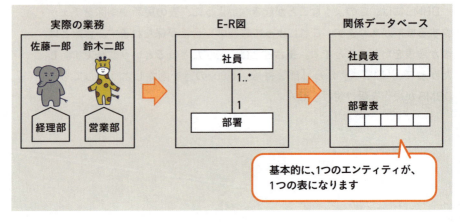

E-R図の描き方と多重度

　E-R図では、四角形の中にエンティティ名を書いて、1つのエンティティを表します。四角形と四角形を線で結んで、リレーションシップを表します。その際に、**多重度**を明記します。**多重度には、「1対1」「1対多（多対1）」「多対多」の3種類があります。**

　試験問題では、多重度の表し方に、2つの形式があります（図4.9）。1つは、1の側に矢印を付けず、多の側に矢印を付ける形式です。もう1つは、1の側を1で表し、多の側を0..* または 1..* で表す形式です。0..* は「0以上の多」という意味で、1..* は「1以上の多」という意味です。どちらも、*が多を意味しています。

図4.9　多重度の表し方

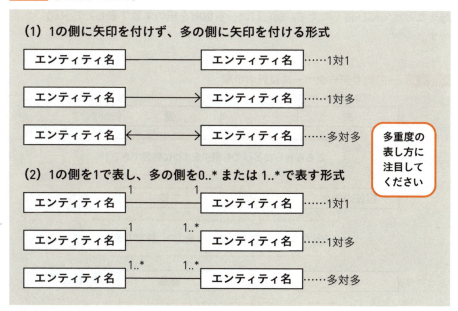

　リレーションシップの多重度の具体例を示しましょう（図4.10）。「夫」と「妻」は、1対1です。「担任の先生」と「生徒」は、1対多です。「顧客」と「商品」は、多対多です。

図4.10 リレーションシップの多重度の具体例

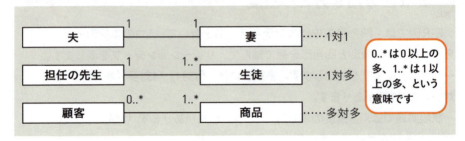

エンティティをたどる

　多重度は、それぞれのエンティティを紐で結んだときの紐の本数だと考えるとわかりやすいでしょう。一方のエンティティが他方のエンティティに、紐をたどって結び付くのです。図4.11は、多重度を紐の本数で表したE-R図です。

図4.11 一般的なデータベース設計の手順

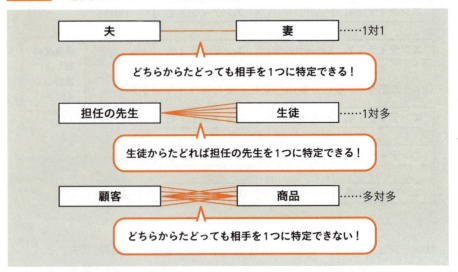

　パーティ会場に何組かの夫と妻がいて、それぞれのペアを紐で結ぶと、1人の夫から1人の妻をたどれ、1人の妻から1人の夫をたどれます。このように、**どちらからたどっても、相手を1つに特定できるのが、1対1**です。

校庭に何人かの先生と生徒がいて、担任の先生と生徒を紐で結ぶと、1人の担任の先生から生徒を1人にたどれませんが、1人の生徒から1人の担任の先生をたどれます。このように、**一方からたどったときにだけ、相手を1つに特定できるのが、1対多です。**

八百屋に何人かの顧客と商品があって、顧客と購入した商品名を紐で結ぶと、1人の顧客から商品名を1つにたどれず、1つの商品名からも1人の顧客をたどれません。たとえば、鈴木さんはキュウリとトマトに結ばれ、キュウリは鈴木さんと佐藤さんに結ばれる、ということがあるからです。このように、**どちらからたどっても、相手を1つに特定できないのが、多対多です。**

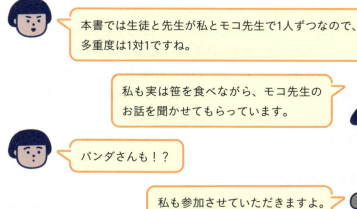

本書では生徒と先生が私とモコ先生で1人ずつなので、多重度は1対1ですね。

私も実は笹を食べながら、モコ先生のお話を聞かせてもらっています。

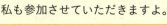

パンダさんも！？

私も参加させていただきますよ。

では、生徒が3人で先生は1人なので、多重度は・・・

1対多ですね！
ぜひ一緒に学びましょう。

私も混ぜてください〜！

section 4.2 関係データベースの正規化

重要度 ★★★　難易度 ★★★

ここがポイント！
- 正規化の意味とそれが必要な理由を知りましょう。
- 部分従属性の意味から第2正規形を理解してください。
- 推移従属性の意味から第3正規形を理解してください。

正規化が必要な理由

正規化とは、規則に従ってデータの表現を整えて、利用しやすくすることです。関係データベースでは、「**表にあるのは主キーに従属したデータだけ**」という規則に従って、表を設計します（図4.12）。**この規則に従って適切に設計された表は、主キーから他のすべての列に従属性の矢印が付き、その他に余計な矢印がありません。**これによって、社員表には社員のデータだけがあり、部署表には部署のデータだけがある、ということになります。

図4.12　規則に従って適切に設計された表

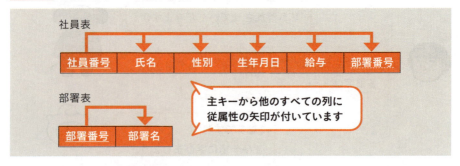

　正規化されていない表は、問題が生じる可能性があります。たとえば、図4.13に示したように、部署表を取りやめ、社員表に社員と部署のデータを格納したとしましょう。

図4.13　社員と部署のデータを格納した社員表

社員番号	氏名	性別	生年月日	給与	部署番号
0001	佐藤一郎	男	1951-01-01	450000	経理部
0002	鈴木二郎	男	1962-02-02	400000	営業部
…	…				

佐藤一郎が退職すると、経理部もなくなってしまう！

　この場合には、佐藤一郎が退職して、その行を削除すると、経理部という部署もなくなってしまいます。このような問題が生じないように、表にあるのは主キーに従属したデータだけとするのです。

表を作るときのルール
・表には、主キーが必要です
・表にあるのは、主キーに従属したデータだけにします

非正規形と第1正規形

　関係データベースには、正規化に関する理論があります。これは、正規化されていない表の状態を分類し、正規化を行う方法を明確にしたものです。表の状態には、「非正規形」「第1正規形」「第2正規形」「第3正規形」があります。

　基本情報技術者試験では、第3正規形を、正規化が完了した状態とします。一般的に、「表にあるのは主キーに従属したデータだけ」という規則に従えば、第3正規形になるのですが、理論上、他の正規形もあるのです。

　それぞれの正規形を説明しましょう。**非正規形とは、「繰り返しがある」ものです。**たとえば、図4.14の社員表には、1つの行の中に複数の取得資格があります。この部分が繰り返しです。繰り返しがあるので、この社員表は、非正規形です。

4.2 関係データベースの正規化

図4.14 非正規形の社員表

社員番号	社員名	取得資格	取得資格	取得資格
0001	佐藤一郎	ITパス	基本情報	応用情報
…				

繰り返しがある！

　繰り返しを排除する行為を**第1正規化**と呼びます。繰り返しを排除された表の状態を**第1正規形**と呼びます。行為を「～化」と呼び、状態を「～形」と呼ぶのです。

　図4.15は、先ほどの社員表から繰り返しを排除したものです。1行に3列あった「取得資格」を1列だけにして、3つの取得資格を3行に分けて格納しました。繰り返しが排除されたので、この社員表は、少なくとも第1正規形です。「少なくとも」と断っているのは、この時点で、すでに第2正規形や第3正規形の条件を満たしている場合もあるからです。

図4.15 繰り返しを排除すると第1正規形になる

社員番号	社員名	取得資格
0001	佐藤一郎	ITパス
0001	佐藤一郎	基本情報
0001	佐藤一郎	応用情報
…	…	…

繰り返していた「取得資格」を1列にした！

部分従属性と第2正規形

　第2正規形は、「第1正規形であり、さらに部分従属性を排除したもの」です。**部分従属性**とは、「複合キーの一部分に従属している」という意味です。**複合キー**とは、複数の列を主キーにしたものです。

　例を示しましょう。図4.16は、「社員番号」「部署番号」「在籍年数」から構成された「在籍年数表」です。この表では、「社員番号」と「部署番号」のどちらか一方だけでは、「在籍年数」が決まりません。「どの社員が、どの

部署に」→「何年在籍しているか」という従属性になるので、「社員番号」と「部署番号」がセットで主キー（複合キー）になります。

図4.16 複合キーの例（在籍年数表）

社員番号	部署番号	在籍年数
0001	001	3
0001	002	5
0001	003	7
…	…	…

社員番号と部署番号の両方が決まれば、在籍年数が決まる！

この社員表に「氏名」を追加するとどうなるでしょう。「氏名」は、「社員番号」「部署番号」の両方ではなく、「社員番号」だけで決まります。これが、部分従属性です。部分従属性を図示すると、図4.17のように、余計な矢印を引くことになります。

図4.17 部分従属性がある在籍年数表

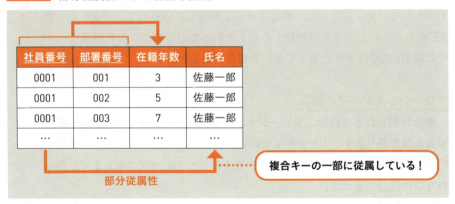

部分従属性がある場合は、「表にあるのは主キーに従属したデータだけ」になっていません。図4.17の表には、「社員番号と部署番号が決まれば、在籍年数が決まる」という従属性と、「社員番号が決まれば、氏名が決まる」という従属性が混在しています。

この問題を解決するには、表を分割します。 図4.18は、図4.17の表を2つ

4.2 関係データベースの正規化　**109**

に分割したものです。「社員番号と部署番号が決まれば、在籍年数が決まる」という従属性を「在籍年数表」とし、「社員番号が決まれば、氏名が決まる」という従属性を「社員表」としました。

図4.18 表を分割して部分従属性を排除すると第2正規形になる

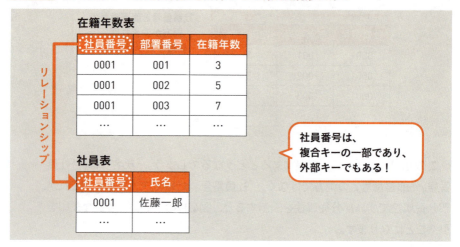

どちらの表にも、繰り返しはありません。したがって、第1正規形の条件を満たしています。さらに、部分従属性を排除しているので、少なくとも第2正規形です。ここでも「少なくとも」と断っているのは、この時点で、すでに第3正規形の条件を満たしている場合があるからです。

リレーションシップの確認

表を分割したときには、リレーションシップが成り立っていることを確認する必要があります。 表を分割する前は、1行にまとめられていたデータだったのですから、表を分割した後でも、表をたどってデータのまとまりを得られなければなりません。

「在籍年数表」の主キーは、「社員番号」と「部署番号」です。「社員表」の主キーは、「社員番号」です。したがって、「在籍年数表」の「社員番号」から、「社員表」の「社員番号」をたどることができます。「在籍年数表」の「社員番号」は、複合キーの一部であり、外部キーでもあるのです。

推移従属性と第3正規形

第3正規形は、「第2正規形であり、さらに推移従属性を排除したもの」です。**推移従属性**とは、「主キーでない列に従属している」という意味です。

例を示しましょう。図4.19は、「社員番号」「氏名」「部署番号」「部署名」から構成された「社員表」です。主キーである「社員番号」が決まれば、「氏名」「部署番号」「部署名」が決まりますが、「部署名」は、「部署番号」でも決まります。この余計な矢印が、推移従属性です。

図4.19 推移従属性がある社員表

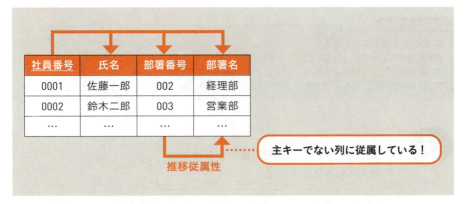

推移従属性がある場合は、「表にあるのは主キーに従属したデータだけ」になっていません。**この問題を解決するには、表を分割します。**図4.20は、図4.19の表を「社員表」と「部署表」に分割したものです。「社員番号」と「氏名」の社員表と、「部署番号」と「部署名」の「部署表」に分割しただけでは、表をたどれないので、外部キーとして社員表に「部署番号」を入れてあります。

どちらの表にも、繰り返しはありません。したがって、第1正規形の条件を満たしています。部分従属性もないので、第2正規形の条件も満たしています。さらに、推移従属性を排除しているので第3正規形です。

図4.20 表を分割して推移従属性を排除すると第3正規形になる

社員表

社員番号	氏名	部署番号
0001	佐藤一郎	002
0002	鈴木二郎	003
…	…	…

リレーションシップ

部署表

部署番号	部署名
002	経理部
003	営業部
…	…

どちらの表も第3正規形になっています

正規形の定義

非正規形：繰り返しがある
第1正規形：繰り返しが排除されている
第2正規形：第1正規形を満たし、さらに部分従属性が排除されている
第3正規形：第2正規形を満たし、さらに推移従属性が排除されている

第2正規形と第3正規形の違いがなかなか覚えられなくて・・・。

部分従属性と推移従属性の違いを理解することがポイントです！
部分従属性とは、**複合キーの一部分によって決まる列がある**ことです。一部分に従属するので、部分従属性と呼ばれます。第1正規形（繰り返しが排除されている）を満たし、さらに部分従属性を排除すると第2正規形になります。
推移従属性は、**主キーによってある列が決まり、その列から移り行くように決定される他の列がある**ことです。推移する（移り行く）ように従属するので、推移従属性と呼ばれます。第2正規形を満たし、さらに部分従属性を排除すると第3正規形になります。

section 4.3 SQL

重要度 ★★★　難易度 ★★★

ここがポイント！
- SQL文の意味は、英語として理解してください。
- SELECT命令が特によく出題されます。
- SELECT命令で表を結合する方法もよく出題されます。

SQL文の意味を読み取るコツ

　SQL（Structured Query Language）は、DBMSに命令を伝える言語です。SQLで記述された命令文を「SQL文」と呼びます。試験問題の内容は、自分の考えでSQL文を作るのではなく、問題文や選択肢に示されたSQL文の意味を読み取るものになっています。

　SQL文の意味を読み取るコツは、「英語だと思って意味を考えること」と「表を対象として操作が行われることを意識すること」です。 表に対する操作には、登録、読み出し、更新、削除があり、それぞれINSERT、SELECT、UPDATE、DELETEという命令で示されます。

　ここでは、図4.21に示した「社員表」と「部署表」から構成されたデータベースを対象として、SQL文の具体例を示し、それぞれの意味を説明します。SQL文の構文の説明を見るより、SQL文の具体例を見た方が、SQL文の読み方を効率的に覚えられるからです。

SQL文は、「英語」だと思って意味を考えればいいんですね。フムフム。

図4.21 SQL文の具体例が対象とするデータベース

社員表

社員番号	氏名	性別	生年月日	給与	部署番号
0001	佐藤一郎	男	1951-01-01	450000	002
0002	鈴木二郎	男	1962-02-02	400000	003
0003	高橋花子	女	1973-03-03	350000	001
0004	田中四朗	男	1984-04-04	300000	001
0005	渡辺良子	女	1995-05-05	250000	003

部署表

部署番号	部署名
001	総務部
002	経理部
003	営業部

> これらの表を操作する
> SQL文の例を示します

SELECT命令

　INSERT、SELECT、UPDATE、DELETEの中で、最もよく出題されるのは、データを読み出す **SELECT命令** です。SELECT命令によって、表全体の中から、条件に一致したデータだけが読み出されます。条件の中で指定する文字列データと日付データは、シングルクォーテーションで囲みます。数値データは、囲みません。例4.1〜例4.5に、SELECT命令の例を示します。長いSQL文は、途中で改行してあります（後で示す、別の命令の例でも同様です）。

アドバイス

SQL文の操作・命令の中で最もよく出題されるのはSELECT命令です。まずSELECT命令から学びましょう。

例4.1　WHEREで条件を指定する

SQL文

SELECT 氏名 FROM 社員表 WHERE 性別 = '男'

【意味】「社員表」から（FROM 社員表）、「性別 = '男'」という条件で（WHERE 性別 = '男'）、「氏名」を読み出せ（SELECT 氏名）

実行結果

佐藤一郎

鈴木二郎

田中四朗

例4.2　論理演算で複数の条件を結び付ける

SQL文

SELECT 氏名, 給与 FROM 社員表

WHERE 性別 = '男' AND 給与 >= 400000

【意味】「社員表」から（FROM 社員表）、「性別 = '男'」かつ「給与 >= 400000」という条件で（WHERE 性別 = '男' AND 給与 >= 400000）、「氏名」と「給与」を読み出せ（SELECT 氏名, 給与）

実行結果

佐藤一郎　450000

鈴木二郎　400000

例4.3　BETWEENで範囲を指定する

SQL文

SELECT 氏名, 生年月日 FROM 社員表

WHERE 生年月日 BETWEEN '1970-01-01' AND '1979-12-31'

【意味】「社員表」から（FROM 社員表）、「生年月日」が1970年1月1日と1979年12月31日の間のという条件で（WHERE 生年月日 BETWEEN '1970-01-01' AND '1979-12-31'）、「氏名」と「生年月日」を読み出せ（SELECT 氏名, 生年月日）

実行結果

高橋花子　1973-03-03

第4章　データベース

4.3 SQL　115

例4.4　LIKEと％で任意の文字列を指定する

SQL文

SELECT 氏名 FROM 社員表 WHERE 氏名 LIKE '％子'

【意味】「社員表」から（FROM 社員表）、「氏名」が任意の文字列で末尾が「子」であるという条件で（WHERE 氏名 LIKE '％子'）、「氏名」を読み出せ（SELECT 氏名）

実行結果

高橋花子

渡辺良子　　※％は、0文字以上の任意の文字列を意味します。

例4.5　DISTINCTを指定すると重複なしで読み出される

SQL文

SELECT DISTINCT 性別 FROM 社員表

【意味】「社員表」から（FROM 社員表）、重複なしで「性別」を読み出せ（SELECT DISTINCT 性別）

実行結果

男

女　　※DISTINCTがないと、実行結果が「男、男、女、男、女」になります。

例題4.2は、SQLのSELECT命令の条件の指定で使われるLIKEに関する問題です。問題文に示された条件に合った表現を選んでください。

例題4.2　SQLのSELECT命令（H25春 問29）

問29　"BOOKS"表から書名に"UNIX"を含む行を全て探すために次のSQL文を用いる。aに指定する文字列として，適切なものはどれか。ここで，書名は"BOOKS"表の"書名"列に格納されている。

SELECT * FROM BOOKS WHERE 書名 LIKE '　　a　　'

ア　％UNIX　　　イ　％UNIX％　　　ウ　UNIX　　　エ　UNIX％

「書名にUNIXを含む」とは、たとえば、「入門UNIX」、「UNIX入門」、「UNIX」のいずれでもよいということです。したがって、UNIXの前と後ろに任意の文字列を意味する％を付けて、％UNIX％と指定します。正解は、選択肢イです。SELECTの後にある＊（アスタリスク）は、すべての列を読み出すことを意味します。

データの整列

SELECT命令で読み出したデータを整列させることができます。ORDER BYの後に、整列の対象となる列名を指定します。さらに、昇順（小さい順）の場合はASC、降順（大きい順）の場合はDESCを指定します（図4.22）。整列の順序を省略した場合は、ASCが指定されたものとみなされます。例4.6と例4.7に、データの整列の例を示します。

図4.22 昇順（小さい順）と降順（大きい順）

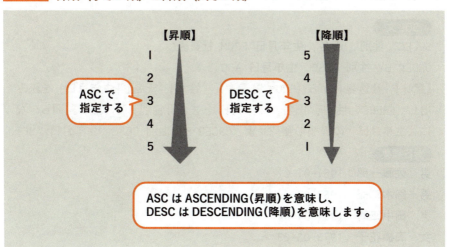

例4.6　ORDER BY と DESC で降順に整列する

SQL文

SELECT 氏名，生年月日 FROM 社員表 ORDER BY 生年月日 DESC

【意味】「社員表」から（FROM 社員表）、「氏名」と「生年月日」を読み出し（SELECT 氏名，生年月日）、「生年月日」の大きい順に整列せよ（ORDER BY 生年月日 DESC）

実行結果

```
渡辺良子    1995-05-05
田中四朗    1984-04-04
高橋花子    1973-03-03
鈴木二郎    1962-02-02
佐藤一郎    1951-01-01
```

例4.7　複数の列を対象にして整列を行う

SQL文

SELECT 性別，氏名，生年月日 FROM 社員表
ORDER BY 性別 DESC，生年月日 ASC

【意味】「社員表」から（FROM 社員表）、「性別」「氏名」「生年月日」を読み出し（SELECT 性別，氏名，生年月日）、まず「性別」の降順で整列し、次に「生年月日」の昇順で整列せよ（ORDER BY 性別 DESC，生年月日 ASC）

実行結果

```
男   佐藤一郎    1951-01-01
男   鈴木二郎    1962-02-02
男   田中四朗    1984-04-04
女   高橋花子    1973-03-03
女   渡辺良子    1995-05-05
```

集約関数

SELECT命令の中で集約関数を使うことができます。集約関数には、合計値を求めるSUM関数、最大値を求めるMAX関数、最小値を求めるMIN関数、

平均値を求める**AVG関数**、データの登録件数を求める**COUNT関数**などがあります。これらの関数のカッコの中には、集約する列の名前を指定します。例4.8と例4.9に、集約関数の例を示します。

例4.8 SUM関数で合計値を求める

SQL文

SELECT SUM(給与) FROM 社員表

【意味】「社員表」から（FROM 社員表）、「給与」の合計値を読み出せ（SELECT SUM(給与)）

実行結果

1750000

例4.9 COUNT関数でデータの登録件数を求める

SQL文

SELECT COUNT(給与) FROM 社員表 WHERE 給与 >= 350000

【意味】「社員表」から（FROM 社員表）、「給与 >= 350000」という条件で（WHERE 給与 >= 350000）、「給与」の登録件数を読み出せ（SELECT COUNT(給与)）

実行結果

3

> ※COUNT(給与)のように、COUNT関数の引数に列名を指定すると、その列がNULLでないレコード件数が得られます。COUNT(*)のように*を指定すると、NULLの有無に関わらず、すべてのレコード件数が得られます

SQLの主な集約関数

SUM関数：合計値を求める
MAX関数：最大値を求める
MIN関数：最小値を求める
AVG関数：平均値を求める
COUNT関数：登録件数を求める

4.3 SQL **119**

グループ化

SELECT命令で読み出したデータを、列の値が同じものどうしで**グループ化**できます。GROUP BYの後に、グループ化する列の名前を指定します。**グループ化したデータに条件を指定するときは、WHEREでなくHAVINGを使います**。例4.10と例4.11に、グループ化の例を示します。

例4.10　GROUP BYでグループ化する

SQL文
SELECT 性別，COUNT(性別) FROM 社員表 GROUP BY 性別
【意味】「社員表」から（FROM 社員表）、「性別」でグループ化して（GROUP BY 性別）、「性別」と登録件数を読み出せ（SELECT 性別，COUNT(性別)）

実行結果
女　2
男　3

例4.11　HAVINGでグループに条件を指定する

SQL文
SELECT 部署番号，COUNT(部署番号) FROM 社員表
GROUP BY 部署番号 HAVING COUNT(部署番号) >= 2
【意味】「社員表」から（FROM 社員表）、「部署番号」でグループ化して（GROUP BY 部署番号）、登録件数が2件以上という条件で（HAVING COUNT(部署番号) >= 2）、「部署番号」と登録件数を読み出せ（SELECT 部署番号，COUNT(部署番号)）

実行結果
001　2
003　2

ここが大事！

グループ化する前のデータの抽出条件は**WHERE**で指定します。
グループ化した後のデータの抽出条件は**HAVING**で指定します。

様々な命令が使われたSQL文は、基本的に、FROM（表を指定する）
→WHERE（表から条件に一致したデータを抽出する）→GROUP BY（デー
タをグループ化する）→HAVING（グループから条件に一致したデータを抽
出する）→SELECT（列や集約関数を読み出す）→ORDER BY（結果を整列
する）の順に解釈されます。例題4.3は、GROUP BY と HAVING を使った SQL
文の問題です。

例題4.3 **GROUP BY と HAVING を使った SQL文（R01 秋 問26）**

問26 "得点"表から，学生ごとに全科目の点数の平均を算出し，平均が80点以
上の学生の学生番号とその平均点を求める。aに入れる適切な字句はどれか。こ
こで，実線の下線は主キーを表す。

得点（<u>学生番号</u>，<u>科目</u>，点数）

〔SQL文〕
```
SELECT 学生番号，AVG(点数)
FROM 得点
GROUP BY    a
```

ア 科目 HAVING AVG(点数) >= 80
イ 科目 WHERE 点数 >=80
ウ 学生番号 HAVING AVG(点数) >=80
エ 学生番号 WHERE 点数 >=80

学生ごととは、学生番号でグループ化することですから「GROUP BY 学生
番号」です。このグループに、条件を指定するので、「WHERE」ではなく
「HAVING」を使います。平均点が80点以上という条件は、「HAVING AVG(点
数) >= 80」です。正解は選択肢ウです。

ビュー

ビュー（view）は、SELECT命令に名前を付けて、データベースに保存し
たものです。**CREATE VIEW命令**で、ビューを作成します。作成されたビュー

4.3 SQL **121**

は、SELECT命令のFROMの後に指定して、表と同様に使えます。**ビューを
使うと、SELECT命令の条件をシンプルにできる効果があります。**例4.12と
例4.13に、ビューの例を示します。例4.13では、「性別 = '男'」という条件を
指定しなくても、男性だけが対象になります。

例4.12　CREATE VIEW命令でビューを作成する

SQL文

CREATE VIEW 男性社員 AS SELECT * FROM 社員表 WHERE 性別 = '男'
【意味】「SELECT * FROM 社員表 WHERE 性別 = '男'」というSELECT命令
に（AS SELECT * FROM 社員表 WHERE 性別 = '男'）、「男性社員」とい
う名前を付けてビューを作成せよ（CREATE VIEW 男性社員）

実行結果

「男性社員」というビューが作成されます。

例4.13　SELECT命令のFROMの後にビューを指定する

SQL文

SELECT 氏名, 給与 FROM 男性社員 WHERE 給与 >= 350000
【意味】「男性社員」ビューから（FROM 男性社員）、「給与 >= 350000」と
いう条件で（WHERE 給与 >= 350000）、「氏名」と「給与」を読み出せ
（SELECT 氏名, 給与）

実行結果

佐藤一郎　450000
鈴木二郎　400000

副問い合せ

SELECT命令のWHEREの後に指定する条件の中で、別のSELECT命令を
使うことができます。このようなSELECT命令を**副問い合せ**（**サブクエリ**）
と呼びます。副問い合せではないSELECT命令を**主問い合せ**（**メインクエ
リ**）と呼びます。例4.14に、副問い合せの例を示します。

例4.14　副問い合せで得られた集約関数の値を条件に指定する

SQL文

SELECT 氏名, 給与 FROM 社員表
WHERE 給与 = (SELECT MAX(給与) FROM 社員表)

【意味】「社員表」から（FROM 社員表）、「給与 = 副問い合せで読み出した MAX(給与)」という条件で（WHERE 給与 = (SELECT MAX(給与) FROM 社員表))、「氏名」と「給与」を読み出せ（SELECT 氏名, 給与）

実行結果

佐藤一郎　450000

ここが大事！

SQL文の先頭にあるSELECT命令を主問い合せと呼びます。
SQL文の先頭でない場所で使われるSELECT命令を副問い合せと呼びます。

関係代数

　SELECT命令を使って、条件に一致した特定の行を読み出すことを**選択**と呼びます。SELECTの後に列の名前を指定して、特定の列を読み出すことを**射影**と呼びます。複数の表を結び付けてデータを読み出すことを**結合**と呼びます。これらの操作を**関係代数**と呼びます。例題4.4は、関係代数に関する問題です。

例題4.4　関係代数に対応するSQL文（H25春 問27）

問27　列A1〜A5から成るR表に対する次のSQL文は，関係代数のどの演算に対応するか。

　SELECT A1, A2, A3 FROM R
　　　WHERE A4 = 'a'

ア　結合と射影　　**イ**　差と選択　　**ウ**　選択と射影　　**エ**　和と射影

4.3 SQL　**123**

SELECTの後にA1、A2、A3という列を指定して、特定の列を読み出している操作は「射影」です。WHEREの後にA4 = 'a'という条件を指定して、条件に一致した特定の行を読み出す操作は「選択」です。このSQL文は、関係代数の射影と選択を行っています。正解は、選択肢ウです。

関係代数の種類

選択：表から特定の行を読み出すこと
射影：表から特定の列を読み出すこと
結合：複数の表を結び付けてデータを読み出すこと

表の結合

先ほどの例題4.4では、結合が使われていませんでした。SELECT命令で結合を行うには、2つの方法があります。1つは、FROMの後に複数の表を指定し、WHEREの後に主キーと外部キーが一致する条件（表と表を結び付ける条件）を指定する方法です。もう1つは、INNER JOINという構文を使う方法です。例4.15と例4.16に、表の結合の例を示します。

例4.15 **主キーと外部キーが一致する条件を指定して表を結合する**

SQL文

SELECT 氏名，部署名 FROM 社員表，部署表
WHERE 社員表.部署番号 = 部署表.部署番号

【意味】「社員表」と「部署表」から（FROM 社員表，部署表）、「社員表」の「部署番号」が「部署表」の「部署番号」と一致するという条件で（WHERE 社員表.部署番号 = 部署表.部署番号）、「氏名」と「部署名」を読み出せ（SELECT 氏名，部署名）

実行結果

佐藤一郎	経理部
鈴木二郎	営業部
高橋花子	総務部
田中四朗	総務部
渡辺良子	営業部

124

例4.16　INNER JOINを使って表を結合する

SQL文
SELECT 氏名，部署名 FROM 社員表 INNER JOIN 部署表 ON 社員表.部署番号 = 部署表.部署番号
【意味】「社員表」と「部署表」を「社員表.部署番号」と「部署表.部署番号」で結合して（FROM 社員表 INNER JOIN 部署表 ON 社員表.部署番号 = 部署表.部署番号）、「氏名」と「部署名」を読み出せ（SELECT 氏名, 部署名）

実行結果
佐藤一郎　経理部
鈴木二郎　営業部
高橋花子　総務部
田中四朗　総務部
渡辺良子　営業部

複数の表に同じ名前の列がある場合は、「社員表.部署番号」や「部署表.部署番号」のように**「表の名前.列の名前」という表現で、どの表の列であるかを明示します。**

アドバイス

「社員表.部署番号」を「社員表の部署番号」と読むとわかりやすいでしょう。

その他の命令

　試験には、表を作成する**CREATE TABLE命令**、表にデータを登録する**INSERT命令**、表のデータを更新する**UPDATE命令**、表からデータを削除する**DELETE命令**が出題されることもあります。例4.17〜例4.20に、それぞれの命令の例を示します。
　CREATE TABLE命令では、表の名前、列の名前とデータ型、および主キーとなる列を設定します。データ型には、固定長文字列を格納する**CHAR型**、可変長文字列を格納する**VARCHAR型**、日付を格納する**DATE型**、整数を格

納する INTEGER 型などがあります。

例4.17 CREATE TABLE命令で表を作成する

SQL文

CREATE TABLE 社員表
(社員番号 CHAR(4),
氏名 VARCHAR(20),
性別 CHAR(2),
生年月日 DATE,
給与 INTEGER,
部署番号 CHAR(3),
PRIMARY KEY (社員番号))

【意味】4文字の固定長文字列型の「社員番号」（社員番号 CHAR（4））、最大20文字の可変長文字列型の「氏名」（氏名 VARCHAR（20））、2文字の固定長文字列型の「性別」（性別 CHAR（2））、日付型の「生年月日」（生年月日 DATE）、整数型の「給与」（給与 INTEGER）、3文字の固定長文字列型の「部署番号」（部署番号 CHAR（3））という列を持ち、「社員番号」を主キーとして（PRIMARY KEY（社員番号））、「社員表」という名前の表を作成せよ（CREATE TABLE 社員表）

実行結果

「社員表」が作成されます。

例4.18 INSERT命令でデータを登録する

SQL文

INSERT INTO 社員表
VALUES('0006', '伊藤六郎', '男', '1995-06-06', 220000, '001')

【意味】「'0006'，'伊藤六郎'，'男'，'1995-06-06'，220000，'001'」という値で（VALUES（'0006'，'伊藤六郎'，'男'，'1995-06-06'，220000，'001'））、「社員表」にデータを登録せよ（INSERT INTO 社員表）

実行結果

1件のデータが登録されます。

126

> **例4.19** UPDATE命令でデータを更新する

SQL文
UPDATE 社員表 SET 給与 = 給与 + 10000 WHERE 性別 = '女'
【意味】「WHERE 性別 = '女'」という条件で（WHERE 性別 = '女'）、「社員表」の「給与」を「給与 = 給与 + 10,000」に更新せよ（UPDATE 社員表 SET 給与 = 給与 + 10000）

実行結果
女性社員の給与が、一律10,000円アップします。

私の給与も10,000円アップで「UPDATE命令」を出してほしいです！ ぜひ！！

> **例4.20** DELETE命令でデータを削除する

SQL文
DELETE FROM 社員表 WHERE 社員番号 = '0006'
【意味】「社員番号 = '0006'」という条件で（WHERE 社員番号 = '0006'）、「社員表」からデータを削除せよ（DELETE FROM 社員表）

実行結果
1件のデータが削除されます。

SQLの主なデータ型
CHAR型：固定長文字列（文字数を固定的に決める）
VARCHAR型：可変長文字列（最大文字数を指定した任意の長さ）
DATE型：日付（年月日）
INTEGER型：整数（小数点以下がない数）
※CHARは、CHARACTER（文字）という意味で、VARCHARは、VARIABLE CHARACTER（可変の文字）という意味です。

やはり、SQLの命令は英語を日本語に訳すとわかりやすいですね。CREATE TABLE命令は「表を作成せよ」で、UPDATE命令は「更新せよ」ですね。

section 4.4 トランザクション処理

重要度 ★★★　難易度 ★★★

ここがポイント！
- トランザクションという言葉の意味を理解してください。
- ACID特性では、Atomicity（原子性）がよく出題されます。
- ロールバックや排他制御もよく出題されます。

トランザクションのACID特性

データベースに対するひとまとまりの処理を**トランザクション**（transaction）と呼びます。1つのトランザクションが、複数のSQL文から構成されることもあります。この場合には、**もしも、すべてのSQL文の実行が終わっていない状態で処理を中断してしまうと、データベースの内容に矛盾が生じてしまいます**。

トランザクションの例として、銀行の振込み処理が、よく取り上げられます。たとえば、AさんがBさんに1万円振り込むとしましょう。このトランザクションは、Aさんの口座の残高を－1万円で更新するUPDATE文と、Bさんの口座の残高を＋1万円で更新するUPDATE文という、2つのSQL文から構成されます。

もしも、Aさんの口座の残高を－1万円で更新するUPDATE文を実行した時点でシステムに障害が発生して処理が中断すると、Aさんは振り込んだのに、Bさんが受け取っていないという矛盾が生じてしまいます（図4.23）。

図4.23 トランザクションが途中で終了すると矛盾が生じる

　複数のSQL文から構成されていても、トランザクションは、1つのまとまった処理であり、それ以上分割することはできません。これをトランザクションの**原子性**（Atomicity）と呼びます。

　トランザクションには、「原子性」のほかにも、**一貫性**（Consistency）、**独立性**（Isolation）、**耐久性**（Durability）という特性があり、これらをまとめて**ACID**（アシッド）**特性**と呼びます。ACIDは、4つの特性の頭文字を取ったものです。

　DBMSは、トランザクションのACID特性を保つ機能を装備しています（表4.2）。

表4.2 トランザクションのACID特性

特性	意味
原子性（A）	トランザクションは、それ以上分割できない
一貫性（C）	データベースに設定された値の範囲や参照整合性などの制約を守る
独立性（I）	トランザクションの途中の中途半端な状態を、外部から読み出せない
耐久性（D）	トランザクションが完了したら、その結果が確実に記録される

試験には、原子性が最もよく出題されます

4.4 トランザクション処理

ロールバックとロールフォワード

　トランザクションを構成するすべてのSQL文の実行が完了することを**コミット（commit）する**と呼びます。もしも、トランザクションを開始して、まだコミットしていない状態でシステムに障害が発生すると、原子性が保てなくなり、データベースの内容に矛盾が生じてしまいます。

　この場合には、DBMSが**ロールバック（roll back）**という処理を行って、データベースの内容を、トランザクションの開始前の状態に戻します。トランザクションは、それ以上分割できないものなので、中途半端な状態で終われないからです。コミットできないなら、トランザクションの開始前の、何も処理していない状態に戻します。

　さらに、DBMSには、ロールバックによって取り消されたトランザクションを再実行する機能もあり、これを**ロールフォワード（roll forward）**と呼びます。ロールフォワードは、システムの障害時だけでなく、システムの故障時からのデータ復旧でも行われます。

　ロールバックとロールフォワードを実施するときには、トランザクション開始前およびコミット後の処理内容を記録したファイルが使われます。これを**ジャーナルファイル**や**ログファイル**と呼びます。

ロストアップデートと排他制御

　DBMSは、同時に複数のトランザクションを実行することができます。ただし、実際には、まったく同時に実行されているのではなく、全体を小さな処理に分けて、順番に切り替えて実行しているのです。

　たとえば、Aさんの口座を＋1万円するトランザクションXと、同じAさんの口座を＋2万円するトランザクションYが、同時に実行されたとしましょう。それぞれのトランザクションは、「現在の残高を読み出す」「読み出した残高を更新する」「更新した残高を書き込む」という3つの小さな処理に分けられて実行されるとします。

　この場合に、もしも、図4.24に示した①→②→③→④→⑤→⑥の順序で処理が切り換わると、データベースの内容に矛盾が生じてしまいます。Aさんの口座は、＋1万円と＋2万円を合わせて13万円になるはずですが、1万円が失われて12万円になってしまうからです。

図4.24 すべての処理が完了する前に切り換わると矛盾が生じる

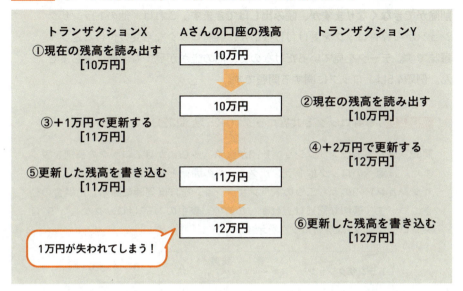

　このような現象を**ロストアップデート**（lost update）と呼びます。これは、更新（アップデート）が失われる（ロスト）と言う意味です。DBMSには、ロストアップデートを防ぐための機能が用意されていて、これを**排他制御**と呼びます。これは、1つのトランザクションの実行が完了するまで、他のトランザクションの処理を実行させない（他のトランザクションに切り換わらないようにする）機能です。

データにロックをかける

　排他制御によって、他のトランザクションを実行させないようにすることを**ロック**と呼びます。他のトランザクションが入ってこないように、鍵（lock）をかけるイメージです。ロックの形式には、データの登録、更新、削除のときにかける**専有ロック**と、データの読み出しのときにかける**共有ロック**があります。

　データに専有ロックをかけると、他のトランザクションから一切の処理ができなくなります。これは、他のトランザクションから専有ロックも共有ロックも受け付けないという意味です。これによって、他の誰からも見られることなく、安心してデータを操作できます。

データに共有ロックをかけると、他のトランザクションから登録、更新、削除ができなくなりますが、読み出しはできます。これは、他のトランザクションから専有ロックを受け付けないが、共有ロックなら受け付けるという意味です。データを見ているだけなので、他の誰かが見ても矛盾は生じません。例題4.5は、ロックに関する問題です。

例題4.5 専有ロックと共有ロック（H25 秋 問32）

問32　表は，トランザクション1～3が資源 A～C にかけるロックの種別を表す。また，資源へのロックはトランザクションの開始と同時にかけられる。トランザクション1～3のうち二つのトランザクションをほぼ同時に開始した場合の動きについて，適切な記述はどれか。ここで，表中の"－"はロックなし，"S"は共有ロック，"X"は専有ロックを示す。

トランザクション ＼ 資源	A	B	C
1	S	－	X
2	S	X	－
3	X	S	－

ア　トランザクション1の後にトランザクション3を開始したとき，トランザクション3の資源待ちはない。

イ　トランザクション2の後にトランザクション1を開始したとき，トランザクション1の資源待ちはない。

ウ　トランザクション2の後にトランザクション3を開始したとき，トランザクション3の資源待ちはない。

エ　トランザクション3の後にトランザクション1を開始したとき，トランザクション1の資源待ちはない。

　トランザクション1を開始すると、資源Aに共有ロック、資源Cに専有ロックがかけられます。その後でトランザクション3を開始すると、資源Aに専有ロックをかけるために、資源Aの共有ロックの解除を待ちます。したがって、選択肢アは適切ではありません。

　トランザクション2を開始すると、資源Aに共有ロック、資源Bに専有ロックがかけられます。その後でトランザクション1を開始すると、共有ロックのかけられた資源Aに共有ロックをかけられ、何もロックのかけられていな

い資源Cに専有ロックをかけられるので、資源待ちはありません。したがって、選択肢イが正解です。

念のため、他の選択肢も見ておきましょう。トランザクション2を開始すると、資源Aに共有ロック、資源Bに専有ロックがかけられます。その後でトランザクション3を開始すると、資源Aに専有ロックをかけるために、資源Aの共有ロックの解除を待ちます。さらに、資源Bに共有ロックをかけるために、資源Bの専有ロックの解除も待ちます。したがって、選択肢ウは適切ではありません。

トランザクション3を開始すると、資源Aに専有ロック、資源Bに共有ロックがかけられます。その後でトランザクション1を開始すると、資源Aに共有ロックをかけるために、資源Aの専有ロックの解除を待ちます。したがって、選択肢エは適切ではありません。

> **ロックの種類**
> **専有ロック**：他のトランザクションから一切の処理ができないようにする
> **共有ロック**：他のトランザクションからデータを変化させる操作（登録、更新、削除）はできないが、データを変化させない操作（読み出し）だけはできるようにする

デッドロック

ロックをかけるときには、注意が必要です。ロックがかけられたデータを、他のトランザクションが利用したいときには、ロックが解除されるのを待つことになります。たとえば図4.25のように、トランザクションAがロックしたデータの解除をトランザクションBが待ち、トランザクションBがロックしたデータの解除をトランザクションAが待つ状態になると、どちらも処理を進められません。この状態を**デッドロック**（dead lock）と呼びます。

格闘技を習っている友人を怒らせてしまって、私もこの前頭をデッドロックされてしまいました。痛かったです。

それはプロレス技の「ヘッドロック」ではないでしょうか？

…

図4.25　デッドロックになる例

データベースを操作する際には、デッドロックにならないように、トランザクションの内容と実行する順序を工夫する必要があります。

DBMSの中には、デッドロックを検知すると、自動的にロールバックを行うものもあります。

どちらのトランズアクションもロックの解除待ちとなって、処理を進められなくなってしまう状態のことをデッドロックと言うのですね。

そうです！　データベースを操作する際には、デッドロックにならないように気をつける必要がありますよ。

section 4.5 データベースの練習問題

主キーの役割

練習問題 4.1　関係データベースの主キー（H21 秋 問32）

問32 関係データベースの主キーの性質として，適切なものはどれか。

ア　主キーとした列に対して検索条件を指定しなければ，行の検索はできない。
イ　数値型の列を主キーに指定すると，その列は算術演算の対象としては使えない。
ウ　一つの表の中に，主キーの値が同じ行が複数存在することはない。
エ　複数の列からなる主キーを構成することはできない。

説明

主キーは、ユニークな情報を持つ列です！

参照の整合性

練習問題 4.2　参照の整合性を損なう操作（H24 秋 問31）

問31 関係データベース"注文"表の"顧客番号"は，"顧客"表の主キー"顧客番号"を参照する外部キーである。このとき、参照の整合性を損なうデータ操作はどれか。ここで、ア～エの記述におけるデータの並びは、それぞれの表の列の並びと同順とする。

注文

伝票番号	顧客番号
0001	C005
0002	K001
0003	C005
0004	D010

顧客

顧客番号	顧客名
C005	福島
D010	千葉
K001	長野
L035	宮崎

参照の整合性を損なうとは、表から表をたどれなくなることです！

ア	"顧客"表の行	L035	宮崎	を削除する。
イ	"注文"表に行	0005	D010	を追加する。
ウ	"注文"表に行	0006	F020	を追加する。
エ	"注文"表の行	0002	K001	を削除する。

従属性

練習問題 **4.3** 第3正規形（H21 春 問32）

問32 "従業員"表を第3正規形にしたものはどれか。ここで，下線部は主キーを表す。

従業員（従業員番号，従業員氏名，｛技能コード，技能名，技能経験年数｝）

（｛｝は繰返しを表す）

ア

従業員番号	従業員氏名	
技能コード	技能名	技能経験年数

イ

従業員番号	従業員氏名	技能コード	技能経験年数
技能コード	技能名		

ウ

従業員番号	技能コード	技能経験年数
従業員番号	従業員氏名	
技能コード	技能名	

エ

従業員番号	技能コード	
従業員番号	従業員氏名	技能経験年数
技能コード	技能名	

主キーから従属性の線を引けるかどうかチェックしてみましょう！
選択肢イ、ウ、エには、複合キーがあります！

集約関数

練習問題 4.4　　SQL の SELECT 命令と集約関数（H27 秋 問28）

問28 "出庫記録" 表に対する SQL 文のうち，最も大きな値が得られるものは
どれか。

出庫記録

商品番号	日付	数量
NP200	2015-10-10	3
FP233	2015-10-10	2
NP200	2015-10-11	1
FP233	2015-10-11	2

> それぞれの集約関数
> で得られる値を書き
> 出してみましょう！

- **ア**　SELECT AVG(数量)　FROM 出庫記録 WHERE 商品番号 = 'NP2Ø0'
- **イ**　SELECT COUNT(*)　FROM 出庫記録
- **ウ**　SELECT MAX(数量)　FROM 出庫記録
- **エ**　SELECT SUM(数量)　FROM 出庫記録 WHERE 日付 = '2Ø15-1Ø-11'

その他の命令

練習問題 4.5　　SQL の CREATE TABLE 命令と UPDATE 命令（H22 秋 問31）

問31　"商品"表に対してデータの更新処理が正しく実行できる UPDATE 文は
どれか。ここで，"商品"表は次の CREATE 文で定義されている。

```
CREATE TABLE 商品
    (商品番号 CHAR（4），商品名 CHAR（20），仕入先番号 CHAR（6），
    単価 INT, PRIMARY KEY（商品番号））
```

4.5 データベースの練習問題　**137**

商品

商品番号	商品名	仕入先番号	単価
S001	A	XX0001	18000
S002	A	YY0002	20000
S003	B	YY0002	35000
S004	C	ZZ0003	40000
S005	C	XX0001	38000

ア　UPDATE 商品 SET 商品番号 = 'S001' WHERE 商品番号 = 'S002'

イ　UPDATE 商品 SET 商品番号 = 'S006' WHERE 商品名 = 'C'

ウ　UPDATE 商品 SET 商品番号 = NULL WHERE 商品番号 = 'S002'

エ　UPDATE 商品 SET 商品名 = 'D' WHERE 商品番号 = 'S003'

> 主キーに設定されている列に注目してください！

トランザクションのACID特性

練習問題 **4.6**　　トランザクションのACID特性（R05 公開 問7）

問7 トランザクションが，データベースに対する更新処理を完全に行うか，全く処理しなかったかのように取り消すか，のどちらかの結果になることを保証する特性はどれか。

ア　一貫性（consistency）　　　イ　原子性（atomicity）

ウ　耐久性（durability）　　　　エ　独立性（isolation）

> ACIDの日本語訳が示されているので、言葉の意味で判断しましょう！

データにロックをかける

練習問題 4.7　共有ロックと専有ロック（H26 秋 問30）

問30　トランザクションの同時実行制御に用いられるロックの動作に関する記述のうち，適切なものはどれか。

ア　共有ロック獲得済の資源に対して，別のトランザクションからの新たな共有ロックの獲得を認める。
イ　共有ロック獲得済の資源に対して，別のトランザクションからの新たな専有ロックの獲得を認める。
ウ　専有ロック獲得済の資源に対して，別のトランザクションからの新たな共有ロックの獲得を認める。
エ　専有ロック獲得済の資源に対して，別のトランザクションからの新たな専有ロックの獲得を認める。

ロックの獲得とは、ロックをかけることです！

練習問題、おつかれさまでした。私はちょっと休憩しますね〜。

section 4.6 データベースの練習問題の解答・解説

主キーの役割

練習問題 4.1　関係データベースの主キー（H21秋 問32）

解答　ウ

解説　主キーではない列にも検索条件を指定できるので、選択肢アは誤りです。主キーには、算術演算の対象としてはいけないという制限はないので、選択肢イは誤りです。主キーはユニークなので、選択肢ウは適切です。複数の列をセットにして複合キーとすることができるので、選択肢エは誤りです。

参照の整合性

練習問題 4.2　参照の整合性を損なう操作（H24秋 問31）

解答　ウ

解説　注文表にある顧客番号から、顧客表の顧客番号をたどるようになっています。選択肢アは、顧客表から顧客番号L035を削除しても、注文表に顧客番号L035をたどる行がないので、問題ありません。選択肢イは、注文表に追加した行の顧客番号D010から、顧客表の顧客番号D010をたどれるので、問題ありません。選択肢ウは、注文表に追加した顧客番号F020は、顧客表にないので、たどることができず、参照整合性が損なわれます。選択肢エは、注文表から行を削除しても、顧客表をたどることに影響しないので、問題ありません。

140

従属性

練習問題 4.3 　第3正規形（H21 春 問32）

解答　ウ

解説　それぞれの選択肢にある表に、従属性を示す矢印を引くと、図4.26のようになります。第3正規形は、主キーから他のすべての項目に従属性の矢印が引かれ、余計な矢印（部分従属性や推移従属性の矢印）がない状態です。すべての表が第3正規形になっているのは、選択肢ウだけです。

図4.26 　従属性を示す矢印を引いて第3正規形かどうかチェックする

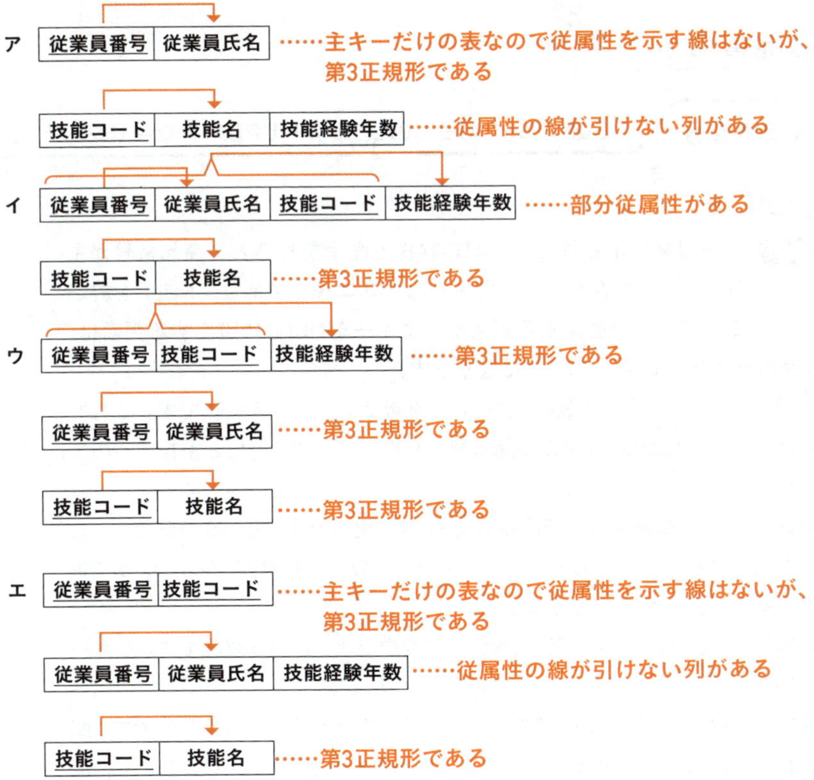

ア　| 従業員番号 | 従業員氏名 | ……主キーだけの表なので従属性を示す線はないが、第3正規形である

| 技能コード | 技能名 | 技能経験年数 | ……従属性の線が引けない列がある

イ　| 従業員番号 | 従業員氏名 | 技能コード | 技能経験年数 | ……部分従属性がある

| 技能コード | 技能名 | ……第3正規形である

ウ　| 従業員番号 | 技能コード | 技能経験年数 | ……第3正規形である

| 従業員番号 | 従業員氏名 | ……第3正規形である

| 技能コード | 技能名 | ……第3正規形である

エ　| 従業員番号 | 技能コード | ……主キーだけの表なので従属性を示す線はないが、第3正規形である

| 従業員番号 | 従業員氏名 | 技能経験年数 | ……従属性の線が引けない列がある

| 技能コード | 技能名 | ……第3正規形である

4.6 データベースの練習問題の解答・解説　**141**

集約関数

練習問題 **4.4** | SQL の SELECT 命令と集約関数 (H27 秋 問28)

解答 イ

解説 選択肢アは、商品番号が 'NP200' の数量の平均値なので、3と1の平均値の2が得られます。選択肢イは、出庫記録のレコード数なので、4が得られます。選択肢ウは、出庫記録の数量の最大値なので、3が得られます。選択肢エは、日付が '2015-10-11' の数量の合計値なので、1と2の合計値の3が得られます。したがって、最も大きな値が得られるのは、選択肢イです。

その他の命令

練習問題 **4.5** | SQL の CREATE TABLE 命令と UPDATE 命令 (H22 秋 問31)

解答 エ

解説 問題文に示された CREATE TABLE 命令を見ると、商品番号が主キーであることがわかります。主キーは、ユニークであり、NULL を許さないので、主キーが重複する更新や、主キーを NULL に設定する更新は、DBMS が受け付けず、エラーになります。

選択肢アは、「商品番号 S002 を S001 に更新せよ」という意味です。これを実行すると、上から2行目の商品番号が S001 となって1行目と重複するので、エラーになります。

選択肢イは、「商品名 C の商品番号を S006 に更新せよ」という意味です。これを実行すると、下から2行目と1行目の2行の商品番号が S006 となって重複するので、エラーになります。

選択肢ウは、「商品番号 S002 を NULL に変更せよ」という意味です。主キーを NULL に設定できないので、エラーになります。

選択肢エは、「商品番号 S003 の商品名を D に変更せよ」という意味です。商品名には、20文字であること以外に、何ら制約が設定されていません。20文字に満たない部分は、空白文字で満たされます。したがって、この命令は、正しく実行できます。

トランザクションのACID特性

練習問題 4.6 　トランザクションのACID特性（R05 公開 問7）

解答　イ

解説　問題文に示された「データベースに対する更新処理を完全に行うか、全く処理しなかったかのように取り消すか、のどちらかの結果になることを保証する特性」は、トランザクションを分割できないことを意味する「原子性」に該当します。

データにロックをかける

練習問題 4.7 　共有ロックと専有ロック（H26 秋 問30）

解答　ア

解説　共有ロックがかけられた資源には、別のトランザクションから共有ロックをかけられますが、専有ロックはかけられません。専有ロックがかけられた資源には、別のトランザクションから共有ロックも専有ロックもかけられません。したがって、適切な記述は、選択肢アの「共有ロック獲得済の資源に対して、別のトランザクションからの新たな共有ロックの獲得を認める」です。

共有ロックと専有ロックの違いをきちんとおさえましょう！

chapter 5
ネットワーク

この章では、ネットワークの基礎用語、ネットワークを階層化したOSI基本参照モデル、代表的なプロトコルの種類、およびインターネットの識別番号であるIPアドレスの構造などを学習します。

5.0 なぜネットワークを学ぶのか？
5.1 ネットワークの構成とプロトコル
5.2 OSI基本参照モデル
5.3 ネットワークの識別番号
5.4 IPアドレス
5.5 ネットワークの練習問題
5.6 ネットワークの練習問題の解答・解説

第5章

アクセスキー　m（小文字のエム）

section 5.0 なぜネットワークを学ぶのか？

重要度 ★★★　難易度 ★☆☆

ここがポイント！
- ネットワークを学ぶ理由を知りましょう。
- インターネットという言葉の意味を知りましょう。
- LANとWANの違いを意識することが重要です。

ネットワークとインターネット

現在のコンピュータは、計算を自動化する計算機であり、データベースを実現するデータ蓄積機ですが、さらに「ネットワーク」でデータを伝達する通信機でもあります。そのため、データベースと同様に、ネットワークに関する様々な知識が、試験の出題テーマになっています。

ネットワークと聞くと、すぐに**インターネット**（internet）を思い浮かべるかもしれませんが、**ネットワーク＝インターネットではありません。ネットワークには、企業や事業所の中だけの小規模なネットワークもあります。ネットワークは、様々な通信網を総称する言葉です。**

インターネットのインター（inter）は、「間の」という意味です。企業や事業所の小規模なネットワークとネットワークの間をつないだものがインターネットです。それによって、世界的で大規模なネットワークが構築されます。

小規模なネットワークのことを**LAN**（Local Area Network：**ラン**）と呼び、大規模なネットワークのことを**WAN**（Wide Area Network：**ワン**）と呼びます。企業や事業所のネットワークはLANであり、インターネットはWANです（図5.1）。

小規模なネットワークが「LAN」で、大規模なネットワークが「WAN」！

図5.1 インターネットはLANとLANをつないだWANである

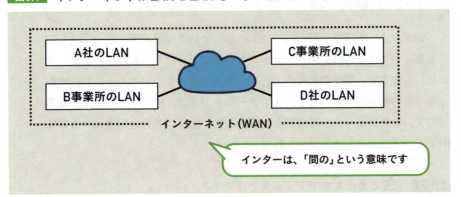

プロトコル

　LANとWANでは、その中で使われている通信規約が異なります。ネットワークの通信規約を**プロトコル**（protocol）と呼びます。**LANとWANのプロトコルの違いを意識することが、ネットワークに関する様々な問題を解くポイントになります。**

　現在主流のLANのプロトコルは、**イーサネット**（ethernet）です。インターネットのプロトコルは、**TCP/IP**を基本として、その上にWebサーバを閲覧するHTTPなどのプロトコルがあります。試験には、プロトコルの種類と役割に関する問題が出題されます。主なプロトコルの種類は、後で説明します。

プロトコルって分かりそうで分かりづらくないですか？

そうかもしれませんね。プロトコルはざっくりと言えば「通信をする際のルール」のことです。LANとWANでは、通信のルールが異なる、と考えるとわかりやすいでしょうか。

「通信規約」と言われると分かりづらかったですが、「通信のルール」と考えると理解しやすいですね！

5.0 なぜネットワークを学ぶのか　147

IPアドレス

インターネットでは、**パケット**（packet）という単位でデータを伝送しています。パケットとは、大きなデータを分割して、いくつかの小さなデータにしたものです。郵便物に宛先と差出人を書くように、パケットにも、宛先と差出人の情報を付加します。インターネットでは、**IPアドレス**と呼ばれる番号で、コンピュータや通信機器を識別しています。宛先と差出人の情報は、IPアドレスで指定します（図5.2）。

図5.2 宛先と差出人をIPアドレスで指定する

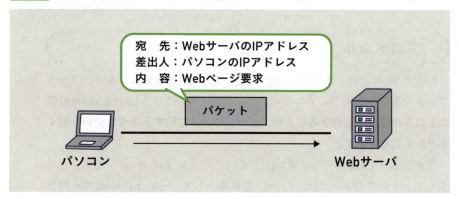

たとえば、WebブラウザでWebページを閲覧する場合には、Webブラウザが動作しているパソコンから、Webページを提供するWebサーバに、Webページを要求するデータが送られます。このデータには、宛先情報としてWebサーバのIPアドレスが付加され、差出人情報としてパソコンのIPアドレスが付加されています。

試験には、IPアドレスの構造や、IPアドレスの適切な割り当て方など、IPアドレスに関する様々な問題が出題されます。IPアドレスに関しては、この章の後半で詳しく説明しますので、しっかりと理解してください。

section 5.1 ネットワークの構成とプロトコル

重要度 ★★★　難易度 ★★★

ここがポイント！
- インターネットにおけるルータの役割を知りましょう。
- DNSサーバとDHCPサーバの役割がよく出題されます。
- メールのプロトコルもよく出題されます。

サーバとクライアント

　ネットワークに接続されたコンピュータは、その役割から**サーバ**と**クライアント**に分類できます。サーバ（server）は、何らかのサービスを提供するコンピュータです。クライアント（client）は、サービスを利用するコンピュータです。

　インターネットで利用されるサーバには、Webページの閲覧というサービスを提供する**Webサーバ**や、メールの送受信というサービスを提供する**メールサーバ**などがあります。

　例を示しましょう。図5.3は、A社という架空の企業のネットワーク構成図です。ネットワークを図示する方法には、特に決まりはありませんが、試験問題では、**1本の直線でLANの通信ケーブルを表し、そのケーブルにサーバやクライアントが接続された図**がよく使われます。

図5.3 A社のネットワーク構成図

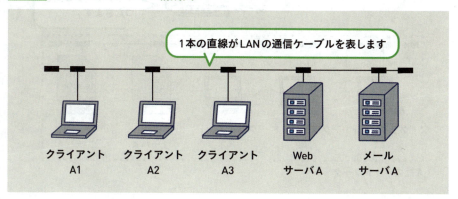

A社のネットワークには、クライアントA1、A2、A3、WebサーバA、およびメールサーバAが、接続されています。クライアントA1、A2、A3は、WebサーバAが提供するWebページを閲覧でき、メールサーバAを使って、他のクライアントにメールを送れます。ただし、社外のWebサーバが提供するWebページを閲覧することや、社外にメールを送ることはできません。なぜなら、A社のネットワークは、インターネットに接続されていないからです。

ネットワークとネットワークの間をつなぐルータ

　ネットワークとネットワークの間をつなぐには、**ルータ**（router）と呼ばれる装置を使います。ルータは、データに付加された宛先IPアドレスを見て、適切なネットワークにデータを中継します。

　例を示しましょう。図5.4は、ルータを使って、A社のネットワークとB社

図5.4　ルータでA社とB社のネットワークをつなぐ

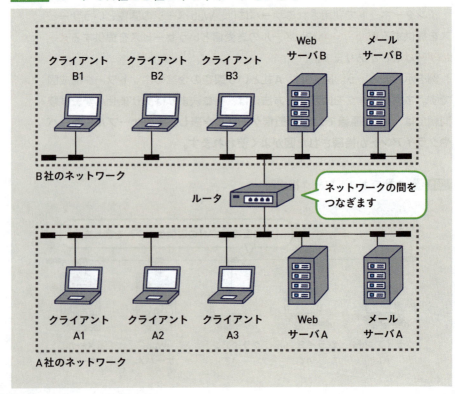

のネットワークをつないだものです。これによって、A社のクライアントは、B社のWebサーバBが提供するWebページを閲覧したり、B社のクライアントにメールを送ったりできます。ルータが、A社のネットワークからB社のネットワークにデータを中継してくれるからです。ルータは、B社のネットワークからA社のネットワークにデータを中継することもできます。

ただし、実際には、ルータ1つだけで、企業と企業の間を直接つなぐことは、ほとんどありません。インターネットの接続事業者である**プロバイダ**（provider）を利用するのが一般的です（図5.5）。インターネットには、多数のプロバイダによる通信網があり、世界中の企業をつないでいます。多くの

図5.5 プロバイダを利用してA社とB社のネットワークをつなぐ

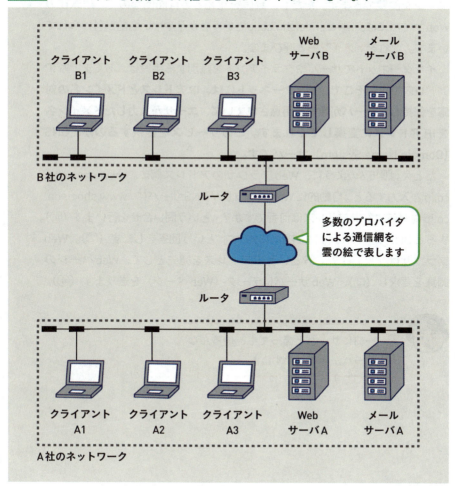

場合、プロバイダの通信網は、雲の絵で表します。

DNSサーバとDHCPサーバ

　ネットワークで使われるサーバは、Webサーバとメールサーバだけではありません。DNSサーバとDHCPサーバもよく使われます。それぞれの役割を説明しましょう。

　インターネットでは、サーバやクライアントをIPアドレスという数値で識別しています。たとえば、翔泳社のWebサーバのIPアドレスは、114.31.94.139です。Webブラウザのアドレス欄に、この数値を入力すれば、翔泳社のWebページを閲覧できます。ただし、数値を覚えるのは面倒なので、翔泳社のWebサーバには、www.shoeisha.co.jpというわかりやすい名前が付けられています。これをドメイン名と呼びます。

　インターネットでサーバやクライアントを識別する手段は、あくまでもIPアドレスです。**そこで、インターネットには、IPアドレスとドメイン名の対応を保持したサーバが数多く用意されていて、ユーザが入力したドメイン名をIPアドレスに変換してくれます。このサービスを提供するのが、DNS（Domain Name System）サーバです。**

　たとえば図5.6のように、Webブラウザのアドレス欄に、www.shoeisha.co.jpと入力すると、自動的にWebブラウザがDNSサーバに「www.shoeisha.co.jpに対応するIPアドレスは何番ですか？」という問い合せを行います（①）。するとDNSサーバが「114.31.94.139です」という回答をします（②）。Webブラウザは、114.31.94.139というIPアドレスを宛先として、Webページの閲覧を要求し（③）、Webサーバはデータ（Webページ）を送ります（④）。

　一口にサーバと言っても、いろんなサーバがあるんですね！

図5.6 DNSサーバがドメイン名とIPアドレスを変換してくれる

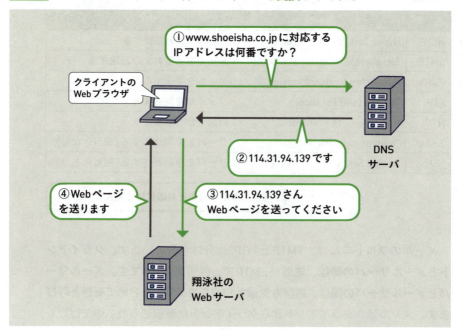

　DHCPサーバは、コンピュータの起動時に、インターネットに接続するためのIPアドレスの設定などを自動的に行ってくれるサーバです。DHCPは、Dynamic Host Configuration Protocol（動的にホストを設定するプロトコル）の略です。動的とは、一度設定したら変化しない固定的な設定ではなく、コンピュータの起動時に毎回設定するという意味です（同じ設定が再利用されることもあります）。ホストとは、ネットワークに接続されたコンピュータや通信機器を意味します。インターネットに接続するための設定は、手作業で行うこともできますが、間違えてしまう恐れがあるので、DHCPサーバを利用するのが一般的です。

プロトコルの種類

　Webページの閲覧やメールの送受信など、用途に応じて様々なプロトコルが用意されています。インターネットで使われる主なプロトコルを表5.1に示します。

表5.1 インターネットで使われる主なプロトコル

名　称	意　味	用　途
HTTP	Hyper Text Transfer Protocol	Webページを閲覧する
SMTP	Simple Mail Transfer Protocol	メールを送信および転送する
POP3	Post Office Protocol version 3	メールを受信する
FTP	File Transfer Protocol	ファイルを転送する
NTP	Network Time Protocol	時刻を合わせる
Telnet	Teletype network	サーバを遠隔操作する（暗号化なし）
SSH	Secure SHell	サーバを遠隔操作する（暗号化あり）

略語の意味と用途を対応付けて覚えましょう

　メールのプロトコルは、SMTPとPOP3に分けられています。**クライアントとメールサーバの間は、送信がSMTPで、受信がPOP3です。メールサーバとメールサーバの間は、送信も受信もSMTPであり、まとめて転送と呼びます。**メールは、クライアントからクライアントに直接送られるのではなく、メールサーバを介して間接的に送られます（図5.7）。

図5.7 メールの送信、受信、転送

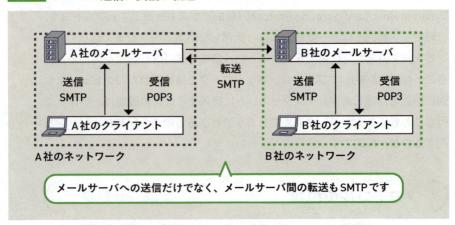

section 5.2 OSI基本参照モデル

重要度 ★★★　難易度 ★★★

ここがポイント！
- OSI基本参照モデルの階層の名前と役割を覚えてください。
- OSI基本参照モデルとTCP/IPの対応がよく出題されます。
- LAN間接続装置との対応もよく出題されます。

OSI基本参照モデルの7つの階層

　ネットワークは、様々な機能によって実現されていて、一緒に複数のプロトコルが使われています。これは、土台となる機能の上にそれを利用する機能が乗っていて、土台となるプロトコルの上にそれを利用するプロトコルが乗っている階層のイメージです。この階層の世界規格があり、OSI（Open System Interconnection）基本参照モデルと呼ばれます。

　OSI基本参照モデルは、ネットワークの機能やプロトコルを7つの階層に分けて示します（表5.2）。それぞれの階層には、「アプリケーション層」〜「物理層」という名前と、第7層〜第1層という番号が付けられています。階層のことを英語で「レイヤ（layer）」と呼ぶので、第7層〜第1層を「レイヤ7」〜「レイヤ1」と呼ぶこともあります。

表5.2　OSI基本参照モデルの7つの階層

第7層	アプリケーション層
第6層	プレゼンテーション層
第5層	セッション層
第4層	トランスポート層
第3層	ネットワーク層
第2層	データリンク層
第1層	物理層

ビルディングと同じで、下が1階（第1層）です

　下の階層にあるほど、基本的な機能やプロトコル（取り決め）を提供します。物理層は、電線、光ケーブル、電波のどれを使ってデータを物理的に伝

送するかを取り決めます。

　データリンク層は、直接つながっている相手と通信を行うための取り決めです。リンク（link）は、「結合」という意味です。**ネットワーク層**は、データを中継して最終的な目的地まで届けるための取り決めです。たとえば図5.8のように、社内のパソコンから社外のWebサーバを閲覧する場合は、社内のパソコンから社内のルータまでがデータリンク層であり、そこから先の社外のWebサーバまでがネットワーク層です。

図5.8　データリンク層とネットワーク層

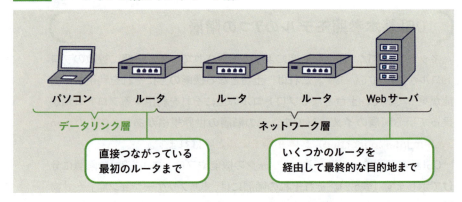

　トランスポート層は、データの分割と復元、および到達確認を行います。インターネットで伝達される大きなデータは、いくつかの小さなデータに分割されて送信され、受信先で元のデータに復元されます。**セッション層**は、複数のデータのやりとりによる一連の通信手順の取り決めです。**プレゼンテーション層**は、文字、画像、圧縮などのデータ表現の取り決めです。**アプリケーション層**は、ユーザから見た操作方法の取り決めです。

OSI基本参照モデルとプロトコル

　OSI基本参照モデルに対応付けて、ネットワークで使われている様々なプロトコルを分類できます。有線LANで使われている**イーサネット**というプロトコルは、物理層とデータリンク層の機能を提供します。データリンク層までは、社外のインターネットに出ていけないので、イーサネットは社内LANのプロトコルです。

インターネットでは、TCP/IPが基本プロトコルになります。TCP/IPは、ネットワーク層でIP（Internet Protocol）というプロトコルを使い、トランスポート層でTCP（Transmission Control Protocol）というプロトコルを使うという意味です。

トランスポート層では、TCPの代わりにUDP（User Datagram Protocol）というプロトコルを使うこともできます。**UDPは、品質より速度を優先したプロトコルです。目的地にデータが到達しなかった場合、TCPはデータの再送を行いますが、UDPは再送を行いません。**UDPは、品質より速度が優先される音楽や動画の配信、時刻を合わせるNTP（Network Time Protocol）などで使われます。

Webサーバを閲覧するHTTP、メールを送受信するSMTPとPOP3などのプロトコルは、「アプリケーション層」「プレゼンテーション層」「セッション層」の機能をまとめて提供しています。これらのプロトコルは、どれも基本プロトコルとしてTCPとIPを使います（表5.3）。

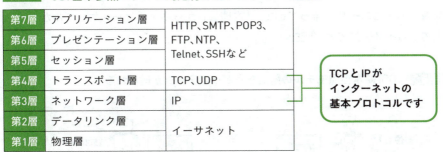

表5.3 OSI基本参照モデルに対応付けたプロトコルの分類

表5.3には示していませんが、DNSサーバはDNSというプロトコルを使い、DHCPサーバはDHCPというプロトコルを使います。これらのプロトコルでは、速度を優先するために、基本プロトコルとして、UDPとIPを使います（DNSでは、TCPを使うこともある）。

例題5.1は、TCPではなくUDPを使うプロトコルを選ぶ問題です。品質より速度が優先されるプロトコルでUDPが使われます。それは、FTP、NTP、POP3、TELNETのどれでしょう。

例題5.1 UDPを使用しているプロトコル（H25春 問36）

問36 UDPを使用しているものはどれか。

ア　FTP　　　イ　NTP　　　ウ　POP3　　　エ　TELNET

時刻合わせのNTPが、UDPを使用しています。正解は、選択肢イです。

アプリケーションデータに付加されるヘッダ

ユーザが、Webブラウザやメールソフトなどのアプリケーションを使って入力したデータは、OSI基本参照モデルの最上位層の「アプリケーション層」によって受け取られます。その後は、階層を順番に下にたどって、最下位層の「物理層」から外部に送信されます。逆に、データを受信する場合は、最下位層の物理層から階層を順番に上にたどって、最上位層のアプリケーション層でユーザに渡されます。これは、OSI基本参照モデルの「アプリケーション層」の上にユーザが乗っていて、「物理層」からネットワークケーブルが出ているイメージです（図5.9）。

図5.9 OSI基本参照モデルの階層をたどってデータが送られる

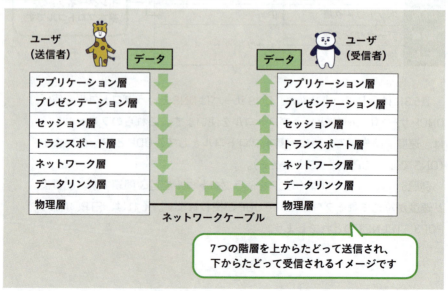

7つの階層を上からたどって送信され、下からたどって受信されるイメージです

データ送信時に、上から下に階層をたどるときには、宛先や差出人などの情報がデータに付加されます。この付加情報を**ヘッダ**（header）と呼びます。ヘッダは、頭（head）に付加するものという意味です。

プロトコルによって、ヘッダの形式が異なるので、階層を上から下にたどることで、それぞれのヘッダが付加されていきます。逆に、データの受信時に、下から上に階層をたどるときには、徐々にヘッダが除去され、データだけがユーザに渡されます（図5.10）。このデータを**アプリケーションデータ**と呼びます。

ヘッダとアプリケーションデータを合わせたものが、それぞれの階層におけるデータのまとまりです。TCPの階層では、アプリケーションデータに**TCPヘッダ**が付加されて、**TCPセグメント**と呼ばれるデータのまとまりになります。IPの階層では、さらに**IPヘッダ**が付加されて、**IPパケット**と呼ばれるデータのまとまりになります。イーサネットの階層では、さらに**イーサネットヘッダ**が付加された、**イーサネットフレーム**というデータのまとまりになります。

図5.10　階層をたどるとヘッダの付加と除去が行われる

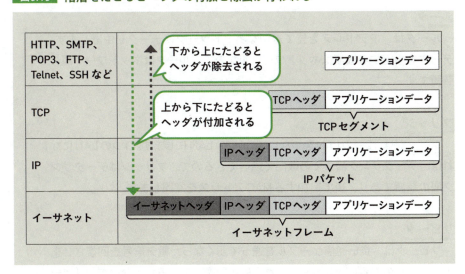

LAN間接続装置

ルータのようにLANとLANの間を接続する装置を**LAN間接続装置**と呼びます。試験に出題される主なLAN間接続装置には、ルータ以外にも、**ブリッジ**（bridge）と**リピータ**（repeater）があります。LAN間接続装置も、OSI基本参照モデルに対応付けて分類できます（表5.4）。

表5.4 OSI基本参照モデルに対応付けた主なLAN間接続装置の分類

階　層	LAN間接続装置
アプリケーション層	
プレゼンテーション層	
セッション層	
トランスポート層	
ネットワーク層	ルータ
データリンク層	ブリッジ
物理層	リピータ

> 複数の階層にまたがった
> ゲートウェイという装置
> もあります

ルータ

ルータは、IPアドレスを見て適切なネットワークにデータを中継します。データを中継する機能はネットワーク層なので、ルータはネットワーク層の装置です。

ブリッジ

ブリッジは、2つのLANをつないで、1つのLANにします。1つのLANになれば、データリンク層までの機能で通信できるので、ブリッジはデータリンク層の装置であり、後で追加するMACアドレスを参照します。

リピータ

リピータは、長い通信ケーブルを通って弱くなった電気信号を回復させます。データの内容にかかわらず、物理的に回復しているだけなので、リピータは物理層の装置です。

例題5.2は、LAN間接続装置に関する問題です。選択肢アの「ゲートウェ

イ（gateway）」は、複数の階層のプロトコルをまとめて変換する装置なので、OSI基本参照モデルの特定の階層に対応付けられません。その他の選択肢の説明だけに注目してください。

> **例題5.2** LAN間接続装置の説明（H30 秋 問32）
>
> **問32** LAN間接続装置に関する記述のうち，適切なものはどれか。
>
> ア　ゲートウェイは，OSI基本参照モデルにおける第1～3層だけのプロトコルを変換する。
> イ　ブリッジは，IPアドレスを基にしてフレームを中継する。
> ウ　リピータは，同種のセグメント間で信号を増幅することによって伝送距離を延長する。
> エ　ルータは，MACアドレスを基にしてフレームを中継する。

　選択肢イは、「IPアドレスを基にして」ということから、ルータの説明です。選択肢ウは、「信号を増幅する」ということから、リピータの説明です。選択肢エは、「MACアドレスを基にして」ということから、ブリッジの説明です。正解は、選択肢ウです。

OSI基本参照モデルの階層と、対応する主なLAN間接続装置・特徴を覚えましょう。

ルータは「ネットワーク層でIPアドレスを見てデータを中継」、ブリッジは「データリンク層の装置で、MACアドレスを参照してLANをつなぐ」、リピータは「電気信号を増幅させる物理層の装置」・・・

その調子です！

section 5.3 ネットワークの識別番号

重要度 ★★★　難易度 ★★★☆

ここがポイント！
- プロトコルと対応付けて識別番号を覚えてください。
- HTTPのウェルノウンポート番号がよく出題されます。
- プロキシサーバの役割もよく出題されます。

MACアドレス、IPアドレス、ポート番号

インターネットでは、データの宛先と差出人を識別するために、3種類の番号が使われています。**MAC（Media Access Control：マック）アドレス**、**IPアドレス**、**ポート番号**です。複数の番号があるのは、複数のプロトコルが一緒に使われているからです。

MACアドレス

MACアドレスは、イーサネットにおける識別番号です。イーサネットの機能を実現するハードウェアを**ネットワークカード**と呼びます。MACアドレスは、ネットワークカードの製造時に、メーカーによって設定されます。**全部で48ビットから構成されていて、上位24ビットがネットワークカードのメーカー番号で、下位24ビットが製造番号です**（図5.11）。

図5.11 MACアドレスの例

```
F8-BC-12-53-F7-B5
```
メーカー番号　製造番号　　16進数で示しています

IPアドレス

IPアドレスは、インターネットにおいてホスト（コンピュータや通信機器）を識別する番号です。後で詳しく説明しますが、**全部で32ビットから構成されていて、上位桁がネットワーク（LAN）の番号であり、下位桁がホス**

トの番号です。桁の区切り方には、いくつかの形式があるので、これも後で
説明します。

ポート番号

　ポート番号は、インターネットにおいて、**プログラムを識別する0〜65535
（符号なし16ビット整数）の番号です。** 1台のコンピュータの中で、複数のプ
ログラムが動作している場合があります。IPアドレスを指定して目的のコン
ピュータに到達できたら、そのコンピュータのどのプログラムにデータを渡
すかを、ポート番号で指定するのです。

3種類の識別番号

　イーサネットの階層で付加されるイーサネットヘッダの中には、宛先と差
出人のMACアドレスがあります。IPの階層で付加されるIPヘッダの中には、
宛先と差出人のIPアドレスがあります。TCPの階層で付加されるTCPヘッダ
の中には、宛先と差出人のポート番号があります。したがって、1つのデー
タには、3種類の識別番号が付加されています。

3種類の識別番号の使い方

　MACアドレス、IPアドレス、ポート番号の使い方の例を示しましょう。た
とえば、パソコンで動作しているWebブラウザから、いくつかのルータを経
由して、他社のWebサーバで動作しているWebサーバプログラムに、Web
ページの閲覧を要求するデータを送るとします。

　直接つながっている通信相手は、MACアドレスで指定し、最終的な通信
相手は、IPアドレスとポート番号で指定します。したがって、**通信の途中で、
IPアドレスとポート番号は変化しませんが、MACアドレスは状況に応じて
書き換えられることになります**（図5.12）。

　最終的な通信相手は、IPアドレスで指定すればパソコンとWebサーバで
あり、ポート番号で指定すればWebブラウザとWebサーバプログラムです。
これらは、変化しません。それに対して、直接つながっている通信相手は、
状況に応じて変化します。

　図5.12の左側の部分で直接つながっているのは、パソコンとルータAです。
したがって、宛先のMACアドレスはルータAで、差出人のMACアドレスは

5.3 ネットワークの識別番号　**163**

パソコンです。図5.12の右側の部分で直接つながっているのは、ルータBとWebサーバです。したがって、宛先のMACアドレスはWebサーバで、差出人のMACアドレスはルータBです。

図5.12　MACアドレスは、状況に応じて書き換えられる

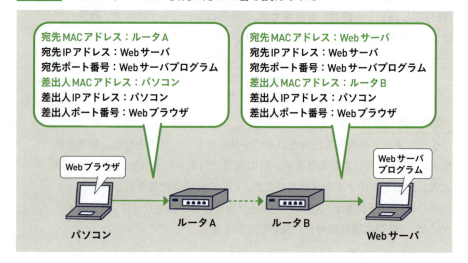

ウェルノウンポート番号

　MACアドレスは、あらかじめネットワークカードに設定されています。IPアドレスは、ネットワーク内のDHCPサーバによって自動的に設定されます。ポート番号は、ユーザが任意に設定できます。

　ただし、**サーバのプログラムのポート番号は、そのプログラムが使用しているプロトコルの種類に合わせて、あらかじめ決められた番号を付けることが慣例になっています。**これを**ウェルノウン**（well-known）**ポート番号**と呼びます。

　表5.5に、主なウェルノウンポート番号を示します。**ウェルノウンポート番号とされるのは、0番〜1023番までです。クライアントで動作するプログラム（ユーザが利用するアプリケーション）には、1024番以降の任意の番号を付けます。**

表5.5 主なウェルノウンポート番号

ポート番号	プロトコル	用 途
20	FTP	ファイルを転送する
21	FTP	制御命令を送る
25	SMTP	メールを送信および転送する
80	HTTP	Webページを閲覧する
110	POP3	メールを受信する

> ウェルノウンとは
> 「よく知られた」
> という意味です

FTPのポート番号が2つあることに注目してください。**FTPでは、21番の
ポートを使って、転送の開始や終了、などを意味する制御命令を送り、20番
のポートを使って、ファイルの転送を行います。**

プロキシサーバ

　社内LANとインターネットの間に**プロキシサーバ**を設置することがありま
す。プロキシ（proxy）とは、「代理人」という意味です。プロキシサーバは、
社内LANのクライアントの代理人として、インターネットに接続します。そ
れによって、**セキュリティを向上させる効果と、Webページのアクセス速度
を向上させる効果があります。**

　プロキシサーバが設置されたネットワークからインターネットにアクセス
する場合は、送信データが、必ずプロキシサーバを経由します。このとき、
プロキシサーバは、送信データの差出人のIPアドレスを、プロキシサーバの
IPアドレスに書き換えます。これによって、返信データは、クライアントに
直接返されず、プロキシサーバに返されることになります。インターネット
から見えるのは、プロキシサーバだけになるので、外部からクライアントへ
の不正アクセスができなくなります。

　プロキシサーバには、一度閲覧したWebページの内容をキャッシュ（cache
＝貯蔵する）する機能もあります。これによって、クライアントが同じWeb
ページにアクセスした場合は、キャッシュされたWebページをすぐに返すこ
とができます（図5.13）。

5.3 ネットワークの識別番号　**165**

図5.13 プロキシサーバの役割

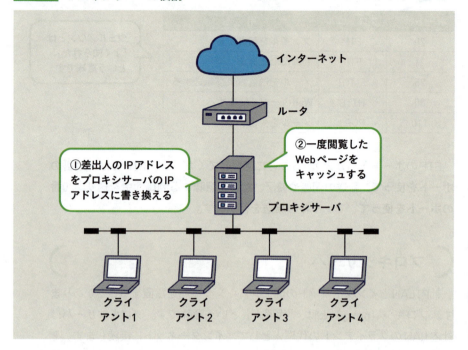

ここが大事！

プロキシサーバは社内LANとインターネットの間に入るサーバで、社内のクライアントの代理としてインターネットに接続します。セキュリティを向上させる機能と、ページへのアクセス速度を向上させる機能があります。

section 5.4 IPアドレス

重要度 ★★★　　難易度 ★★★

ここがポイント！
- IPアドレスの構造を知りましょう。
- 割り当てられるアドレスの範囲がよく出題されます。
- NAPTの役割もよく出題されます。

IPアドレスの構造

IPアドレスは、インターネットで、コンピュータや通信機器を識別するための番号です。IPアドレスは、全部で32ビットから構成されています。IPアドレスを表記するときは、32ビットを8ビットずつ4つの部分に分けて、それぞれの部分をドットで区切って10進数で示します。

たとえば、203.104.101.14というIPアドレスのWebサーバがあるとします。このIPアドレスを2進数で表すと、203→11001011、104→01101000、101→01100101、14→00001110なので、11001011011010000110010100001110になります。この32ビットの数値が、コンピュータの内部で取り扱われているIPアドレスですが、人間にはわかりにくいので、203.104.101.14という表記にするのです（図5.14）。

図5.14　IPアドレスの表記方法

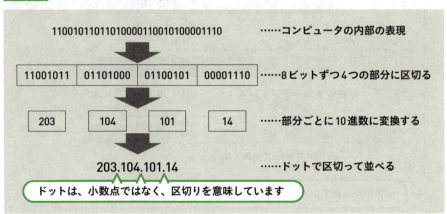

第5章 ネットワーク

5.4 IPアドレス　**167**

> **アドバイス**
> 8ビットの2進数を10進数に変換する練習と、10進数を8ビットの2進数に変換する練習をしておきましょう。

アドレスクラス

　IPアドレスは、上位桁がネットワーク（LAN）を識別する**ネットワークアドレス**であり、下位桁がコンピュータや通信機器を識別する**ホストアドレス**です。

　ネットワークアドレスとホストアドレスの区切り方には、**クラスA**、**クラスB**、**クラスC**があります。これらを**アドレスクラス**と呼びます。

　クラスAは、上位8ビットと下位24ビットで区切り、クラスBは、上位16ビットと下位16ビットに区切り、クラスCは、上位24ビットと下位8ビットに区切ります。

　IPアドレスが、どのクラスなのかは、2進数で表したときの上位桁を見ればわかるようになっています（図5.15）。最上位桁が0ならクラスA、上位2桁が10ならクラスB、上位3桁が110ならクラスCです。

図5.15 ネットワークアドレスとホストアドレスの区切り方

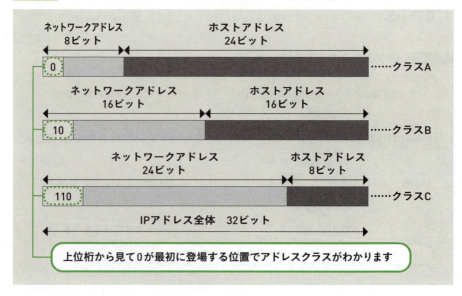

例題5.3は、IPアドレスからアドレスクラスを判断する問題です。IPアドレスの上位3桁までを見れば、アドレスクラスがわかるので、10.128.192.10の上位の10だけを2進数に変換してみましょう。

例題5.3 **IPアドレスからアドレスクラスを判断する**（H21 春 問38）

問38 IPアドレス 10.128.192.10 のアドレスクラスはどれか。

ア クラスA　　**イ** クラスB　　**ウ** クラスC　　**エ** クラスD

10進数の10を8ビットの2進数に変換すると、00001010になります。最上位桁が0なので、このIPアドレスは、クラスAです。正解は，選択肢アです。

サブネットマスク

IPアドレスのネットワークアドレスとホストアドレスを、クラスA、クラスB、クラスCだけで区切るのは、やや古い方法です。現在では、**サブネットマスク**と呼ばれる方法を使うのが一般的です。

サブネットマスクは、IPアドレスと同じ32ビットの数値です。IPアドレスと同様に、32ビットを8ビットずつ4つの部分に分けて、それぞれの部分をドットで区切って10進数で示します。たとえば、255.255.255.0と表記されたサブネットマスクは、実際には11111111111111111111111100000000という32ビットの数値です。

IPアドレスとサブネットマスクをAND演算すると、ホストアドレスの部分だけがゼロクリアされて、ネットワークアドレス（厳密には、ネットワークアドレスとサブネットアドレスを合わせたアドレスですが、ネットワークアドレスだと考えても問題ありません）が得られるようになっています。たとえば、203.104.101.14というIPアドレスと、255.255.255.0というサブネットマスクをAND演算すると、203.104.101.0というネットワークアドレスが得られます（図5.16）。

5.4 IPアドレス　**169**

図5.16　IPアドレスとサブネットマスクをAND演算する

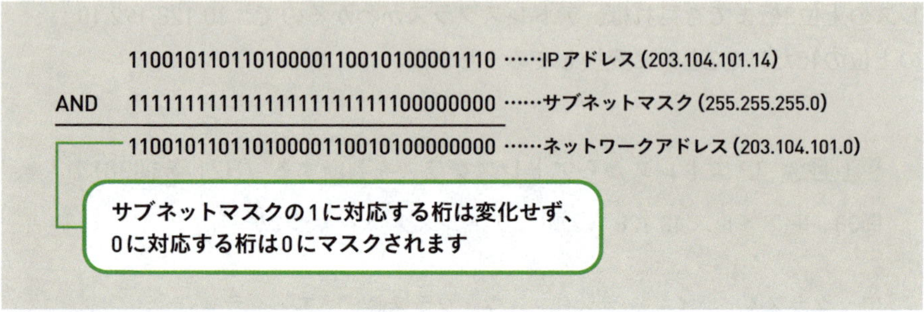

```
       11001011011010000110010100001110 ……IPアドレス (203.104.101.14)
AND    11111111111111111111111100000000 ……サブネットマスク (255.255.255.0)
       11001011011010000110010100000000 ……ネットワークアドレス (203.104.101.0)
```

サブネットマスクの1に対応する桁は変化せず、0に対応する桁は0にマスクされます

　サブネットマスクを2進数で表すと、上位桁に1が並び、下位桁に0が並んだものとなります。**1が並んだ部分がネットワークアドレスに対応し、0が並んだ部分がホストアドレスに対応します。**サブネットマスクを使うことで、クラスA、クラスB、クラスCより細かく、ホストアドレスの桁数を指定できます。たとえば、11111111111111111111111111110000というサブネットマスクを使えば、IPアドレスの下位4ビットをホストアドレスに指定できます（図5.17）。

図5.17　サブネットマスクは、上位桁に1が並び、下位桁に0が並ぶ

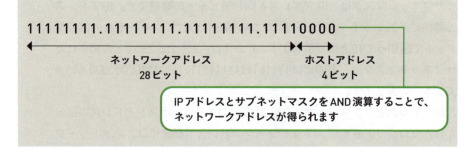

ホストアドレスとして使用できる番号

　例題5.4は、ネットワークアドレスとサブネットマスクから、ホストアドレスとして使用できる番号を判断する問題です。

> **例題5.4** **ネットワークアドレスとサブネットマスク**（H30 春 問32）
>
> **問32** 次のネットワークアドレスとサブネットマスクをもつネットワークがある。このネットワークをあるPCが利用する場合，そのPCに**割り振ってはいけない**IPアドレスはどれか。
>
>
> 　　　ネットワークアドレス：200.170.70.16
> 　　　サブネットマスク　　：255.255.255.240
>
> **ア**　200.170.70.17　　　　**イ**　200.170.70.20
> **ウ**　200.170.70.30　　　　**エ**　200.170.70.31

　255.255.255.240というサブネットマスクを2進数に変換すると、11111111111111111111111111110000になります。したがって、ホストアドレスに指定できるのは、下位4ビットの0000～1111です。ただし、**すべての桁が0のホストアドレス0000と、すべての桁が1のホストアドレス1111を使ってはいけない約束になっているので**、実際には、0001～1110を指定できます。

　0001～1110を10進数で表すと、1～14です。ネットワークアドレスの200.170.70.16の下位桁に1～14を付加した200.170.70.17～30を、ホストアドレスに指定できます。選択肢エの200.170.70.31だけが、この範囲にありません。正解は、選択肢エです。

　すべての桁が0のホストアドレス0000と、すべての桁が1のホストアドレス1111を使ってはいけない理由は、それぞれの用途が決められているからです。

　すべての桁が0のホストアドレスは、ネットワークアドレスを表すときに使います。IPアドレスの入れ物のサイズは、32ビットに決まっているので、下位にあるホストアドレスの部分をすべて0にすることによって、上位にあるネットワークアドレスを取り出したことにするのです。

　すべての桁が1のホストアドレスは、同じネットワークにあるすべてのホスト宛にデータを送るときに使われます。これを**ブロードキャスト**（broadcast＝**一斉同報**）と呼びます。

5.4 IPアドレス　**171**

CIDR表記

サブネットマスクと同様の考えで、203.104.101.14/28のようにして、ネットワークアドレスとホストアドレスの区切りを細かく示す表記方法もあります。これを **CIDR（Classless Inter Domain Routing：サイダー）表記**と呼びます。

/28は、上位28ビットがネットワークアドレスであることを示します。IPアドレスは、全体で32ビットなので、残りの下位4ビットがホストアドレスです。例題5.5は、CIDR表記に関する問題です。

例題5.5 **接続可能なホストの最大数（H26 春 問35）**

問35 IPv4で192.168.30.32/28のネットワークに接続可能なホストの最大数はどれか。

ア 14   **イ** 16   **ウ** 28   **エ** 30

/28は、IPアドレスの上位28ビットがネットワークアドレスであり、残りの下位4ビットがホストアドレスであることを意味しています。4ビットで表せるアドレスは、0000～1111の16通りですが、すべての桁が0の0000と、すべての桁が1の1111は使えないので、0001～1110の14通りになります。正解は、選択肢アです。

IPアドレスの割り当て

ホストにIPアドレスを割り当てる場合、以下のルールに従わなければなりません。

【ルール1】
　ネットワークアドレスは、LANを識別する番号なので、同じLAN内にあるホストには、同じネットワークアドレスを割り当てなければなりません。
【ルール2】
　同じLAN内に、同じホストアドレスのホストが複数あってはいけません。
【ルール3】
　2進数で表して、すべてが0になるホストアドレスと、すべてが1になるホストアドレスを割り当ててはいけません。

172

たとえば、ネットワークAとネットワークBという2つのLANがあり、両者がルータで結ばれているとします（図5.18）。ネットワークAのネットワークアドレスは、192.168.1.0であり、サブネットマスクは、255.255.255.0です。ネットワークBのネットワークアドレスは、192.168.2.0であり、サブネットマスクは、255.255.255.0です。この場合に、それぞれのLANのホストに、何というIPアドレスが割り当てられるかを考えてみましょう。2つのLANをつなぐルータには、それぞれのLANに合わせて、2つのIPアドレスを設定します。

図5.18　それぞれのLANのホストにIPアドレスを割り当てる

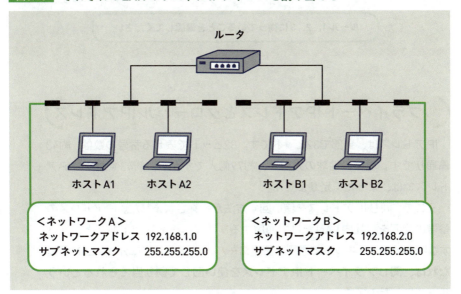

　ネットワークAのホストには、同じ192.168.1.0というネットワークアドレスを付けなければなりません。下位8ビットがホストアドレスなので、00000000と11111111を除いた00000001〜11111110が使えます。これを10進数で表すと、1〜254です。したがって、ネットワークAのホストには、192.168.1.1〜192.168.1.254というIPアドレスを割り当てられます。
　同様に、ネットワークBのホストには、192.168.2.1〜192.168.2.254というIPアドレスを割り当てられます。他のホストと重複しないようにして、IPアドレスを割り当てた例を図5.19に示します。

図5.19 それぞれのLANのホストにIPアドレスを割り当てた例

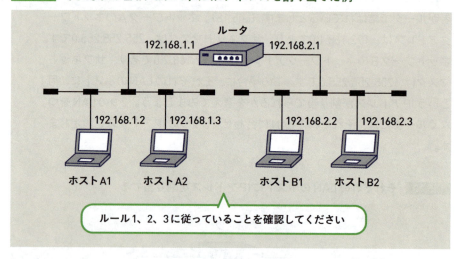

プライベートIPアドレスとグローバルIPアドレス

　IPアドレスは、全部で32ビットです。32ビットで表せる番号の数は、約43億通りです。現在の地球の人口が、約79億人ですから、約43億通りのIPアドレスでは、まったく足りません。

　そこで、同じIPアドレスを使い回す方法が考案されました。IPアドレスの番号の範囲を、社内LANだけで通用する**プライベートIPアドレス**と、社外すなわちインターネットで通用する**グローバルIPアドレス**に分け、**LANが異なれば、同じプライベートIPアドレスを使い回して割り当てられるというルールにしたのです。**

> **IPアドレスの種類**
> **プライベートIPアドレス**：社内LANだけで通用する（LANが異なれば重複してよい）
> **グローバルIPアドレス**：インターネットで通用する（重複してはいけない）

　ただし、プライベートIPアドレスを使って、インターネットを利用することはできません。そこで、LANに1つだけグローバルIPアドレスを割り当て、インターネットにデータを送信する際に、差出人のIPアドレスをプライベートIPアドレスからグローバルIPアドレスに書き換えるようにします。逆に、インターネットからデータを受信する際には、宛先のIPアドレスをグローバ

ルIPアドレスからプライベートIPアドレスに書き換えます。この仕組みを
NAT（Network Address Translation）と呼びます。ルータの中には、NAT
の機能を持つものがあります（図5.20）。

図5.20　IPアドレスを変換するNAT

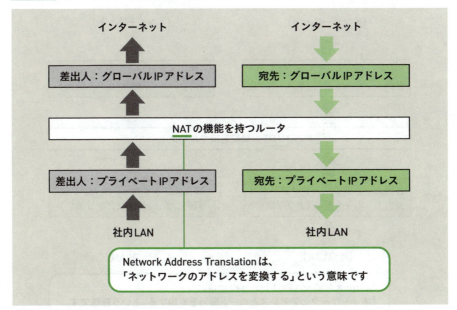

　しかし、ただ単に、プライベートIPアドレスとグローバルIPアドレスを変
換しただけでは、同時に1つのホストだけしかインターネットと通信できま
せん。たとえば、ホストAとホストBが同時にインターネットに送信した場
合、インターネットから受信したデータの宛先グローバルIPアドレスを、ど
ちらのホストのプライベートIPアドレスに変換すればよいかがわからないか
らです。
　そこで、実際には、IPアドレスだけでなく、ポート番号も変換する方法が
使われていて、これをNAPT（Network Address Port Translation）または
IPマスカレード（masquerade＝仮面舞踏会）と呼びます。
　インターネットにデータを送信する際に、プライベートIPアドレスをグ
ローバルIPアドレスに変換し、さらにポート番号を別の番号（ホストを識別
するための番号）に変換して、その変換情報をルータの内部に記憶します。
逆に、インターネットからデータを受信する際には、宛先ポート番号でホス

5.4 IPアドレス　　**175**

トを識別して、グローバルIPアドレスをプライベートIPアドレスに変換し、ポート番号を元のポート番号（アプリを識別する本来の番号）に変換します（図5.21）。

図5.21 IPアドレスとポート番号を変換するNAPT

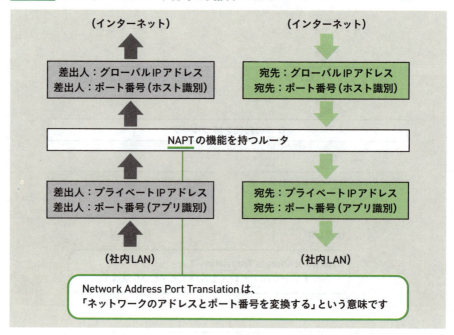

IPv6

IPアドレスが足りなくなることを防ぐために、ビット数を従来の32ビットから128ビットに増やした**IPv6**（**Internet Protocol version 6**）という新しい規格が作られました。128ビットあれば、単純に計算して$2^{128}≒3.4×10^{38}$通り（340兆通りの1兆倍の1兆倍）の番号を割り当てられるので、IPアドレスが足りなくなることはないでしょう。IPv6に対して、従来の規格を**IPv4**（**Internet Protocol version 4**）と呼びます。現在のインターネットの主流はIPv4ですが、IPv6も徐々に使われ始め、両者が併用されています。

IPv6では、128ビットを16ビットごとに8つの部分に分け、それぞれを4桁の16進数で表して、コロン（：）で区切ります。たとえば、2001:0db8:0000:0000:0000:ff00:0042:8329のように表記します。0000:0000:0000のように0

が続いた部分は、省略して2個のコロン（ :: ）で表せます。0042のように、上位桁が0になっている部分は、0を省略して42と表せます。したがって、2001:0db8:0000:0000:0000:ff00:0042:8329は、2001:db8::ff00:42:8329と表せます（図5.22）。

図5.22　IPv6のアドレス表記方法と省略方法

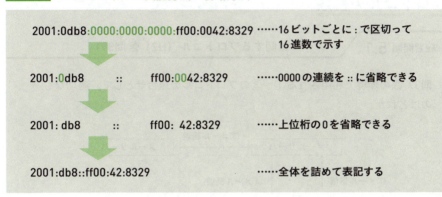

　IPアドレスが足りなくなる心配がなくても、**IPv6にも、IPv4のプライベートIPアドレスとグローバルIPアドレスに相当するものがあります**。グローバルIPアドレスを割り当てると、アドレスの変更が容易ではなくなり、不正アクセスの危険性も高まるからです。

IPv6だと番号が340兆通りの1兆倍の1兆倍もあるんですね・・・！
もうどのくらい多いのか想像できません！

アドレスを表記するのも大変なので、コロンを使って省略することが多いです。
省略の方法は「図5.22」を参考にして覚えましょう。

もう一度読み返しますね。

section 5.5 ネットワークの練習問題

プロトコルの種類

練習問題 5.1 メールに関するプロトコル（H21 春 問39）

問39 図の環境で利用される①〜③のプロトコルの組合せとして，適切なものはどれか。

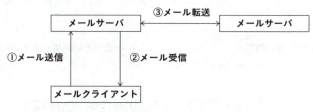

	①	②	③
ア	POP3	POP3	SMTP
イ	POP3	SMTP	POP3
ウ	SMTP	POP3	SMTP
エ	SMTP	SMTP	SMTP

メールサーバ間のメール転送のプロトコルに注意しよう！

OSI基本参照モデルの7つの階層

練習問題 5.2 経路選択機能や中継機能を果たす層（H27 秋 問31）

問31 OSI基本参照モデルの第3層に位置し，通信の経路選択機能や中継機能を果たす層はどれか。

ア　セション層　　　　　　イ　データリンク層
ウ　トランスポート層　　　エ　ネットワーク層

アプリケーションデータに付加されるヘッダ

練習問題 5.3　イーサフレームに含まれるヘッダの順序（H25 秋 問37）

問37　1個のTCPパケットをイーサネットに送出したとき，イーサネットフレームに含まれる宛先情報の，送出順序はどれか。

ア　宛先IPアドレス，宛先MACアドレス，宛先ポート番号
イ　宛先IPアドレス，宛先ポート番号，宛先MACアドレス
ウ　宛先MACアドレス，宛先IPアドレス，宛先ポート番号
エ　宛先MACアドレス，宛先ポート番号，宛先IPアドレス

TCP、IP、イーサネットの階層をたどって、宛先と差出人の情報が付加されます！

MACアドレス、IPアドレス、ポート番号

練習問題 5.4　MACアドレスの構成（H24 秋 問33）

問33　ネットワーク機器に付けられているMACアドレスの構成として，適切な組合せはどれか。

	先頭24ビット	後続24ビット
ア	エリアID	IPアドレス
イ	エリアID	固有製造番号
ウ	OUI(ベンダID)	IPアドレス
エ	OUI(ベンダID)	固有製造番号

ベンダとは機器のメーカーのことです！

IPアドレスの割り当て

練習問題 5.5　IPアドレスの適切な割り当て（H22秋 問37）

問37　TCP/IPネットワークにおいて，二つのLANセグメントを，ルータを経由して接続する。ルータの各ポート及び各端末のIPアドレスを図のとおりに設定し，サブネットマスクを全ネットワーク共通で255.255.255.128とする。ルータの各ポートのアドレス設定は正しいとした場合，IPアドレスの設定を正しく行っている端末の組合せはどれか。

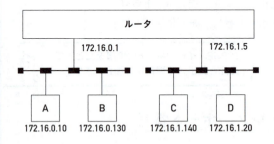

ア　AとB　　**イ**　AとD　　**ウ**　BとC　　**エ**　CとD

IPアドレスを割り当てる場合のルールを思い出してください！

プライベートIPアドレスとグローバルIPアドレス

練習問題 5.6　IPアドレスを変換する仕組み（R01秋 問33）

問33　LANに接続されている複数のPCをインターネットに接続するシステムがあり，装置AのWAN側のインタフェースには1個のグローバルIPアドレスが割り当てられている。この1個のグローバルIPアドレスを使って複数のPCがインターネットを利用するのに必要な装置Aの機能はどれか。

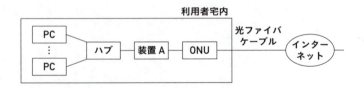

ア	DHCP	イ	NAPT（IPマスカレード）
ウ	PPPoE	エ	パケットフィルタリング

複数のPCが1個のグローバルIPアドレスを使い回しています！

IPv6

練習問題 5.7 IPv6の特徴（H26 春 問32）

問32 IPv6アドレスの特徴として，適切なものはどれか。

ア アドレス長は96ビットである。
イ 全てグローバルアドレスである。
ウ 全てのIPv6アドレスとIPv4アドレスを，1対1に対応付けることができる。
エ 複数のアドレス表記法があり，その一つは，アドレスの16進数表記を4文字（16ビット）ずつコロン":"で区切る方法である。

この問題を通して、IPv6の特徴を覚えてください！

問題を解き終わったら、解説を読んで理解を深めましょう。

section 5.6 ネットワークの 練習問題の解答・解説

プロトコルの種類

> **練習問題 5.1** メールに関するプロトコル（H21 春 問39）

解答 ウ

解説 クライアントとメールサーバの間は、メール送信がSMTPで、メール受信がPOP3です。メールサーバとメールサーバの間のメール転送は、SMTPです。

OSI基本参照モデルの7つの階層

> **練習問題 5.2** 経路選択機能や中継機能を果たす層（H27 秋 問31）

解答 エ

解説 OSI基本参照モデルは、下位層から第1層（物理層）、第2層（データリンク層）、第3層（ネットワーク層）、……第7層（アプリケーション層）です。第3層のネットワーク層は、通信の経路の選択や中継の機能を果たします。

アプリケーションデータに付加されるヘッダ

> **練習問題 5.3** イーサフレームに含まれるヘッダの順序（H25 秋 問37）

解答 ウ

解説 ユーザが入力したアプリケーションデータに、TCPの階層でTCPヘッダが付加されてTCPセグメントになり、IPの階層でIPヘッダが付加されてIPパケットになり、イーサネットの階層でイーサネットヘッダが付加されてイーサネットフレームになります。したがって、イーサネットフレー

ムに含まれているヘッダの順序は、イーサネットヘッダ、IPヘッダ、TCP
ヘッダの順であり、前にあるイーサネットヘッダ、IPヘッダ、TCPヘッダ
の順に送出されます。

イーサネットヘッダには、宛先と差出人のMACアドレスがあります。IP
ヘッダの中には、宛先と差出人のIPアドレスがあります。TCPヘッダの中
には、宛先と差出人のポート番号があります。したがって、MACアドレス、
IPアドレス、ポート番号の順になっている選択肢ウが正解です。

MACアドレス、IPアドレス、ポート番号

練習問題 5.4　　MACアドレスの構成（H24 秋 問33）

解答　エ

解説　MACアドレスは、全部で48ビットから構成されていて、上位24
ビットがネットワークカードのメーカー番号であり、下位24ビットが製造
番号です。したがって、選択肢エが正解です。選択肢に示されたOUIは、
Organizationally Unique Identifier（企業のユニークなID）の略であり、カッ
コの中に示されたベンダIDのことです。ベンダ（vender）とは、「売る人」
つまり「メーカー」のことです。

IPアドレスの割り当て

練習問題 5.5　　IPアドレスの適切な割り当て（H22 秋 問37）

解答　イ

解説　255.255.255.128というサブネットマスクを2進数で表すと、
11111111111111111111111110000000となるので、上位25ビットがネット
ワークアドレスであり、下位7ビットがホストアドレスだとわかります。ルー
タの設定は正しいとしているので、向かって左側のLANのネットワークア
ドレスは、172.16.0.0であり、右側のLANのネットワークアドレスは、
172.16.1.0です。

どちらも下位7ビットでホストアドレスを指定するので、割り当てられる
値の範囲は、2進数で0000001〜1111110であり、10進数で1〜126です。左
側のLANに設定できるホストアドレスは、172.16.0.1〜172.16.0.126であり、

5.6 ネットワークの練習問題の解答・解説　**183**

右側のLANに設定できるホストアドレスは、172.16.1.1～172.16.1.126です。
したがって、IPアドレスが正しく割り当てられているホストは、AとDです。

プライベートIPアドレスとグローバルIPアドレス

練習問題 5.6　　IPアドレスを変換する仕組み（R01 秋 問33）

解答　イ

解説　装置Aの機能は、1個のグローバルIPアドレスを使って、複数の
PCがインターネットを利用できるようにすることなので、プライベートIP
アドレスとグローバルIPアドレスの変換です。単にIPアドレスを変換する
ならNATで、ポート番号も変換するならNAPTですが、選択肢にはNATが
ないので、選択肢イのNAPT（IPマスカレード）が正解です。
問題文の図の中にあるONU（Optical Network Unit）は、光ケーブルに接
続するための装置です。

IPv6

練習問題 5.7　　IPv6の特徴（H26 春 問32）

解答　エ

解説　IPv6のアドレス長は、128ビットなので、選択肢アの「アドレス
長は96ビットである」は誤りです。
IPv6にも、IPv4のプライベートIPアドレスとグローバルIPアドレスに相当
するものがあるので、選択肢イの「全てグローバルアドレスである」は誤
りです。
IPv6は128ビットなので、2^{128}通りのIPアドレスを表せます。IPv4は32ビッ
トなので、2^{32}通りのIPアドレスを表せます。表せるIPアドレスの数が違
うので、選択肢ウの「全てのIPv6アドレスとIPv4アドレスを、1対1に対応
付けることができる」は誤りです。
したがって、残った選択肢エが正解です。IPv6は、128ビットを16ビット
ずつ8つの部分に分け、それぞれの部分をコロンで区切った16進数で表記
します。

chapter 6
セキュリティ

この章では、セキュリティの本質から始めて、大切な情報を脅かす脅威と攻撃手法の種類、それらの対策となる暗号化、ディジタル署名、ファイアウォール、および管理技法などを学習します。

6.0 なぜセキュリティを学ぶのか？
6.1 技術を悪用した攻撃手法
6.2 セキュリティ技術
6.3 セキュリティ対策
6.4 セキュリティ管理
6.5 セキュリティの練習問題
6.6 セキュリティの練習問題の解答・解説

アクセスキー　7（数字のなな）

section 6.0 なぜセキュリティを学ぶのか？

重要度 ★★★　難易度 ★☆☆

ここがポイント！
- セキュリティを学ぶ理由を知りましょう。
- セキュリティの本質は、心配事を避けることです。
- マルウェアの特徴は、名前と対応付けて覚えてください。

セキュリティの本質

かつて、企業の財産は「人」「物」「金」の3つであると言われていましたが、現在では、それらに「情報」も加えられています。データベースに蓄積され、ネットワークで伝達される情報は、企業にとって大事な財産の1つだからです。そのため、情報の「セキュリティ」に関する様々な知識が、試験の出題テーマになっています。

セキュリティの語源は、ラテン語のsecuraであり、seが「避ける」、curaが「心配事」を意味しています。この語源が示すとおり、**心配事を避けることが、セキュリティの本質です**。例題6.1は、電子メールの本文を暗号化することの効果を問う問題ですが、セキュリティの本質を知るための好例になるでしょう。

例題6.1　暗号化の効果（H22 秋 問41）

問41　手順に示す電子メールの送受信によって得られるセキュリティ上の効果はどれか。
〔手順〕
(1)　送信者は，電子メールの本文を共通鍵暗号方式で暗号化し（暗号文），その共通鍵を受信者の公開鍵を用いて公開鍵暗号方式で暗号化する（共通鍵の暗号化データ）。
(2)　送信者は，暗号文と共通鍵の暗号化データを電子メールで送信する。
(3)　受信者は，受信した電子メールから取り出した共通鍵の暗号化データを，自分の秘密鍵を用いて公開鍵暗号方式で復号し，得た共通鍵で暗号文を復号する。

ア　送信者による電子メールの送達確認
イ　送信者のなりすましの検出
ウ　電子メールの本文の改ざんの有無の検出
エ　電子メールの本文の内容の漏えいの防止

　暗号化とは、データの内容を読めなくすることですが、それが暗号化の効果ではありません。**情報漏えい**という心配事があるからこそ、それを避けるために**暗号化**が必要になるのです。したがって、暗号化の効果は「電子メールの本文の内容の漏えいの防止」で、選択肢エが正解です（図6.1）。試験問題では、心配事のことを**脅威**や**リスク**と呼びます。

図6.1　心配事を避けることが、セキュリティの本質である

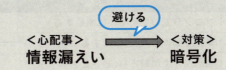

セキュリティの分野が強化されている

　試験には、企業の財産である情報に対する様々な脅威と、その対策に関する問題が出題されます。脅威には、技術的なものと人的なものがあります。対策にも、技術的なものと人的なものがあります。さらに、試験には、セキュリティの管理に関する問題も出題されます。

　基本情報技術者試験では、セキュリティの分野が重視されています。 科目Aでは、セキュリティの問題が他の分野よりも多く出題されます。科目Bは、全体の2割がセキュリティの問題です。したがって、試験に合格するには、セキュリティの分野を、しっかりと学んでおく必要があります。

マルウェア

　技術的な脅威としてすぐに思い浮かぶのは**コンピュータウイルス**でしょう。コンピュータウイルスは、病原菌のウイルスのようにプログラムに感染し、そのプログラムを実行したときに、情報を盗んだり、改ざんしたり、破壊し

たりなど、何らかの悪さをします。プログラムに感染するとは、プログラムのファイルの中に、ウイルスのプログラムが付け加えられることです。

悪さをするプログラムは、コンピュータウイルスだけではありません。**ワーム**、**ボット**（ロボットを語源とした言葉）、**スパイウェア**、**トロイの木馬**、**キーロガー**、**マクロウイルス**、**バックドア**などの種類があります。どれも悪さをしますが、手口に違いがあります。

悪さをするプログラムを総称して**マルウェア**（malware）と呼びます。mal は、「悪」を意味する接頭辞です。主なマルウェアの特徴を表6.1に示します。「バックドアを仕掛けるウイルス」のように、ここに示された複数の特徴を持つマルウェアもあります。

表6.1　主なマルウェアの特徴

種　類	特　徴
コンピュータウイルス	プログラムのファイルに感染する
ワーム	単独で動作し、自己増殖する
ボット	遠隔操作で起動され、悪さをする
スパイウェア	通常のプログラムのふりをして情報を盗む
トロイの木馬	通常のプログラムのふりをして情報を破壊する
キーロガー	キー入力監視ソフトを悪用して情報を盗む
マクロウイルス	オフィスソフトのデータファイルに感染する
バックドア	不正アクセスするための裏口を用意する

「感染するからウイルス」「増殖するからワーム（虫）」のように、特徴と種類を対応付けて覚えましょう

ソーシャルエンジニアリング

人的な脅威には、**ソーシャルエンジニアリング**（social engineering）と呼ばれるものがあります。この言葉は、直訳すると「社会工学」という意味ですが、セキュリティの分野では、人間の心理的な隙や行動のミスにつけ込んで情報を盗む行為のことです。

たとえば、上司を装って部下に電話をかけてパスワードを聞き出したり、銀行のATMで背後からこっそり暗証番号を盗み見たりする行為をソーシャルエンジニアリングと総称します。そのような悪さをする人がいることに注意

して、あらかじめ対策を立てておくことが重要です。例題6.2は、ソーシャルエンジニアリングに関する問題です。

> **例題6.2** ソーシャルエンジニアリングの手口（H26 秋 問36）
>
> 問36　ソーシャルエンジニアリングに分類される手口はどれか。
>
> ア　ウイルス感染で自動作成されたバックドアからシステムに侵入する。
> イ　システム管理者などを装い，利用者に問い合わせてパスワードを取得する。
> ウ　総当たり攻撃ツールを用いてパスワードを解析する。
> エ　バッファオーバフローなどのソフトウェアの脆弱性を利用してシステムに侵入する。

　人間の心理的な隙や行動のミスにつけ込んで情報を盗む行為が、ソーシャルエンジニアリングです。したがって、選択肢イの「システム管理者などを装い、利用者に問い合わせてパスワードを取得する」が正解です。

> この用語わからないな。自分のスマホで検索してみよう。（まずはスマホのロックを解除して・・・）

> ちょっと待った！　スマホのロック解除や、パスワード入力時も、周りに人がいないかどうか、注意する必要があるよ。「ソーシャルエンジニアリング」を防ぐには、セキュリティの意識を持つことが大事ですよ。

> うかつでした。スマホでQRコード決済をしたり、交通費を支払ったりしているので、パスワードを盗み見されたら大変ですよね。

> そうですね。身近なスマートフォンの管理からでも、「基本情報技術者」で学んだことを実践することができますよ。

section 6.1 技術を悪用した攻撃手法

重要度 ★★★　難易度 ★★★☆

ここがポイント！
- 攻撃手法の名前と手口を覚えてください。
- 攻撃手法でどのような被害があるかを知りましょう。
- SQLインジェクション攻撃がよく出題されます。

SQLインジェクション攻撃

　技術を悪用した攻撃手法の種類を紹介しましょう。最初に紹介するのは、**SQLインジェクション攻撃**（injection＝注入する）です。これは、Webアプリケーションの入力欄に、悪意のある部分的なSQL文を入力して、それをDBMSに実行させるものです。

　Webアプリケーションは、あらかじめ用意しておいたSQL文のひな形に、ユーザが入力した項目を付加して、実行可能なSQL文とします。たとえば、「SELECT * FROM 重要な表 WHERE 会員番号 = '」というSQL文のひな形を用意しておき、この後にユーザが入力した会員番号（ABC123だとします）を付加し、末尾を「'」で閉じて、「SELECT * FROM 重要な表 WHERE 会員番号 = 'ABC123'」という実行可能なSQL文にします。

　悪意のある人が、「XYZ789」という適当な会員番号を入力しても、何も表示されませんが、「XYZ789' OR 'A' = 'A」と入力するとどうなるでしょう。「SELECT * FROM 重要な表 WHERE 会員番号 = 'XYZ789' OR 'A' = 'A'」というSQL文になり、「会員番号 = 'XYZ789'」が偽であっても、「'A' = 'A'」が真になるので（'A' = 'A'の部分は、'B' = 'B'や'C' = 'C'など、条件が真になるなら何でも構いません）、それらをORで結び付けた「会員番号 = 'XYZ789' OR 'A' = 'A'」が真となり、「重要な表」から情報が盗まれてしまいます。これが、SQLインジェクション攻撃です（図6.2）。例題6.3は、SQLインジェクション攻撃に関する問題です。

| 図6.2 | SQLインジェクション攻撃の手口 |

Webアプリケーションが用意しているSQL文のひな形

SELECT * FROM 重要な表 WHERE 会員番号 = '   '

悪意のある部分的なSQL文　　　　　　　　　　　　注入

XYZ789' OR 'A' = 'A

| 例題6.3 | SQLインジェクション攻撃の手口（H29 秋 問39） |

問39　SQLインジェクション攻撃の説明はどれか。

ア　Webアプリケーションに問題があるとき，悪意のある問合せや操作を行う命令文をWebサイトに入力して，データベースのデータを不正に取得したり改ざんしたりする攻撃

イ　悪意のあるスクリプトを埋め込んだWebページを訪問者に閲覧させて，別のWebサイトで，その訪問者が意図しない操作を行わせる攻撃

ウ　市販されているDBMSの脆弱性を悪用することによって，宿主となるデータベースサーバを探して感染を繰り返し，インターネットのトラフィックを急増させる攻撃

エ　訪問者の入力データをそのまま画面に表示するWebサイトを悪用して，悪意のあるスクリプトを訪問者のWebブラウザで実行させる攻撃

　どの選択肢にも、SQL文という言葉はありません。SQL文という言葉を使った説明にすると、容易に答えがわかってしまうからでしょう。「悪意のある問合せや操作を行う命令文をWebサイトに入力して」という説明をしている選択肢アが正解です。選択肢エは、**クロスサイトスクリプティング**（cross site scripting）の説明です。よく知られた攻撃手法なので、名前を覚えておきましょう。

DNSキャッシュポイズニング

　インターネットには、膨大な数のDNSサーバがあり、もしも1つのDNSサーバでドメイン名に対応するIPアドレスが得られない場合は、そのDNS

6.1 技術を悪用した攻撃手法　**191**

サーバが他のDNSサーバに問い合せを行います。その際に、何度も同じ問い合せをするのは無駄なので、一度問い合わせた結果は、DNSサーバの中にキャッシュ（貯蔵）されるようになっています。

DNSサーバのキャッシュの内容を書き換えるという攻撃をして、悪意のあるWebサイトに誘導することを**DNSキャッシュポイズニング**（**cache poisoning**）と呼びます。たとえば図6.3のように、あるDNSサーバが、www.shoeisha.co.jpというドメイン名に対応するIPアドレスの114.31.94.139をキャッシュしているとき（①）、このIPアドレスを悪意のあるWebサイトのものに書き換えるのです（②）。この状態で、クライアントのWebブラウザにwww.shoeisha.co.jpを入力すると（③）、悪意のあるWebサイトが表示されてしまいます（④）。例題6.4は、DNSキャッシュポイズニングに関する問題です。

図6.3　DNSキャッシュポイズニングの手口

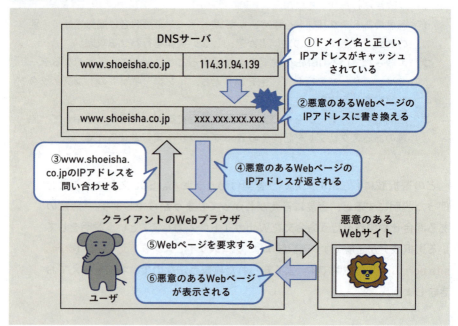

例題6.4 DNSキャッシュポイズニングの攻撃内容（H29秋 問37）

問37 DNSキャッシュポイズニングに分類される攻撃内容はどれか。

ア DNSサーバのソフトウェアのバージョン情報を入手して，DNSサーバのセキュリティホールを特定する。

イ PCが参照するDNSサーバに偽のドメイン情報を注入して，利用者を偽装されたサーバに誘導する。

ウ 攻撃対象のサービスを妨害するために，攻撃者がDNSサーバを踏み台に利用して再帰的な問合せを大量に行う。

エ 内部情報を入手するために，DNSサーバが保存するゾーン情報をまとめて転送させる。

　DNSキャッシュポイズニングは、DNSサーバにキャッシュされているドメイン名とIPアドレスの対応を書き換えることなので、「DNSサーバに偽のドメイン情報を注入して」とある選択肢イが正解です。

　選択肢ウは、**DoS攻撃**（**どすこうげき**）の説明です。これも、よく知られた攻撃手法なので、名前を覚えておきましょう。DoSは、Denial of Service（サービスの拒否）の略語です。サーバに大量の問い合せを行い、サービスを停止させる攻撃です。

フィッシング

　フィッシング（**phishing**）は、造語であり、「魚釣り」という意味のfishingと「洗練された」という意味のsophisticatedを組み合わせたものだと言われます（他の説もあります）。フィッシングの手口は、例題6.5に示されています。この例題の正解は、当然ですが選択肢イのフィッシングです。

第6章 セキュリティ

6.1 技術を悪用した攻撃手法　193

例題6.5　偽のWebサイトへ誘導する攻撃（H25春 問38）

問38　手順に示すセキュリティ攻撃はどれか。

〔手順〕
(1) 攻撃者が金融機関の偽のWebサイトを用意する。
(2) 金融機関の社員を装って，偽のWebサイトへ誘導するURLを本文中に含めた電子メールを送信する。
(3) 電子メールの受信者が，その電子メールを信用して本文中のURLをクリックすると，偽のWebサイトに誘導される。
(4) 偽のWebサイトと気付かずに認証情報を入力すると，その情報が攻撃者に渡る。

ア　DDoS攻撃　　　　イ　フィッシング
ウ　ボット　　　　　エ　メールヘッダインジェクション

　フィッシングでは、本物そっくりのWebページを作っておき、「IDとパスワードをご確認ください！」といった内容のメールを送り、ユーザからIDとパスワードを盗み出します。

　選択肢アのDDoS攻撃（でぃーどすこうげき）は、先ほど説明したDOS攻撃の一種です。先頭のDは、Distributed（分散型）という意味であり、多数のコンピュータで1台のサーバを攻撃します。

「でぃーどすこうげき」・・・強そうな響き。

「DDoS攻撃」ですね。膨大な数のコンピュータで大量の問合わせを同時に送り、1台のサーバを攻撃する手法です。ある時点で攻撃元のコンピュータをブロックしても、次から次へと別のコンピュータから攻撃されるので、対策が困難な「強い」攻撃だと言えます。

section 6.2 セキュリティ技術

重要度 ★★★　難易度 ★★★☆

ここがポイント！
- 共通鍵暗号方式と公開鍵暗号方式の違いを知りましょう。
- 公開鍵暗号方式の鍵の使い方がよく出題されます。
- ディジタル署名の鍵の使い方もよく出題されます。

暗号化

　様々な脅威から情報を守るセキュリティ技術を紹介しましょう。最初に紹介するのは、**暗号化**です。この章の冒頭で説明したように、暗号化の目的は、「情報漏えい」という脅威を防ぐことです。ネットワークで伝達されるデータは、その通信経路上で物理的に盗まれてしまうことを防げません。ただし、盗まれたデータが暗号化されていれば、内容を読めないので、情報漏えいしたことになりません。

　暗号化する前のデータを**平文**（ひらぶん）と呼び、暗号化されたデータを**暗号文**と呼びます。暗号文を平文に戻すことを**復号**と呼びます。暗号化と復号で使われる数値を**鍵**と呼びます。図6.4にシンプルな暗号化と復号の例を示します。ここでは、鍵の値だけ文字をずらして暗号化しています。逆方向に文字をずらせば、復号できます。

図6.4　シンプルな暗号化と復号の例

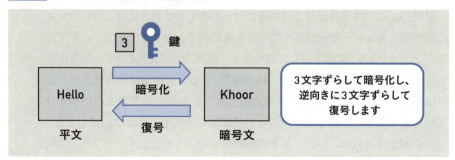

鍵の使い方によって、**共通鍵暗号方式**と**公開鍵暗号方式**があります。共通鍵暗号方式では、1つの**共通鍵**を用意して、同じ鍵で暗号化と復号を行います。公開鍵暗号方式では、2つの鍵のペアを用意して、一方を暗号化の**公開鍵**、もう一方を復号の**秘密鍵**とします（図6.5）。

図6.5 2つの暗号化方式

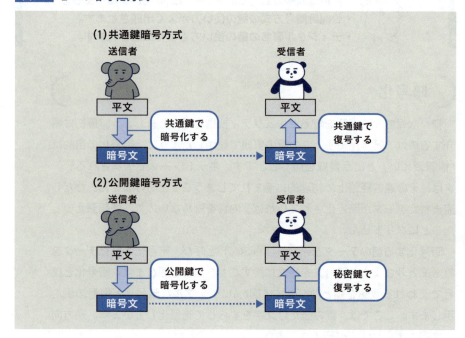

共通鍵暗号方式の仕組み

歴史的には、**共通鍵暗号方式**が先に作られました。たとえば、古代ローマの政治家であるシーザーが使っていたと言われる**シーザー暗号**では、平文のアルファベットを3文字ずらして暗号化し、暗号文を逆に3文字ずらして復号していました。シーザー暗号は、共通鍵を3とした共通鍵暗号方式です。これは先ほど図6.4に示した方式です。もしも、共通鍵の値を変えたい場合は、手紙を運ぶ使者に依頼して、受取人に口頭で伝えてもらえばよいでしょう。

共通鍵暗号方式は、シンプルで効率的ですが、そのままネットワークで使うことはできません。なぜなら、ネットワークには、口頭で鍵の値を知らせる使者がいないからです。

もしも、暗号文と鍵をネットワークで送ったら、それらが一緒に盗まれて、暗号文を復号されてしまいます。

公開鍵暗号方式の仕組み

　近代になって考案された**公開鍵暗号方式**では、鍵をネットワークで送ることができます。顧客がWebショップで買い物をする場合を例にして、公開鍵暗号方式の手順を説明しましょう。顧客が、送付先やクレジットカード番号などの情報を暗号化して、Webショップに送るとします（図6.6）。

【手順1】　データの受信者であるWebショップが、鍵のペアを作ります。この鍵のペアは、異なる値であり、一方で暗号化すると他方で復号できるという性質があります。たとえば、鍵のペアが3と7なら（実際には、もっと桁数が多い値を使います）、3で暗号化すれば7で復号でき、7で暗号化すれば3で復号できます。

【手順2】　Webショップが、一方の鍵を、データの送信者である顧客にネットワークで送ります。ネットワークで送るので、公開しているのも同然です。そのため公開鍵と呼ぶのです。もう一方の鍵は、Webショップだけが知る秘密の値として保持します。そのため秘密鍵と呼ぶのです。

【手順3】　顧客は、Webページに入力した情報を、公開鍵で暗号化して、Webショップにネットワークで送ります。ネットワークで伝送される公開鍵と暗号文は、途中で盗まれる恐れがありますが、秘密鍵を知っているのはWebショップだけなので、暗号文が復号されることはありません。

【手順4】　暗号文を受け取ったWebショップは、秘密鍵を使って暗号文を復号し、顧客がWebページに入力した情報を読み、商品の販売に関する処理を行います。

6.2 セキュリティ技術　**197**

図6.6 公開鍵暗号方式の手順

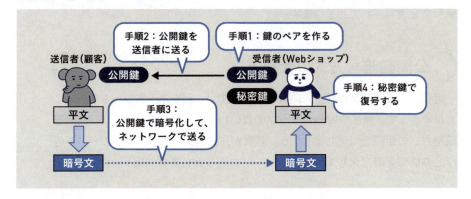

公開鍵暗号方式では、2つの鍵のペアを使います。送信者と受信者のどちらが鍵のペアを作り、公開鍵と秘密鍵のどちらを使って暗号化と復号を行うかをしっかり覚えてください。例題6.6は、公開鍵暗号方式で使う鍵に関する問題です。

例題6.6 公開鍵暗号方式で使う鍵（H27 秋 問38）

問38 Xさんは、Yさんにインターネットを使って電子メールを送ろうとしている。電子メールの内容を秘密にする必要があるので、公開鍵暗号方式を使って暗号化して送信したい。そのときに使用する鍵はどれか。

ア　Xさんの公開鍵　　　　イ　Xさんの秘密鍵
ウ　Yさんの公開鍵　　　　エ　Yさんの秘密鍵

データの受信者が、鍵のペアを作ります。 この例題では、XさんがYさんに電子メールを送るので、Yさんが受信者です。したがって、Yさんが鍵のペアを作ります。Yさんが作ったので、これらは「Yさんの公開鍵」と「Yさんの秘密鍵」です。Yさんは、「Yさんの公開鍵」を送信者のXさんに送ります。Xさんは、「Yさんの公開鍵」を使って電子メールの内容を暗号化します。したがって、正解は選択肢ウです。

ハイブリッド暗号

何事にも言えることですが、同じ目的のために複数の技法がある場合には、それぞれに長所と短所があります。共通鍵暗号方式には、鍵をネットワークで送れないという短所がありますが、処理が速いという長所があります。公開鍵暗号方式には、鍵をネットワークで送れるという長所がありますが、処理が遅いという短所があります。

2つの暗号方式の長所と短所

共通鍵暗号方式：鍵をネットワークで送れない（短所）が、処理が速い（長所）
公開鍵暗号方式：鍵をネットワークで送れる（長所）が、処理が遅い（短所）

インターネットでは、多くの場面で、共通鍵暗号方式と公開鍵暗号方式それぞれの長所を組み合わせた技法が使われていて、**ハイブリッド暗号**と呼びます。ハイブリッド（hybrid）とは、「合成された」という意味です。

たとえば、Webページを閲覧したときに、Webブラウザのアドレス欄がhttp://ではなく、https://となっているWebページを見たことがあるでしょう。このhttps://は、**HTTP Secure**（セキュリティのかかったHTTP）という意味です。これは、**SSL/TLS**（**Secure Sockets Layer/Transport Layer Security**）というハイブリッド暗号のプロトコルの上でHTTPを使うものです。

この章の冒頭で紹介した例題6.1に、メールにおけるハイブリッド暗号の手順の例が示されています。手順の部分だけを、図6.7に示します。基本的に、処理の速い共通鍵暗号方式を使いますが、共通鍵はネットワークで送れません。そこで、共通鍵を暗号化して送るために、処理の遅い公開鍵暗号方式を使うのです。

図6.7 ハイブリッド暗号の手順の例

(1) 送信者は，電子メールの本文を共通鍵暗号方式で暗号化し（暗号文），その共通鍵を受信者の公開鍵を用いて公開鍵暗号方式で暗号化する（共通鍵の暗号化データ）。
(2) 送信者は，暗号文と共通鍵の暗号化データを電子メールで送信する。
(3) 受信者は，受信した電子メールから取り出した共通鍵の暗号化データを，自分の秘密鍵を用いて公開暗号方式で復号し，得た共通鍵で暗号文を復号する。

6.2 セキュリティ技術 **199**

ディジタル署名

　ディジタル署名は、「なりすまし」および「改ざん」という脅威の対策となる技術です。ディジタル署名の仕組みは、公開鍵暗号方式を応用して実現されています。

　AさんがBさんに契約書を送る場合を例にして、ディジタル署名の手順を説明しましょう。契約書にディジタル署名を添付することで、送信者がAさん本人であることと、契約書の内容に改ざんがないことを示せます。ここでは、契約書の内容は、暗号化しません（図6.8）。

【手順1】契約書の送信者であるAさんが、鍵のペアを作り、一方を公開鍵として、あらかじめネットワークで受信者のBさんに送っておきます。もう一方は、Aさんだけが知る秘密鍵とします。

【手順2】送信者のAさんは、契約書を構成するすべての文字の文字コードを使って、その契約書に固有の値を求めます。これを**ハッシュ値**（hash）や**メッセージダイジェスト**（message digest）と呼びます。ハッシュ値は、改ざんを検出する手段になります。もしも契約書の内容が改ざんされると、ハッシュ値の値が変わってしまうからです。ハッシュ値を求める方法は、秘密ではないので、受信者のBさんも知っています。

【手順3】送信者のAさんは、手順2で求めたハッシュ値を、自分しか知らない秘密鍵で暗号化します。これが、ディジタル署名になります。Aさんは、契約書の本文とディジタル署名を、ネットワークでBさんに送ります。

【手順4】受信者のBさんは、受け取った契約書の本文から、ハッシュ値を求めます。仮に、123456になったとしましょう。さらに、ディジタル署名（暗号化したハッシュ値）を、Aさんの公開鍵で復号します。仮に、これも123456になったとしましょう。両者が一致したので、Aさんが送ったものであること（なりすましがないこと）と、改ざんがないことが確認できました。なぜなら、ディジタル署名をAさん

の公開鍵で復号できたのは、Aさんしか知らない秘密鍵で暗号化されているからです。契約書の本文から求めたハッシュ値と、Aさんが暗号化して送ってきたハッシュ値が一致したのは、契約書の内容に改ざんがないからです。

図6.8 ディジタル署名の手順

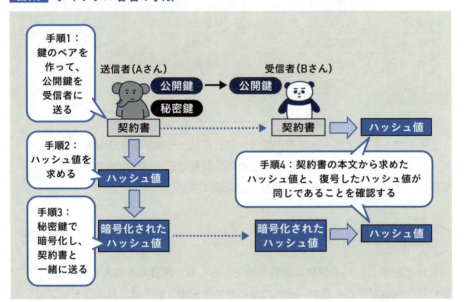

ディジタル署名でも、2つの鍵のペアを使いますが、送信者と受信者のどちらが鍵のペアを作り、公開鍵と秘密鍵のどちらを使って暗号化と復号を行うかが、公開鍵暗号方式と逆になるので、混乱しないように注意してください。例題6.7は、ディジタル署名で使う鍵に関する問題です。

| 例題6.7 | ディジタル署名に用いる鍵（H22 秋 問39） |

問39 ディジタル署名に用いる鍵の種別に関する組合せのうち，適切なものはどれか。

	ディジタル署名の 作成に用いる鍵	ディジタル署名の 検証に用いる鍵
ア	共通鍵	秘密鍵
イ	公開鍵	秘密鍵
ウ	秘密鍵	共通鍵
エ	秘密鍵	公開鍵

　ディジタル署名では、送信者が鍵のペアを作り、送信者が自分の秘密鍵でディジタル署名を作り、受信者が送信者の公開鍵でディジタル署名を復号して検証します。したがって、選択肢エが正解です。

認証局の役割

　先ほど説明したディジタル署名の例で、もしも、悪意のある人によって、契約書の内容が改ざんされ、それに合わせて秘密鍵、公開鍵、およびディジタル署名が作り直されたら、どうなるでしょう。契約書とディジタル署名の受信者は、なりすましと改ざんを検出できません。

　このような脅威を防ぐために、実際のディジタル署名では、信頼できる認証局（CA：Certificate Authority）が発行するディジタル証明書（公開鍵証明書とも呼ぶ）を添付しています。これは、実印を押した紙の契約書を提出するときに、信頼できる役所が発行する印鑑証明書を添付することに似ています。実印がディジタル署名に相当し、役所が認証局に相当します。ディジタル署名を使いたい企業は、認証局に依頼して、ディジタル証明書を発行してもらいます。

　認証局には、ディジタル証明書を発行すること以外にも、重要な役割があります。それは、**企業から無効化の依頼を受けたディジタル証明書や、有効期限の過ぎたディジタル証明書を、失効させることです。**一度発行したディジタル証明書は、永久に有効というわけにはいかないからです。認証局は、

202

失効したディジタル証明書のリストを公開します。例題6.8は、認証局の役割に関する問題です。

> **例題6.8** 認証局の役割（H26 春 問37）
>
> **問37** PKI（公開鍵基盤）の認証局が果たす役割はどれか。
>
> ア　共通鍵を生成する。
> イ　公開鍵を利用しデータの暗号化を行う。
> ウ　失効したディジタル証明書の一覧を発行する。
> エ　データが改ざんされていないことを検証する。

　PKI（**Public Key Infrastructure**、**公開鍵基盤**）は、公開鍵暗号方式を用いた技術全般を指す言葉です。PKIの認証局とは、ディジタル署名のためのディジタル証明書の発行と失効を行う機関です。したがって、正解は、選択肢ウです。

認証局（CA）の役割
・ディジタル証明書を発行する
・失効したディジタル証明書の一覧を発行する

ディジタル証明書の内容

ディジタル証明書は、公開鍵、公開鍵のアルゴリズム、公開鍵の所有者（証明を受ける人）の情報、証明書の発行者（認証局）の情報、発行日、および有効期限などから構成されていて、公開鍵が所有者のものであることを認証局が証明します。このことから、ディジタル証明書を「公開鍵証明書」とも呼びます。

section 6.3 セキュリティ対策

重要度 ★★★　難易度 ★★★

ここがポイント！
- ファイアウォールの役割がよく出題されます。
- WAFの役割もよく出題されます。
- DMZの役割とそこに配置するサーバもよく出題されます。

ウイルス対策ソフト

セキュリティ対策の種類を紹介しましょう。最初に紹介するのは、**ウイルス対策ソフト**です。これは、ウイルスの検出と除去を行うソフトウェアのことです。ただし、ウイルスに限らず、ワームやスパイウェアなどのマルウェア全般を対象としています。

ウイルス対策ソフトがウイルスの検出を行う方法には、**チェックサム法**（check sum＝チェック用の合計値）、**コンペア法**（compare＝比較）、**パターンマッチング法**（pattern matching＝パターンの一致）、**ヒューリスティック法**（heuristic＝発見）、**ビヘイビア法**（behavior＝振る舞い）などがあります。それぞれの特徴を、表6.2に示します。

表6.2　ウイルス対策ソフトがウイルスの検出を行う方法

名称	検出方法
チェックサム法	ファイルのチェックサムが合わなければ、感染していると判断する
コンペア法	ウイルスが感染していない原本と比較して、異なっていれば、感染していると判断する
パターンマッチング法	既知のウイルスの特徴を記録しておき、プログラムの中に一致する部分があれば、感染していると判断する
ヒューリスティック法	ウイルスが行うであろう動作を決めておき、プログラムの中に一致する動作があれば、感染していると判断する
ビヘイビア法	プログラムの動作を監視し、通信量やエラーの急激な増加などの異常があれば、感染していると判断する

名称の英語の意味と検出方法を対応付けて覚えましょう

ウイルスに感染すると、ファイルの内容が変わるので、改ざんされたことになります。**チェックサム**は、ファイルを構成するデータをすべて足し合わせた値で、ハッシュ値と同様に改ざんを検出できます。例題6.9は、ウイルスの検出方法に関する問題です。

例題6.9　ウイルスの検出方法（H26 秋 問42）

問42　ウイルス対策ソフトのパターンマッチング方式を説明したものはどれか。

ア　感染前のファイルと感染後のファイルを比較し，ファイルに変更が加わったかどうかを調べてウイルスを検出する。
イ　既知ウイルスのシグネチャと比較して，ウイルスを検出する。
ウ　システム内でのウイルスに起因する異常現象を監視することによって，ウイルスを検出する。
エ　ファイルのチェックサムと照合して、ウイルスを検出する。

　パターンマッチング法では、既知のウイルスの特徴と比較してウイルスを検出します。したがって、正解は選択肢イです。**シグネチャ**（signature）とは、「特徴」という意味です。既知のウイルスの特徴を記録したファイルを**パターンファイル**、**ウイルス定義ファイル**、**シグネチャファイル**などと呼びます。

ファイアウォール

　ファイアウォール（fire wall）は、直訳すると「防火壁」という意味です。コンピュータのファイアウォールは、社内LANの外部から内部に入ってくるパケットと、社内LANの内部から外部に出ていくパケットをチェックして、許可されていないパケットの通過を禁止します。不正なパケットを火災に見立て、その通過を禁止するのです。

　社内LANとインターネットをつなぐルータの中には、ファイアウォールの機能を持つものがあり、データの宛先と差出人のIPアドレスとポート番号を見て、パケットの通過の禁止と許可を判断します。これを**パケットフィルタリング型ファイアウォール**と呼びます（図6.9）。

第6章 セキュリティ

6.3 セキュリティ対策　**205**

図6.9 パケットフィルタリング型ファイアウォール

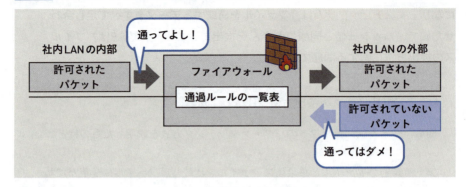

　例題6.10は、パケットフィルタリング型ファイアウォールに関する問題です。パケット通過のルールが、一覧表に示されています。

例題6.10　ファイアウォールのパケット通過ルール（H27秋 問44）

問44　パケットフィルタリング型ファイアウォールがルール一覧に基づいてパケットを制御する場合，パケットAに適用されるルールとそのときの動作はどれか。ここで，ファイアウォールでは，ルール一覧に示す番号の1から順にルールを適用し，一つのルールが適合したときには残りのルールは適用しない。

〔ルール一覧〕

番号	送信元アドレス	宛先アドレス	プロトコル	送信元ポート番号	宛先ポート番号	動作
1	10.1.2.3	＊	＊	＊	＊	通過禁止
2	＊	10.2.3.＊	TCP	＊	25	通過許可
3	＊	10.1.＊	TCP	＊	25	通過許可
4	＊	＊	＊	＊	＊	通過禁止

注記　＊は任意のものに適合するパターンを表す。

〔パケットA〕

送信元アドレス	宛先アドレス	プロトコル	送信元ポート番号	宛先ポート番号
10.1.2.3	10.2.3.4	TCP	2100	25

ア 番号1によって，通過を禁止する。

イ 番号2によって，通過を許可する。

ウ 番号3によって，通過を許可する。

エ 番号4によって，通過を禁止する。

パケットAは、一覧表の番号1、番号2、番号4に一致します。ただし、問題文に「番号1から順にルールを適用し、一つのルールが適用されたときには残りのルールは提供しない」とあるので、1番が適用されて、パケットの通過が禁止されます。したがって、選択肢アが正解です。

DMZ

ファイアウォールの機能を持つルータで、社内のネットワークを2つの部分に分けて、一方にはインターネットに公開するWebサーバやメールサーバを配置し、もう一方にはインターネットに公開しないデータベースサーバやクライアントを配置することがあります。

このようなネットワーク構成で、インターネットに公開するサーバを置いた部分を **DMZ**（**De-Militarized Zone** ＝非武装地帯）と呼びます。危険なインターネットと接していることを、紛争状態の国境に設けられた非武装地帯に例えているのです。例題6.11は、DMZを持つネットワークにおけるサーバの配置に関する問題です。

例題6.11 **DMZを持つネットワークのサーバの配置**（R01秋 問42）

問42 1台のファイアウォールによって，外部セグメント，DMZ，内部セグメントの三つのセグメントに分割されたネットワークがあり，このネットワークにおいて，Webサーバと，重要なデータをもつデータベースサーバから成るシステムを使って，利用者向けのWebサービスをインターネットに公開する。インターネットからの不正アクセスから重要なデータを保護するためのサーバの設置方法のうち，最も適切なものはどれか。ここで，Webサーバでは，データベースサーバのフロントエンド処理を行い，ファイアウォールでは，外部セグメントとDMZとの間，及びDMZと内部セグメントとの間の通信は特定のプロトコルだけを許可し，外部セグメントと内部セグメントとの間の直接の通信は許可しないものとする。

6.3 セキュリティ対策　**207**

ア WebサーバとデータベースサーバをDMZに設置する。
イ Webサーバとデータベースサーバを内部セグメントに設置する。
ウ WebサーバをDMZに，データベースサーバを内部セグメントに設置する。
エ Webサーバを外部セグメントに，データベースサーバをDMZに設置する。

　1台のファイアウォールによって、外部セグメント（インターネットのこと）、DMZ、内部セグメントに分割されたネットワークを図示すると、図6.10のようになります。外部セグメントにいる利用者は、Webサーバにアクセスして、データを要求します。Webサーバは、DBサーバにアクセスして、データを取得し、それを利用者に返します。

　利用者の要求を受け付けるWebサーバは、利用者がアクセスできるDMZに配置しなければなりません。重要なデータを保護するために、DBサーバは内部セグメントに配置しなければなりません。したがって、正解は選択肢ウです。

図6.10 ファイアウォールで分割されたネットワーク

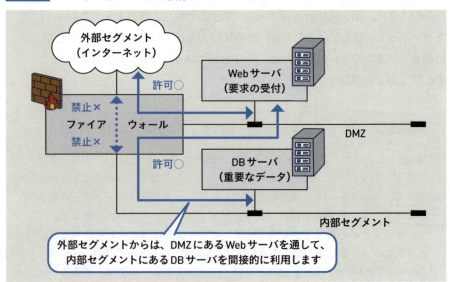

WAF

　ファイアウォールによって防げるのは、基本的に不正アクセスだけです。したがって、たとえばインターネットからDMZのWebサーバへのアクセスを許可しているなら、Webサーバで動作しているWebアプリケーションにSQLインジェクション攻撃やクロスサイトスクリプティングなどの攻撃が仕掛けられてしまう恐れがあります。

　これらの攻撃の対策をWebアプリケーションごとに用意するのは、とても時間がかかる作業です。この場合には、WAF（Web Application Firewall：ワフ）を使うと便利です。例題6.12は、WAFの利用目的に関する問題です。

例題6.12　WAFを利用する目的（H26秋 問41）

問41　WAF（Web Application Firewall）を利用する目的はどれか。

ア　Webサーバ及びWebアプリケーションに起因する脆弱性への攻撃を遮断する。

イ　Webサーバ内でワームの侵入を検知し，ワームの自動駆除を行う。

ウ　Webサーバのコンテンツ開発の結合テスト時にWebアプリケーションの脆弱性や不整合を検知する。

エ　Webサーバのセキュリティホールを発見し，OSのセキュリティパッチを適用する。

　WAFは、Webアプリケーションに仕掛けられる様々な攻撃をブロックします。したがって、選択肢アが正解です。通常のファイアウォールは、許可されていないパケットの通過を防ぐ防火壁になりますが、WAFは攻撃を遮断する防火壁になるのです（図6.11）。

6.3 セキュリティ対策　**209**

図6.11 Webアプリケーションへの攻撃をブロックするWAF

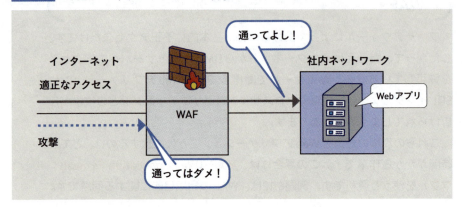

脆弱性と修正パッチ

　OSやアプリケーションに、プログラムの不具合や設計上のミスが原因となって発生したセキュリティ上の欠陥があることを**脆弱性**や**セキュリティホール**（security hole＝セキュリティの穴）と呼びます。このような部分を修正するプログラムを**修正パッチ**と呼びます。パッチ（patch）とは、穴をふさぐ「継ぎ当て」のことです。修正パッチを適用することも、マルウェア対策になります。例題6.13は、マルウェア対策に関する問題です。

例題6.13 マルウェア対策として適切なもの（H25 秋 問42）

問42　クライアントPCで行うマルウェア対策のうち，適切なものはどれか。

ア　PCにおけるウイルスの定期的な手動検査では，ウイルス対策ソフトの定義ファイルを最新化した日時以降に作成したファイルだけを対象にしてスキャンする。
イ　ウイルスがPCの脆弱性を突いて感染しないように，OS及びアプリケーションの修正パッチを適切に適用する。
ウ　電子メールに添付されたウイルスに感染しないように，使用しないTCPポート宛ての通信を禁止する。
エ　ワームが侵入しないように，クライアントPCに動的グローバルIPアドレスを付与する。

コンピュータウイルスは、PCの脆弱性を突いて感染するので、メーカーが提供するOSやアプリケーションの修正パッチを適切に適用すべきです。したがって、選択肢イが正解です。

　ウイルス対策ソフトを使う場合、ウイルス定義ファイルを最新化した日時以降に作成したファイルだけでなく、すべてのファイルをスキャンすべきなので、選択肢アは適切ではありません。

　ファイアウォールは、マルウェアの対策ではなく、不正アクセスの対策です。選択肢ウは適切ではありません。

　動的グローバルIP（固定的でなく、ホストの起動時に毎回設定されるグローバルIP）は、ワームの侵入とは無関係なので、選択肢エは適切ではありません。

> コンピュータに悪さをする方法も、セキュリティを守る方法も、たくさんあるんですね。

6.3 セキュリティ対策

section 6.4 セキュリティ管理

重要度 ★★★　難易度 ★★★

ここがポイント！
- 技術だけでなくセキュリティの管理にも注目しましょう。
- 機密性、完全性、可用性は、管理における観点です。
- リスクファイナンスではリスク移転がよく出題されます。

セキュリティの三大要素

　セキュリティ管理で注意すべきポイントを紹介しましょう。最初に紹介するのは、**セキュリティの三大要素**と呼ばれる**機密性**（confidentiality）、**完全性**（integrity）、**可用性**（availability）です。情報セキュリティとは、これら3つを維持することだといえます。例題6.14は、セキュリティの三大要素に関する問題です。

例題6.14　セキュリティの三大要素（H28 秋 問37）

問37　情報の"完全性"を脅かす攻撃はどれか。

ア　Webページの改ざん
イ　システム内に保管されているデータの不正コピー
ウ　システムを過負荷状態にするDoS攻撃
エ　通信内容の盗聴

　「完全」という言葉を聞くと、「パーフェクト（perfect）」をイメージしてしまうかもしれませんが、完全性は「パーフェクト」という意味ではありません。「欠けていない」「もとの状態のままである」という意味です。したがって、選択肢アの「Webページの改ざん」が完全性を脅かす攻撃であり、正解です。

　機密性は、情報を盗まれないという意味です。選択肢イの「システム内に保管されているデータの不正コピー」と選択肢エの「通信内容の盗聴」は、

機密性を脅かす攻撃です。

可用性は、情報を利用するサービスが停止しないという意味です。選択肢ウの「システムを過負荷状態にする DoS 攻撃」は、可用性を脅かす攻撃です。

セキュリティの三大要素

機密性：情報が盗まれないこと
完全性：情報が改ざんされていないこと
可用性：情報サービスが停止しないこと

リスクアセスメント

例題6.15は、**リスクアセスメント**に関する問題です。このような問題は、英語の用語の意味がわかれば正解を選べます。

例題6.15 リスクアセスメント（H26 秋 問39）

問39 リスクアセスメントに関する記述のうち，適切なものはどれか。

ア 以前に洗い出された全てのリスクへの対応が完了する前に，リスクアセスメントを実施することは避ける。

イ 将来の損失を防ぐことがリスクアセスメントの目的なので，過去のリスクアセスメントで利用されたデータを参照することは避ける。

ウ 損失額と発生確率の予測に基づくリスクの大きさに従うなどの方法で，対応の優先順位を付ける。

エ リスクアセスメントはリスクが顕在化してから実施し，損失額に応じて対応の予算を決定する。

「リスク（risk）」は「危険」という意味で、「アセスメント（assessment）」は「評価」という意味です。「評価」をするのですから、数値で表せる評価基準が必要です。選択肢ウの「損失額」と「発生確率」は、数値で表せる評価基準になります。したがって、選択肢ウが正解です。

リスクアセスメントの目的は、リスクの大きさを事前に評価し、もしもリスクが許容できないものであるなら、事前に対策を立てることです。リスクが顕在化してから、たとえば重要な情報が盗まれた後で、リスクを評価しても意味がありません。したがって、「損失額」という数値で表せる評価基準

6.4 セキュリティ管理　**213**

が示されていても、選択肢エは適切ではありません。

　「事前に数値で評価する」という考え方は、マネジメント系やストラテジ系の問題を解く際にも、とても重要です。 事前に数値で評価することで管理し（マネジメント）、事前に数値で評価することで戦略（ストラテジ）を立てるのです。

リスクファイナンス

　リスクによる損失に備える資金的な対策を**リスクファイナンス**（risk finance）と呼びます。リスクファイナンスには、**リスク保有**と**リスク移転**があります。例題6.16は、「リスク移転」に関する問題です。リスクを移転するとはどういうことか、選択肢を見て考えてください。

例題6.16　リスク移転に該当するもの（H22 秋 問43）

問43　リスク移転に該当するものはどれか。

ア　損失の発生率を低下させること
イ　保険に加入するなどで他者と損失の負担を分担すること
ウ　リスクの原因を除去すること
エ　リスクを扱いやすい単位に分解するか集約すること

　リスク保有は、企業が損失を自己負担することです。リスク移転は、保険をかけ、損失を保険会社に負担してもらうことです。したがって、選択肢イが正解です。損失をすべて保険会社が負担するのではなく、企業も保険金を負担するので、「他者と損失の負担を分担する」という説明になっています。

section 6.5 セキュリティの練習問題

セキュリティの本質

練習問題 6.1　情報漏えい対策に該当するもの（H26 秋 問38）

問38 情報漏えい対策に該当するものはどれか。

ア 送信するデータにチェックサムを付加する。

イ データが保存されるハードディスクをミラーリングする。

ウ データのバックアップ媒体のコピーを遠隔地に保管する。

エ ノート型PCのハードディスクの内容を暗号化する。

> もしも、ファイルが盗まれても、情報漏えいを防ぐ対策があります！

SQLインジェクション攻撃

練習問題 6.2　SQLインジェクション攻撃を防ぐ方法（H30 春 問41）

問41 SQLインジェクション攻撃による被害を防ぐ方法はどれか。

ア 入力された文字が，データベースへの問合せや操作において，特別な意味をもつ文字として解釈されないようにする。

イ 入力にHTMLタグが含まれていたら，HTMLタグとして解釈されない他の文字列に置き換える。

ウ 入力に，上位ディレクトリを指定する文字列（../）が含まれているときは受け付けない。

エ 入力の全体の長さが制限を超えているときは受け付けない。

> SQLインジェクション攻撃の手口から、それを防ぐ方法を考えてください！

ディジタル署名

練習問題 6.3　ディジタル署名の検証で確認できること（H22春 問40）

問40 ディジタル署名付きのメッセージをメールで受信した。受信したメッセージのディジタル署名を検証することによって，確認できることはどれか。

ア　メールが、不正中継されていないこと
イ　メールが、漏えいしていないこと
ウ　メッセージが、改ざんされていないこと
エ　メッセージが、特定の日時に再送信されていないこと

> ディジタル署名の検証で確認できることは2つありますが、そのうちの1つが選択肢にあります！

公開鍵暗号方式の仕組み

練習問題 6.4　公開鍵暗号方式の暗号化で用いる鍵（H27春 問40）

問40 公開鍵暗号方式を用いて，図のようにAさんからBさんへ，他人に秘密にしておきたい文章を送るとき，暗号化に用いる鍵Kとして，適切なものはどれか。

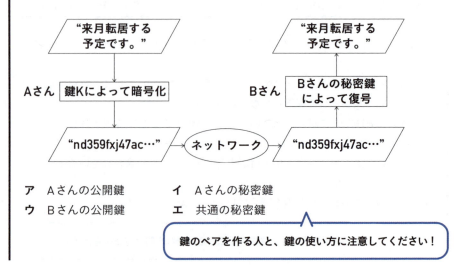

ア　Aさんの公開鍵
イ　Aさんの秘密鍵
ウ　Bさんの公開鍵
エ　共通の秘密鍵

> 鍵のペアを作る人と、鍵の使い方に注意してください！

ハイブリッド暗号

練習問題 6.5　HTTPS（HTTP over SSL/TLS）の機能（H26 秋 問43）

問43 HTTPS（HTTP over SSL/TLS）の機能を用いて実現できるものはどれか。

ア SQLインジェクションによるWebサーバへの攻撃を防ぐ。
イ TCPポート80番と443番以外の通信を遮断する。
ウ Webサーバとブラウザの間の通信を暗号化する。
エ Webサーバへの不正なアクセスをネットワーク層でのパケットフィルタリングによって制限する。

> Webブラウザのアドレス欄が、https:// で始まっているときの機能です！

ファイアウォール

練習問題 6.6　ファイアウォールのルール（H29 春 問42）

問42 社内ネットワークとインターネットの接続点にパケットフィルタリング型ファイアウォールを設置して，社内ネットワーク上のPCからインターネット上のWebサーバの80番ポートにアクセスできるようにするとき，フィルタリングで許可するルールの適切な組合せはどれか。

ア

送信元	宛先	送信元ポート番号	宛先ポート番号
PC	Webサーバ	80	1024以上
Webサーバ	PC	80	1024以上

イ

送信元	宛先	送信元ポート番号	宛先ポート番号
PC	Webサーバ	80	1024以上
Webサーバ	PC	1024以上	80

第 **6** 章

セキュリティ

6.5 セキュリティの練習問題　**217**

ウ	送信元	宛先	送信元ポート番号	宛先ポート番号
	PC	Webサーバ	1024以上	80
	Webサーバ	PC	80	1024以上

エ	送信元	宛先	送信元ポート番号	宛先ポート番号
	PC	Webサーバ	1024以上	80
	Webサーバ	PC	1024以上	80

> WebサーバとPC（Webブラウザ）のポート番号に注意してください！

セキュリティの三大要素

練習問題 6.7　サーバ構成の二重化の効果（H24 春 問43）

問43 図のようなサーバ構成の二重化によって期待する効果はどれか。

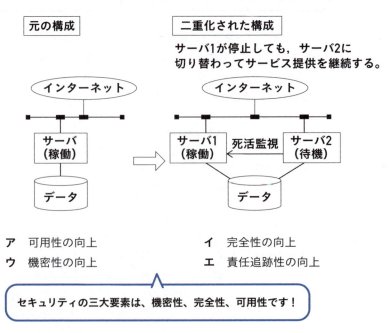

- ア　可用性の向上
- イ　完全性の向上
- ウ　機密性の向上
- エ　責任追跡性の向上

> セキュリティの三大要素は、機密性、完全性、可用性です！

section 6.6 セキュリティの練習問題の解答・解説

セキュリティの本質

練習問題 6.1 — 情報漏えい対策に該当するもの（H26 秋 問38）

解答 エ

解説 ハードディスクの内容を暗号化しておけば、PCが盗難にあっても内容を読めないので、情報漏えいを防げます。

SQLインジェクション攻撃

練習問題 6.2 — SQLインジェクション攻撃を防ぐ方法（H30 春 問41）

解答 ア

解説 SQLインジェクション攻撃は、データベースアプリケーションに悪意のある部分的なSQL文を入力して、それをDBMSに実行させるものです。したがって、入力されたデータをチェックして、SQL文として解釈されないようにすれば、SQLインジェクション攻撃を防げます。

ディジタル署名

練習問題 6.3 — ディジタル署名の検証で確認できること（H22 春 問40）

解答 ウ

解説 ディジタル署名で検証できることは、本人であることの確認と、改ざんがないことの確認です。

6.6 セキュリティの練習問題の解答・解説　219

公開鍵暗号方式の仕組み

| 練習問題 6.4 | 公開鍵暗号方式の暗号化で用いる鍵 （H27 春 問40） |

解答 ウ

解説 受信者であるBさんが鍵のペアを作り、一方を暗号化の鍵として
Aさんに送ります。ネットワークで送るので、この鍵は公開鍵です。した
がって、Aさんが暗号化に用いるのは、Bさんの公開鍵です。

ハイブリッド暗号

| 練習問題 6.5 | HTTP（HTTP over SSL/TLS）の機能 （H26 秋 問43） |

解答 ウ

解説 HTTP over SSL/TLSは、共通鍵暗号方式と公開鍵暗号方式の長所
を組み合わせて使うハイブリッド暗号です。Webサーバとブラウザ間の通
信を暗号化するときに使われます。

ファイアウォール

| 練習問題 6.6 | ファイアウォールのルール （H29 春 問42） |

解答 ウ

解説 Webサーバで動作しているWebサーバプログラムのポート番号は、
80です。PCで動作しているWebブラウザのポート番号は、1024以上の値
です。したがって、PC → Webサーバのときは、送信元ポート番号1024以
上、宛先ポート番号80です。Webサーバ → PCのときは、送信元ポート番
号80、宛先ポート番号1024以上です。

セキュリティの三大要素

練習問題 6.7　サーバ構成の二重化の効果（H24 春 問43）

解答　ア

解説　セキュリティの三大要素は、機密性（情報を盗まれない）、完全性（情報に改ざんがない）、可用性（情報を利用するサービスが停止しない）です。サーバを二重化して、サーバ1が停止しても、サーバ2に切り替わってサービスの提供を継続できるようにしているので、可用性が向上する効果が期待できます。

スマートフォンを湯船に落としちゃって、撮ってたいろんなお店のソフトクリームの写真が消えちゃった！

それは残念でしたね。

次のスマホは、絶対水没させないようにします・・・。何をすればよいでしょうか？

リスクに対応する方法としては、リスク回避、リスク低減、リスク移転、リスク受容の4種類がありますよ。
今回、現実的なのは
・防水のスマホを購入する（水没で壊れる
　というリスクを低減）
・お風呂でスマホを使わない（水没するリ
　スクを回避）
のどちらかでしょうか。

お風呂で動画を見ながらリラックスするのが好きなので、防水のスマホを買いたいと思います。

chapter 7

アルゴリズムと
データ構造

この章では、アルゴリズムとデータ構造の基礎と、覚えておくべきアルゴリズムとデータ構造の種類を学習します。科目Bのアルゴリズムとプログラミングの問題で使われる擬似言語については、第11章で説明しています。

7.0 なぜアルゴリズムとデータ構造を学ぶのか？
7.1 基本的なソートのアルゴリズム
7.2 基本的なサーチのアルゴリズム
7.3 基本的なデータ構造
7.4 アルゴリズムとデータ構造の練習問題
7.5 アルゴリズムとデータ構造の
　　練習問題の解答・解説

アクセスキー　p　（小文字のピー）

section 7.0 なぜアルゴリズムとデータ構造を学ぶのか？

重要度 ★★★　難易度 ★★★☆

ここがポイント！
- アルゴリズムとデータ構造を学ぶ理由を知りましょう。
- 基本的なアルゴリズムには、ソートとサーチがあります。
- 基本的なデータ構造は、配列です。

アルゴリズムとデータ構造の基本を知って応用する

アルゴリズム（algorithm）とは、与えられた問題を解くための明確な手順です。**データ構造**とは、データを効率よく処理するための配置方法のことです。プログラムを作るときには、その設計段階として、アルゴリズムとデータ構造を明確にしなければなりません。

アルゴリズムとデータ構造は、自分で考えるものです。ただし、そのためには、**すでに知られている基本的なアルゴリズムとデータ構造を、十分に理解しておく必要があります**。基本がわかっていれば、そのアイデアを様々な場面で応用できるからです。

基本的なアルゴリズムとデータ構造には、「バブルソート」や「二分探索木」のような名前が付けられています。基本情報技術者試験の科目Aには、基本的なアルゴリズムとデータ構造の名前と内容を知っているかどうかを問う問題が出題されます（表7.1）。

表7.1　試験のシラバスに示されている主なアルゴリズムとデータ構造

基本的なアルゴリズム	基本的なデータ構造
・バブルソート ・選択ソート ・挿入ソート ・マージソート ・クイックソート ・ヒープソート ・線形探索法 ・二分探索法 ・ハッシュ表探索法	・配列 ・リスト ・二分探索木 ・ヒープ ・キュー ・スタック ・ハッシュ表

後で詳しく説明しますので、ざっと目を通しておいてください

さらに、科目Bには、擬似言語で表記されたプログラムが出題されます。このプログラムを読み取るには、科目Aのテーマになっている基本的なアルゴリズムとデータ構造で得た知識を、問題の内容に当てはめて応用する能力が要求されます。

アルゴリズムを考えるコツ

基本的なアルゴリズムとデータ構造を説明する前に、アルゴリズムを考えるコツを紹介しておきましょう。たとえば、コンピュータとは直接関係ありませんが、「3リットルのバケツを1つと、5リットルのバケツを1つ使って、ぴったり4リットルの水を用意しなさい」という問題を解くアルゴリズムを考えてください。水道の蛇口から、好きなだけ水を汲めるとします。汲んだ水を捨てることもできます（図7.1）。

図7.1　ぴったり4リットルの水を用意するには？

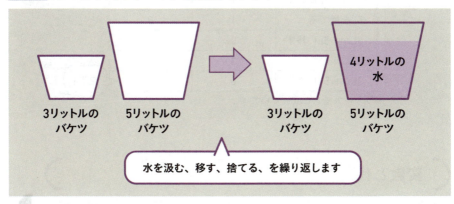

この問題を解くには、水を汲んだり、移したり、捨てたりといった、いくつかの処理をコツコツと進めて行かなければなりません。そのためには、処理の区切りを見出せなければなりません。ここでは、「汲む」「移す」「捨てる」が、処理の区切りになります。

処理を進めることで、データの値（ここでは、バケツに入っている水の量）が変化して行きます。問題を解くには、それぞれの処理におけるデータの値の変化を追いかけることも必要になります。データの値の変化を追いかけることを**トレース**（trace＝**追跡**）と呼びます。

「処理の区切りを見出す」「処理をコツコツと進める」「データの値の変化をトレースする」。これらが、アルゴリズムを考えるコツです。この問題を解くアルゴリズムの例と、バケツに入っている水の量をトレースした結果を図7.2に示します。アルゴリズムが苦手な人は、このトレースを、何度も紙の上に書いて練習してください。そうすれば、アルゴリズムを考えるコツがつかめます。

図7.2 ぴったり4リットルの水を用意するアルゴリズムの例

処理	3Lのバケツの水の量	5Lのバケツの水の量
・（初期状態）	0	0
・3Lに汲む	3	0
・3Lから5Lに移す	0	3
・3Lに汲む	3	3
・3Lから5Lに移す	1	5
・5Lを捨てる	1	0
・3Lから5Lに移す	0	1
・3Lに汲む	3	1
・3Lから5Lに移す	0	4　完了！

※リットルをLで示しています。

変数と代入

　バケツで水を汲むアルゴリズムでは、水がデータに相当し、バケツがデータの入れ物に相当すると考えました。コンピュータのアルゴリズムでは、数値がデータであり、データの入れ物を**変数**で表します。数学の変数は、何らかの数値という意味ですが、アルゴリズムの変数は、データの入れ物に名前を付けたものです。これを**変数名**と呼びます。

　変数名は1文字でも、SumやAveのような複数文字でも構いません。**複数文字の変数名にする場合は、変数の役割を表す英語にするのが一般的です。**たとえば、合計値（sum）を格納する変数ならSumという名前にして、平均値（average）を格納する変数ならAveという名前にします。

226

図7.3　変数へのデータの代入と格納

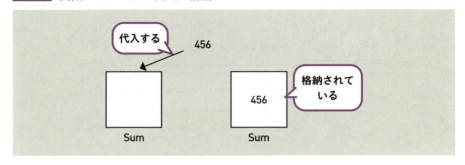

　変数を図に示すときには、四角い箱の絵で表すのが一般的です。変数に値を入れることを**代入**と呼び、矢印で示すのが一般的です。図7.3は、変数Sumへの456というデータの代入と、変数Sumに456というデータが格納されている様子を絵で表したものです。格納されたデータは、その値を箱の中に書きます。

データ構造の基本となる配列

　たとえば、100個のデータを処理するには、その入れ物として100個の変数が必要です。この場合には、100個の変数それぞれに異なる名前を付けるのは面倒なので、全体に1つの名前を付け、個々の変数を番号で区別します。この表現を**配列**（array）と呼び、個々の変数を**要素**と呼び、要素の番号を**要素番号**や**添字**（index）と呼びます。

　図7.4は、要素数5個の配列を絵に表したものです。配列は、すき間なく箱を並べた絵で表します。この配列全体の名前は、Aであり、個々の要素は、A[0]～A[4]という名前です。配列名[要素番号]という名前にするのです。配列の左端が先頭で、右端が末尾です。ここでは、先頭を0番にしているので、末尾が4番になります。

図7.4 要素数5個の配列A

アルゴリズムの問題では、**配列の先頭を0番にする場合と、1番にする場合があるので注意してください**。要素数が5個の場合、先頭が0番ならA[0]〜A[4]になり、先頭が1番ならA[1]〜A[5]になります。どちらであるかは、問題文に示されているので、必ず確認してください。

 アドバイス

試験問題では、配列の先頭要素を0番にする場合と、1番にする場合があるので、必ず確認しましょう。

配列は、様々なデータ構造の基本になります。なぜなら、コンピュータのメモリ内で物理的にデータを格納する形式は、配列と同じになっている（連続した記憶領域に並べて格納する）からです。配列の使い方を工夫することで、リストや二分探索木などのデータ構造が実現されます。

配列を使ったアルゴリズムでは、配列の要素を先頭から末尾まで1つずつ順番に取り出して、処理をコツコツ進めます。**配列の処理は、繰り返しの表現を使うことで、効率的に記述できます**。図7.5は、A[0]〜A[4]の値を順番に表示するフローチャートです。変数iを要素番号として「A[i]の値を表示する」という処理を繰り返していることに注目してください。**変数iの値を0から4まで1ずつ増やしながら繰り返しを行うことで、A[0]〜A[4]の値を順番に表示することができます**。

図7.5 A[0]〜A[4]の値を順番に表示するフローチャート

ソートとサーチ

　科目Aによく出題される基本的なアルゴリズムは、**ソート**（sort＝**整列**）と**サーチ**（search＝**探索**）です。ソートとサーチは、どちらも配列を対象としたアルゴリズムです。

　ソートとは、配列の要素の順序を揃えることです。小さい順に揃えることを**昇順**と呼びます。配列の先頭から末尾に向かって、データの値が昇っていく（だんだん大きくなる）からです。逆に、大きい順に揃えることを**降順**と呼びます。配列の先頭から末尾に向かって、データの値が降りていく（だんだん小さくなる）からです（図7.6）。

図7.6 昇順のソートと降順のソート

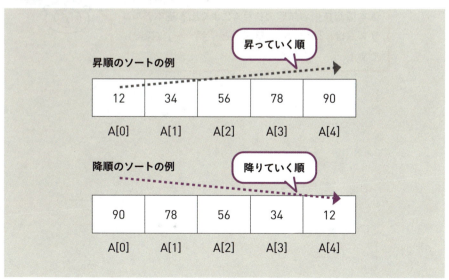

7.0 なぜアルゴリズムとデータ構造を学ぶのか　229

サーチとは、配列の中から、目的のデータを見つけることです。一般的に、データが見つかった場合は、見つかった位置（配列の要素番号）をサーチの結果とします。**見つからない場合は、配列の要素としてあり得ない番号をサーチの結果とします。**たとえば、配列の先頭の要素を0番としている場合は、－1番を見つからない結果とします（図7.7）。

図7.7　サーチの結果とする値

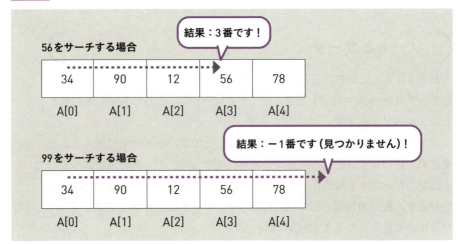

基本情報技術者試験の科目Aによく出る基本アルゴリズムは、「**ソート**」（整列）と「**サーチ**」（探索）です！

section 7.1 基本的なソートのアルゴリズム

重要度 ★★★　難易度 ★★★★

ここがポイント！
- アルゴリズムの名称と手順を対応付けて覚えましょう。
- それぞれのアルゴリズムを手作業でやってみましょう。
- クイックソートの手順がよく出題されます。

バブルソート

　基本的なソートのアルゴリズムを説明しましょう。数字を書いたカードを配列の要素に見立てて、昇順（小さい順）で、バブルソート、選択ソート、挿入ソート、マージソート、クイックソートを、手作業で行う手順を示します。手作りのカードを用意して、実際にやってみてください。

　最初は、**バブルソート**です。バブルソートのアルゴリズムは、「**配列の末尾から先頭に向かって、隣同士の要素を比較し、小さい方が前になるように交換する**」です。小さい要素が泡のように浮かび上がって来るので、バブル（bubble＝泡）ソートと呼びます。図7.8は、4枚のカードを手作業でバブルソートする手順です。

図7.8　4枚のカードを手作業でバブルソートする手順

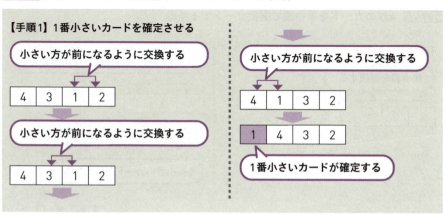

手順2に続く（次ページ）

図7.8 4枚のカードを手作業でバブルソートする手順（続き）

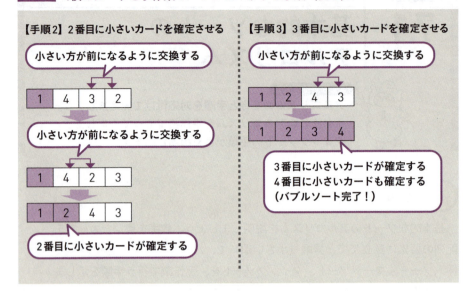

選択ソート

次は、**選択ソート**です。選択ソートのアルゴリズムは、「**配列の先頭から末尾に向かって、要素の値をチェックして、最小値を選択し、それを先頭の要素と交換する**」です。図7.9は、4枚のカードを手作業で選択ソートする手順です。

図7.9 4枚のカードを手作業で選択ソートする手順

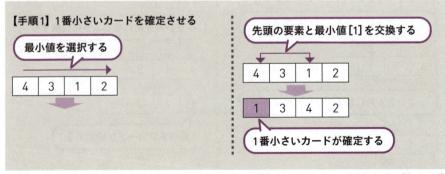

手順2に続く（次ページ）

図7.9 4枚のカードを手作業で選択ソートする手順（続き）

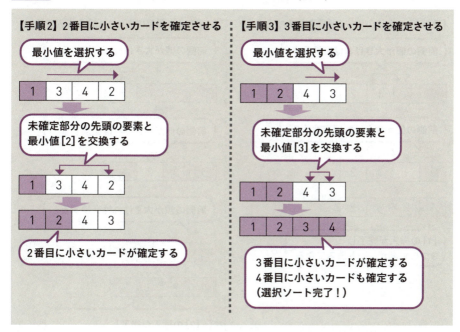

挿入ソート

次は、**挿入ソート**です。挿入ソートのアルゴリズムは、「**配列の先頭から末尾に向かって、要素を1つずつ取り出し、それより前の部分の適切な位置に挿入する**」です。図7.10は、4枚のカードを手作業で挿入ソートする手順です。1番目のカード［4］を挿入済みとして、スタートします。

図7.10 4枚のカードを手作業で挿入ソートする手順

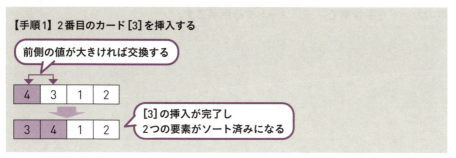

手順2に続く（次ページ）

7.1 基本的なソートのアルゴリズム 233

図7.10 4枚のカードを手作業で挿入ソートする手順（続き）

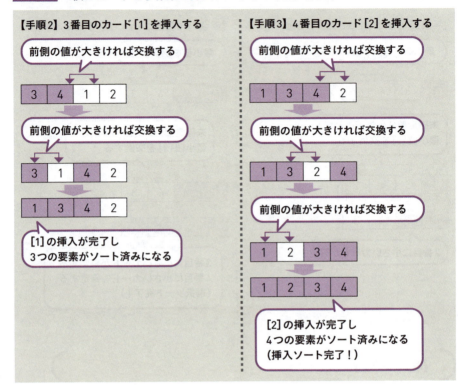

マージソート

　次は、**マージソート**です。マージ（merge）とは「結合」という意味です。マージソートのアルゴリズムは、「**配列を要素数が1個になるまで分割し、分割した配列から、要素を小さい順に取り出して結合する**」です。図7.11は、4枚のカードを手作業でマージソートする手順です。

図7.11 4枚のカードを手作業でマージソートする手順

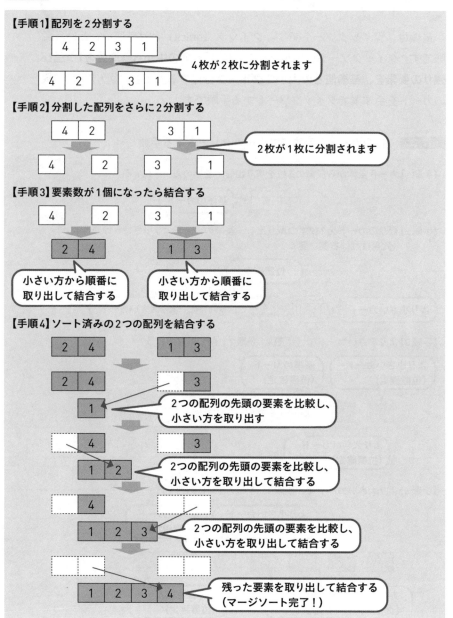

7.1 基本的なソートのアルゴリズム 235

クイックソート

最後は、**クイックソート**です。クイック（quick）とは「速い」という意味です。クイックソートのアルゴリズムは、「**配列の中から基準値を1つ選び、残りの要素を、基準値との大小でグループ分けする**」です。図7.12は、7枚のカードを手作業でクイックソートする手順です。

図7.12 7枚のカードを手作業でクイックソートする手順

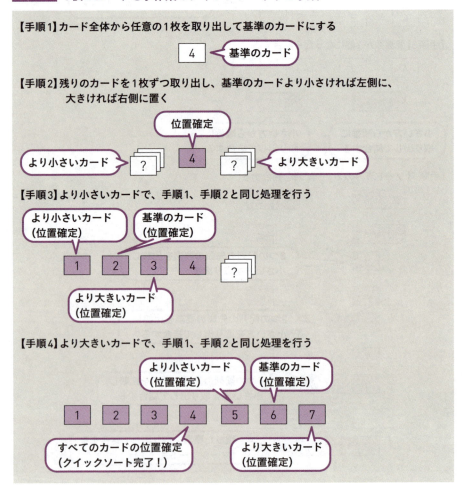

クイックソートの手順は、データ数が少ないとわかりにくいので、4枚ではなく7枚のカードを使っています。この例では、グループに分けたカード

の枚数がちょうど半分ずつになっていますが、実際には、どちらかのグループに偏ることの方が多いでしょう。

　グループ分けは、置かれたカードの枚数が1枚になるまで繰り返します。基準のカードおよびグループ分けしたときに1枚になったカードは、位置が確定します。

　例題7.1は、クイックソートの手順に関する問題です。手作業でアルゴリズムを経験していれば、適切な説明を選べるはずです。

例題7.1　クイックソート（H30 秋 問6）

問6　クイックソートの処理方法を説明したものはどれか。

ア　既に整列済みのデータ列の正しい位置に，データを追加する操作を繰り返していく方法である。

イ　データ中の最小値を求め，次にそれを除いた部分の中から最小値を求める。この操作を繰り返していく方法である。

ウ　適当な基準値を選び，それより小さな値のグループと大きな値のグループにデータを分割する。同様にして，グループの中で基準値を選び，それぞれのグループを分割する。この操作を繰り返していく方法である。

エ　隣り合ったデータの比較と入替えを繰り返すことによって，小さな値のデータを次第に端の方に移していく方法である。

　選択肢アは、「既に整列済みのデータ列」「正しい位置にデータを追加」ということから、挿入ソートの説明です。「挿入」という言葉を使うと、すぐにわかってしまうので「追加」という言葉にしたのでしょう。

　選択肢イは、「データ中の最小値を求め」「それを除いた部分の中から最小値を求める」ということから、選択ソートまたはヒープソートの説明です。ヒープソートの手順は、後でデータ構造を説明するときに示します。

　選択肢ウは、「適当な基準値を選び」「小さな値のグループと大きな値のグループにデータを分割する」ということから、クイックソートの説明です。したがって正解は、選択肢ウです。

　選択肢エは、「隣り合ったデータの比較と入替え」「小さな値のデータを次第に端の方に移していく」ということから、バブルソートの説明です。

7.1　基本的なソートのアルゴリズム　　**237**

section 7.2 基本的なサーチのアルゴリズム

重要度 ★★★　難易度 ★★★

ここがポイント！
- アルゴリズムの名称と手順を対応付けて覚えましょう。
- 二分探索の手順がよく出題されます。
- 二分探索の計算量もよく出題されます。

二分探索法

　基本的なサーチのアルゴリズムには、二分探索法、線形探索法、ハッシュ表探索法があります。まず、<u>二分探索法</u>のアルゴリズムを説明します。このアルゴリズムは、数当てゲームを例にするとわかりやすいでしょう。

　これは、2人で遊ぶゲームで、一方（出題者）が選んだ数を、もう一方（回答者）が当てます。出題者は、頭の中で1～100の中から数を選びます。回答者は、1回に1つの数を言えます。出題者は、その数が合っていれば「当たりです」と言い、正解でないなら「もっと大きい」または「もっと小さい」というヒントを出します。出題者と回答者の役を交互に行い、できるだけ少ない回数で当てた方を勝ちとします。もしも、あなたが回答者だったら、どうやって数を当てますか。

　実際に、やってみれば気付くと思いますが、効率的に数を当てるには、真ん中の数を言えばよいのです（図7.13）。たとえば、出題者が選んだ数が70だとしましょう。最初に、回答者は、1～100の真ん中の「50ですか？」と聞きます。すると、出題者は、「もっと大きい」と言うはずです。これによって、最初は1～100の範囲にあった答えの候補を、半分の51～100の範囲に絞り込めます。探索の対象を2分割できるので、このアルゴリズムを二分探索法と呼びます。

　真ん中の数は、「（左端＋右端）÷2」という計算で求められます。たとえば、1～100の真ん中の数は、（1＋100）÷2＝50.5ですが、**コンピュータを使って整数の計算を行うと、小数点以下がカットされるので、50.5は50になります。**

図7.13 真ん中をチェックすれば探索対象を半分に絞り込める

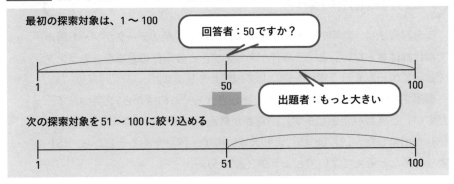

1～100の真ん中の「50ですか？」と聞いて、「もっと大きい」というヒントを得たのですから、次は、51～100の真ん中の「75ですか？」と聞きます。このようにして、真ん中の数を言うことを繰り返して行くと、最大でもわずか7回で70を当てることができます（図7.14）。

図7.14 真ん中の数を言うことを繰り返して数を当てるまでの手順

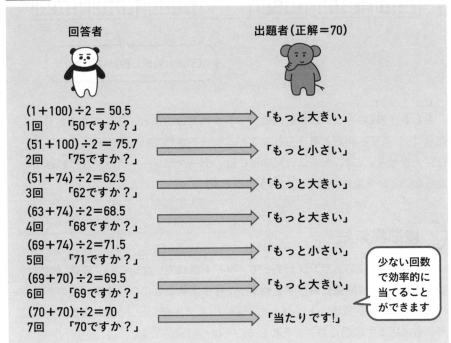

7.2 基本的なサーチのアルゴリズム 239

二分探索法の条件

二分探索法は、効率的にデータを見つけられますが**「データがソート済みでなければならない」**という条件があります。この条件の意味を、トランプで数当てゲームを行う場合を例にして説明しましょう。

裏返された7枚のトランプがあり、出題者から「この中から9を見つけてください」と言われたとします。回答者が真ん中のカードをめくったところ、［5］が出ました。［9］は［5］より大きいので、［9］があるとしたら、［5］より右側だと考えてよいでしょうか（図7.15）。

図7.15 トランプを使った数当てゲームで二分探索ができるか？

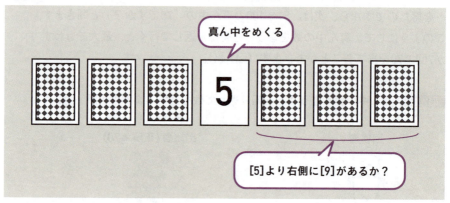

もしも、7枚のトランプが昇順にソートされているなら、［9］があるとしたら［5］より右側だと考えられますが、ソートされていないなら、そうとは言えません。これが、「二分探索法には、データがソート済みでなければならないという条件がある」ということです。

線形探索法

裏返された7枚のトランプがあって、ソートされていないなら、先頭（左端）から1枚ずつ順番にカードをめくって探索することになります。このアルゴリズムを**線形探索法**と呼びます。線形とは、「直線」という意味です。先頭から末尾まで順番にカードをめくることは、直線的です。

多くの場合に、線形探索法は、二分探索法より効率が悪くなります。たと

えば、もしも、1～100の中から数を当てるゲームで、線形探索法のアルゴリズムを使うと、70を当てるまでに70回もかかります（図7.16）。

図7.16 線形探索法で数当てゲームの答えを当てるまでの手順

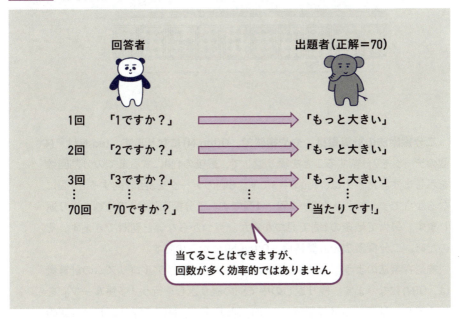

アルゴリズムの計算量

アルゴリズムの効率を定量的に示す手段として**計算量**があります。計算量には、いくつかの定義がありますが、基本情報技術者試験の問題の多くでは、**N個のデータを処理して目的の結果を得るまでの最大の処理回数で示します**。

同じ目的のアルゴリズムが複数あるときには、計算量を示すことで、それぞれの効率を明確に比較できます。たとえば、線形探索法と二分探索法は、データを探索するという同じ目的のアルゴリズムです。それぞれの計算量を求めて、効率を比較してみましょう。

線形探索法の計算量を求めるのは、とても簡単です。たとえば、裏返されたトランプが10枚あれば、最大で10回めくります。100枚あれば、最大で100回めくります。N枚あれば、最大でN回めくります。したがって、**線形探索法の計算量は、Nです**。これをO(N)と表記することがあります。このOは、**オーダ**（order，次数）の頭文字です（図7.17）。

図7.17 線形探索法の計算量

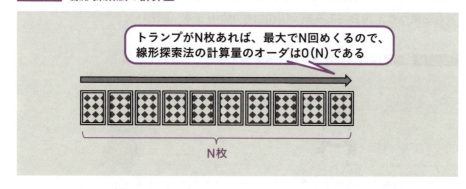

　二分探索法の計算量は、やや複雑で、$O(\log_2 N)$になります。$\log_2 N$は、N個のデータを2分割することを繰り返して、最後の1個にするまでの分割回数を示します。たとえば、$\log_2 8 = 3$です。8個のデータを3回分割すると1個になるからです。8個 → 4個 → 2個 → 1個です。二分探索法は、2分割を繰り返します。最大で最後の1個で見つかるか、見つからないと判断できます。そのため、二分探索法の計算量は、$O(\log_2 N)$になるのです。

　線形探索法のように、単純なN回の繰り返しを行うアルゴリズムの計算量は、$O(N)$になります。繰り返しの中で別の繰り返しを行う「多重ループ」を行うアルゴリズムの計算量は、$O(N^2)$になります。N回の繰り返し×N回の繰り返し=N^2回の繰り返し、になるからです。N回の繰り返しで、2分割の処理を行うアルゴリズムの計算量は、$O(N \cdot \log_2 N)$になります。

　表7.2に、基本的なソートとサーチのアルゴリズムの計算量を示します。クイックソートの計算量は、多くの場合に$O(N \cdot \log_2 N)$に近い値になりますが、運が悪いと$O(N^2)$になります。これは、基準値のどちらか一方だけに、グループ分けしたデータが偏ってしまった場合です。

 モコ先生、logって何でしたっけ。

 「対数」を意味する英語の略語で、例えば「$\log_2 8$」は「2を8にする指数」を意味し、$\log_2 8 = 3$です！

表7.2 基本的なソートとサーチのアルゴリズムの計算量

ソートのアルゴリズム	計算量	サーチのアルゴリズム	計算量
バブルソート	$O(N^2)$	線形探索法	$O(N)$
選択ソート	$O(N^2)$	二分探索法	$O(\log_2 N)$
挿入ソート	$O(N^2)$	ハッシュ表探索法	$O(1)$
マージソート	$O(N \cdot \log_2 N)$		
クイックソート	$O(N \cdot \log_2 N)$		
ヒープソート	$O(N \cdot \log_2 N)$		

N回繰り返すからN、N×N回繰り返すからN^2、2分割は$\log_2 N$です

ハッシュ表探索法

　先ほどの表7.2で、**ハッシュ表探索法**の計算量が$O(1)$であることに注目してください。これは、データ数Nにかかわらず、たった1回の処理で目的のデータが見つかるということです。どうして、たった1回で見つかるのでしょう。それは、ハッシュ表探索法では、データの値と格納場所を対応付けるからです。

　ハッシュ表探索法では、データの値を使って、あらかじめ用意しておいた計算を行い、その結果を格納場所にします。この計算を**ハッシュ関数**と呼び、計算結果を**ハッシュ値**と呼びます。データの格納場所となる配列を**ハッシュ表**と呼びます。ハッシュ（hash）とは、「ごた混ぜ」という意味です。

　たとえば、1番〜10番の番号が付いた箱に荷物を入れるときに、「誕生日のすべての数字を足して、それを10で割った余りに、1を足す」というハッシュ関数で得られたハッシュ値を、箱の番号にするとしましょう。誕生日が12月29日のAさんは、$(1 + 2 + 2 + 9)$ mod 10 + 1 = 14 mod 10 + 1 = 4 + 1 = 5なので、5番の箱に荷物を入れることになります。**mod（modulo＝剰余）は、割り算の余りを求めることを意味します。**

　Bさんが、Aさんから「私の荷物を持って来てください」と頼まれたとします。Bさんは、Aさんの誕生日が12月29日であることを聞けば、同じハッシュ関数を使って、5というハッシュ値を得て、5番の箱からAさんの荷物を取り出せます。他の箱を一切チェックせずに、1回で見つけられます。これが、ハッシュ表探索法の仕組みです（図7.18）。

7.2 基本的なサーチのアルゴリズム　**243**

| 図7.18 | データが1回で見つかるハッシュ表探索法の仕組み

　ハッシュ関数の計算方法にも注目してください。箱の番号が1番〜10番なので、ハッシュ値が1〜10になる計算方法にしなければなりません。10で割った余りは、必ず0〜9のいずれかになります。それに1を足せば、必ず1〜10のいずれかになります。このように考えて、「10で割った余りに、1を足す」という計算方法にしたのです。

ハッシュ表探索法でデータを格納するルール

　ハッシュ表探索法の計算量が$O(1)$になるのは、理想的な状況だけです。理想的とは、同じ場所に格納するデータが生じる確率が、無視できるほど小さいときです。たとえば、誕生日が1月3日のCさんがいるとしましょう。ハッシュ値は、$(1 + 3)$ mod $10 + 1 = 5$なので、5番の箱に荷物を入れることになります。ところが、5番の箱には、すでにAさんの荷物が入っているので、Cさんの荷物を入れられません。そこで、Cさんは、あらかじめ決めておいたルールに従って、5番とは別の空いている箱に荷物を入れます。この場合には、計算量が$O(1)$になりません。例題7.2は、このような状況におけるルールに関する問題です。

例題7.2　ハッシュ表探索法でデータを格納するルール（H25 秋 問7）

問7　次の規則に従って配列の要素$A[0]$, $A[1]$, …, $A[9]$に正の整数kを格納する。kとして16，43，73，24，85を順に格納したとき，85が格納される場所はどこか。ここで，x mod yはxをyで割った剰余を返す。また，配列の要素は全て0に初期化されている。

[規則]

(1)　$A[k \bmod 10] = 0$ならば，kを$A[k \bmod 10]$に格納する。
(2)　(1)で格納できないとき，$A[(k+1) \bmod 10] = 0$ならば，kを$A[(k+1) \bmod 10]$に格納する。
(3)　(2)で格納できないとき，$A[(k+4) \bmod 10] = 0$ならば，kを$A[(k+4) \bmod 10]$に格納する。

ア　$A[3]$　　　　**イ**　$A[5]$　　　　**ウ**　$A[6]$　　　　**エ**　$A[9]$

この問題を解くには、配列の絵を描いて、問題に示されたルールに従い、実際にデータを格納してみるとよいでしょう。配列のすべての要素には、あらかじめ0が入っています。この0は、データが格納されていないことを示します。

ルールは、3つあり、格納する値をkで示しています。ルール（1）は、「$k \bmod 10$で得られた格納場所が空いていれば、そこに格納する」という意味です。10で割った余りに1を足していないのは、配列の先頭が0番だからです。もしも、ルール（1）で格納できないときは、ルール（2）「$(k+1) \bmod 10$で得られた格納場所が空いていれば、そこに格納する」とします。さらに、ルール（2）でも格納できないときは、ルール（3）「$(k+4) \bmod 10$で得られた格納場所が空いていれば、そこに格納する」とします。

これらのルールに従って、16、43、73、24、85というデータを順番に格納すると、図7.19になります。85というデータは、A[9]に格納することになるので、選択肢エが正解です。

7.2 基本的なサーチのアルゴリズム　**245**

図7.19 ルールに従ってデータを格納する

A[0]	A[1]	A[2]	A[3]	A[4]	A[5]	A[6]	A[7]	A[8]	A[9]
0	0	0	43	73	24	16	0	0	85

データ

16 ← (1) 16 mod 10 = 6 なので A[6] に格納する

43 ← (1) 43 mod 10 = 3 なので A[3] に格納する

73 ← (1) 73 mod 10 = 3 だが A[3] が空いていない
(2) (73 + 1) mod 10 = 4 なので A[4] に格納する

24 ← (1) 24 mod 10 = 4 だが A[4] が空いていない
(2) (24 + 1) mod 10 = 5 なので A[5] に格納する

85 ← (1) 85 mod 10 = 5 だが A[5] が空いていない
(2) (85 + 1) mod 10 = 6 だが A[6] が空いていない
(3) (85 + 4) mod 10 = 9 なので A[9] に格納する

サーチのアルゴリズムの特徴

線形探索法：処理が遅いが、配列がソートされている必要がない
二分探索法：処理が速いが、配列がソートされている必要がある
ハッシュ表探索法：ハッシュ関数を使い、理想的には1回の処理で見つかる

線形対策法は配列がソートされていなくても使えて、二分探索法は配列がソートされていないと使えないけれど処理は早い・・・。特徴がありますね。

section 7.3 基本的なデータ構造

重要度 ★★★　難易度 ★★★★

ここがポイント！
- リストの仕組み、配列と比べた長所と短所を知りましょう。
- 二分探索木のデータの配置方法がよく出題されます。
- キューとスタックへの格納と取り出しもよく出題されます。

リスト

　データ構造の基本は、配列です。**配列の使い方を工夫することで、リスト、二分探索木、ヒープ、キュー、スタックなどのデータ構造が実現されます。**それぞれのデータ構造の仕組みと特徴を説明しましょう。

　リスト（list）は、配列の1つの要素に、データの値と、次にどの要素とつながっているか、という2つの情報を持たせたものです。このつながりの情報を**ポインタ**（pointer）と呼びます。「次のデータはここです」とポイントしている（指している）からです。

　図7.20にリストの例を示します。リストを構築するには、リストの本体となる配列と、リストの先頭の要素を指す変数が必要です（末尾の要素を指す変数を用意することもあります）。ここでは、配列A[0]〜A[4]がリストの本体で、変数Topがリストの先頭の要素を指しています。

　変数Topの値は3なので、先頭はA[3]です。配列の1つの要素には、適当な文字列のデータと、ポインタ（次の要素の番号）が入っています。**リストの末尾では、ポインタを−1とすることで、次の要素がないことを示しています。**−1は、要素番号としてあり得ない数字だからです。

図7.20 リストの例

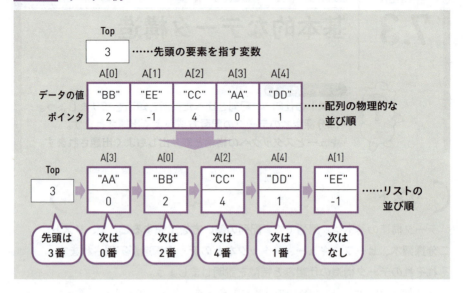

リストの長所

　リストの特徴は、データの物理的な並び順とは無関係に、ポインタで要素をたどることです。たとえば、先ほど図7.20に示したリストは、物理的にはA[0]→A[1]→A[2]→A[3]→A[4]という順序でメモリ内に並んでいますが、ポインタで要素をたどるのでTop→A[3]→A[0]→A[2]→A[4]→A[1]という順序になります。このような特徴から、**リストには、通常の配列と比べて、要素の挿入と削除が効率的に行える、という長所があります**（図7.21）。

　たとえば、100個の要素がある通常の配列とリストで、先頭から50番目と51番目の要素の間に新たな要素を挿入するとしましょう。通常の配列の場合は、51番目以降の50個の要素を1つずつ後ろにずらして格納位置を空けてから（①）、新たな要素を挿入することになります（②）。50個の要素をずらすには、多くの時間がかかります。

　それに対して、リストの場合は、リストの末尾の101番目に新たな要素を追加し（①）、50番目の要素のポインタを101番目の要素にコピーしてから（②）、50番目のポインタを101番目の要素番号にすれば（③）、挿入が完了します。ほとんど時間がかかりません。

図7.21 通常の配列よりリストの方が要素の挿入が効率的

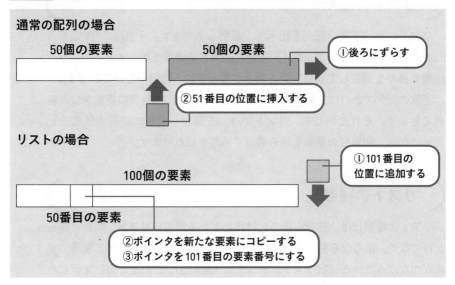

　リストへの要素の挿入は、物理的には配列の末尾に追加されていますが、ポインタをたどると、途中に挿入されていることになります。

　同様の仕組みで、リストから要素を削除する処理も、削除する要素のポインタを1つ前の要素にコピーするだけで済み、効率的に実現できます（図7.22）。たとえば、"XX" → "YY" → "ZZ" とつながっているリストで、"YY"のポインタを1つ前の"XX"にコピーすると、"XX" → "ZZ" というリストになり、"YY" が削除されます。"YY" は、物理的にはメモリ上に残っていますが、リストからは削除されていることになります。

図7.22 ポインタを書き換えるだけでリストから要素を削除できる

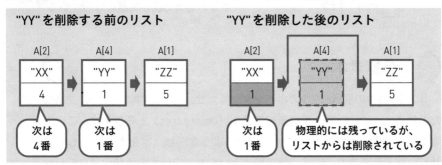

7.3 基本的なデータ構造　249

リストの短所

リストには、通常の配列と比べて、短所もあります。それは、「先頭から80番目の要素を読み出す」や「先頭から80番目の要素を更新する」のように、**任意の番号を指定して要素を読み書きするときに、処理が遅いことです。**

通常の配列であれば、要素番号を指定して、すぐに80番目の要素を読み書きできます。それに対して、リストでは、先頭から順番に80個の要素をたどってから、80番目の要素を読み書きすることになります。

リストの種類

リストの種類には、前から後ろだけにたどれる**単方向リスト**、前から後ろだけでなく、後ろから前にもたどれる**双方向リスト**、および末尾と先頭の要素がつながっている**環状リスト**があります（図7.23）。これまでの例で示したリストは、どれも単方向リストです。

図7.23 リストの種類

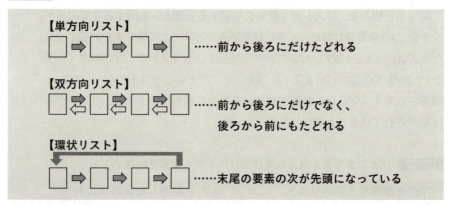

二分探索木

リストの1つの要素に2つのポインタを持たせ、1つの要素から2つの要素にたどれるようにしたデータ構造を**二分木**（binary tree）と呼びます。このような形式で要素をつないでいくと、木のような形状（木を上下逆にした形状）になるからです。試験問題で取り上げられる二分木の種類には、データ

を探索するための「二分探索木」と、データを整列するための「ヒープ」があります。

はじめに、二分探索木の仕組みを説明しましょう。二分探索木は、要素の左側により小さい値をつなぎ、右側により大きい値をつないだ二分木です。データを1つずつ追加することで、だんだん木が伸びて行きます。

例題7.3は、与えられたデータを使って二分探索木を構築する問題です。**木では、四角形ではなく円で要素を示すことが慣例になっています。**要素と要素のつながりは、直線で示します。

> **例題7.3** 与えられたデータで二分探索木を構築する（H23 特別 問5）
>
> **問5** 空の2分探索木に，8，12，5，3，10，7，6の順にデータを与えたときにできる2分探索木はどれか。

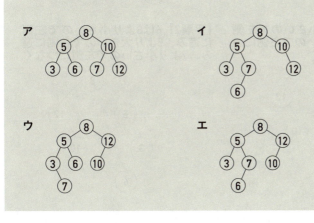

8、12、5、3、10、7、6というデータを順番につないで、紙の上に二分探索木の絵を描いてみましょう。最初の8は、木の先頭の要素になり、これを**根**と呼びます。**これ以降のデータは、根をスタートラインとして、木の先の適切な位置につないで行きます。**手順を図7.24に示します。

図7.24 二分探索木を構築する手順

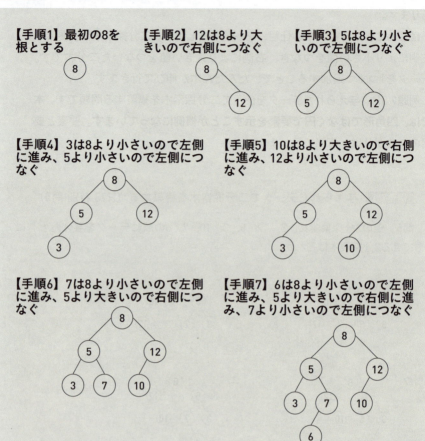

　正解は、手順7と同じ絵になっている選択肢エです。木では、データとデータをつなぐ線を枝と呼びます。根以外のデータは、そこから枝が伸びているものを節と呼び、枝が伸びていない先端のものを葉と呼びます。これらの呼び名は、自然界の木と同様です（図7.25）。

図7.25 木を構成する根、枝、節、葉

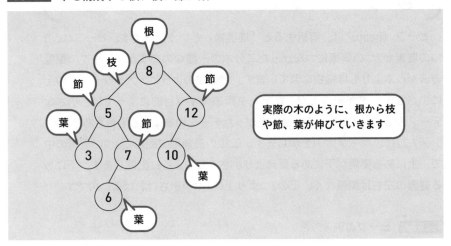

　二分探索木を使ってデータを探索するときには、根からスタートして、目的のデータの大小で、左または右に枝をたどって行きます。たとえば、先ほど図7.25に示した二分探索木で6を探索する場合は、図7.26のように木の枝をたどって行き4回の処理で、見つかります。**二分探索木を使えば、二分探索法と同様に、効率的にデータを見つけられます。**

図7.26 二分探索木を使って6を探索する

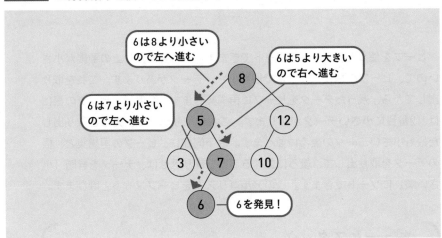

7.3 基本的なデータ構造　253

ヒープ

　ヒープ（heap）は、直訳すると「堆積物」という意味です。ヒープは、1つの要素が2つの要素につながった二分木の一種なのですが、データの配置方法が、木よりも堆積物に似ています。堆積物のように、大きなデータの上に小さなデータが積み上がったデータ構造です（目的によっては、小さなデータの上に大きなデータが積み上がったデータ構造にする場合もあります）。

　図7.27に、ヒープの例を示します。破線の三角形で囲んだ3つの要素の中で、上にある要素が下にある要素より小さくなるように配置します。下にある要素の左右は関係なく、下の2つより上の1つが小さければよいのです。

図7.27 ヒープの例

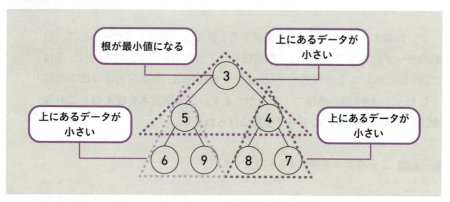

　ヒープを使うと、データをソートできます。下の要素より上の要素が小さいので、ヒープの根には、全体で最も小さいデータがあります。これを取り出してから、残ったデータをヒープに再構築します。今度は、ヒープの根には、2番目に小さいデータがあります。これを取り出して、先ほど取り出した最も小さいデータの後ろに並べます。以下同様に、ヒープの再構築と、根のデータを取り出して、後ろに並べることを繰り返せば、データを昇順（小さい順）にソートできます。このアルゴリズムを**ヒープソート**と呼びます。

キューとスタック

　すぐに処理しないデータを一時的に格納しておくための配列を**バッファ**

（buffer＝**緩衝材、緩衝記憶領域**）と呼びます。バッファの種類には、「キュー」と「スタック」があります。キューとスタックは、データの格納と取り出しのルールが違います。

　キューは、**FIFO**（**First In First Out**）**方式**のバッファです。キューに最初に格納したデータが（first in）、最初に取り出されます（first out）。キューにデータを格納することを**エンキュー**（enqueue）、キューからデータを取り出すことを**デキュー**（dequeue）と呼びます。

　キューは、順番通りに処理するための普通のバッファです。たとえば、A、B、Cの順にエンキューされたデータは、そのままA、B、Cの順にデキューされます。この様子が、順番を待っている行列に似ているので、キュー（queue＝待ち行列）と呼ぶのです（図7.28）。

図7.28 キューの例

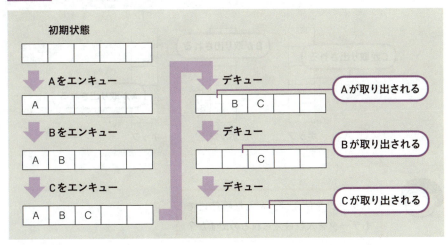

　スタックは、**LIFO**（**Last In First Out**）**方式**のバッファです。スタックに最後に格納したデータが（last in）、最初に取り出されます（first out）。

　スタックにデータを格納することを**プッシュ**（push）、スタックからデータを取り出すことを**ポップ**（pop）と呼びます。

　スタックは、順序を入れ替えて処理するための特殊なバッファです。たとえば、A、B、Cの順にプッシュされたデータは、C、B、Aの順にポップされます。プッシュとポップの順序を工夫すれば、B、A、Cという順に取り出すこともできます。

7.3 基本的なデータ構造　**255**

後から格納したものが先に取り出されることが、干し草を積み上げた山の様子に似ているので、スタック（stack、干し草の山）と呼ぶのです。積み上げたイメージになるように、スタックの絵を描くときは、配列を縦にします（図7.29）。

図7.29 スタックの例

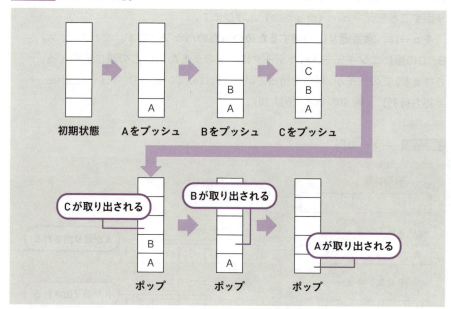

スタックを使えば、どんな順序にでもデータを入れ替えられるのですか？

いいえ、入れ替えができない順序もありますよ。たとえば、スタックにA、B、Cの順に格納する場合には、C、A、Bの順には取り出せません。Cを取り出した時点で、スタックの最上部にあるのはBだからです。

section 7.4 アルゴリズムとデータ構造の練習問題

ハッシュ表探索法

練習問題 7.1　表探索におけるハッシュ法の特徴（H30 春 問7）

問7 表探索におけるハッシュ法の特徴はどれか。

ア　2分木を用いる方法の一種である。
イ　格納場所の衝突が発生しない方法である。
ウ　キーの関数値によって格納場所を決める。
エ　探索に要する時間は表全体の大きさにほぼ比例する。

ハッシュ関数やハッシュ値という言葉を思い出してください！

リスト

練習問題 7.2　双方向リストへの挿入（R05 公開 問2）

問2 双方向のポインタをもつリスト構造のデータを表に示す。この表において新たな社員Gを社員Aと社員Kの間に追加する。追加後の表のポインタa～fの中で追加前と比べて値が変わるポインタだけをすべて列記したものはどれか。

表

アドレス	社員名	次ポインタ	前ポインタ
100	社員A	300	0
200	社員T	0	300
300	社員K	200	100

追加後の表

アドレス	社員名	次ポインタ	前ポインタ
100	社員A	a	b
200	社員T	c	d
300	社員K	e	f
400	社員G	x	y

ア a, b, e, f　　イ a, e, f　　ウ a, f　　エ b, e

アドレス400の社員Gが、社員Aと社員Kの間になるように、次ポインタと前ポインタを書き換えます！

二分探索法

練習問題 7.3　二分探索を使用することが適しているもの（H29 春 問7）

問7 顧客番号をキーとして顧客データを検索する場合，2分探索を使用するのが適しているものはどれか。

ア 顧客番号から求めたハッシュ値が指し示す位置に配置されているデータ構造
イ 顧客番号に関係なく，ランダムに配置されているデータ構造
ウ 顧客番号の昇順に配置されているデータ構造
エ 顧客番号をセルに格納し，セルのアドレス順に配置されているデータ構造

線形探索と比べたときの二分探索の特徴を思い出してください！

アルゴリズムの計算量

練習問題 7.4　二分探索法の計算量（H21 春 問7）

問7 昇順に整列された n 個のデータが配列に格納されている。探索したい値を2分探索法で探索するときの，およその比較回数を求める式はどれか。

　ア　$\log_2 n$　　　イ　$(\log_2 n + 1)/2$　　　ウ　n　　　エ　n^2

2分割するアルゴリズムの計算量です！

二分探索木

練習問題 7.5　二分探索木から要素を削除する（H25 春 問5）

問5 次の2分探索木から要素12を削除したとき，その位置に別の要素を移動するだけで2分探索木を再構成するには，削除された要素の位置にどの要素を移動すればよいか。

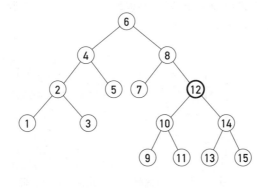

　ア　9　　　イ　10　　　ウ　13　　　エ　14

選択肢の中で、12の位置に移動して、二分探索木になるものを選びます！

キューとスタック

練習問題 7.6　スタックの操作（H21 秋 問5）

問5 空のスタックに対して次の操作を行った場合，スタックに残っているデータはどれか。ここで，“push *x*” はスタックへデータ*x*を格納し，“pop” はスタックからデータを取り出す操作を表す。

push 1→push 2→pop→push 3→push 4→pop→push 5→pop

ア　1と3　　**イ**　2と4　　**ウ**　2と5　　**エ**　4と5

スタックの絵を描くと、わかりやすいでしょう！

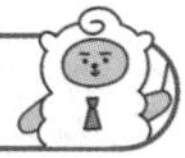

2次元配列を使ったアルゴリズム

練習問題 7.7　花文字の回転（H27 秋 問6）

問6 配列*A*が図2の状態のとき，図1の流れ図を実行すると，配列*B*が図3の状態になった。図1のaに入れるべき操作はどれか。ここで，配列*A*，*B*の要素をそれぞれ*A*（*i*,*j*），*B*（*i*,*j*）とする。

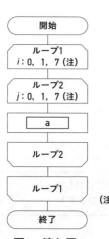

図1　流れ図

i \ *j*	0	1	2	3	4	5	6	7
0		*	*	*	*	*	*	
1		*						
2		*						
3		*	*	*	*			
4		*						
5		*						
6		*						
7		*						

図2　配列*A*の状態

i \ j	0	1	2	3	4	5	6	7
0								
1	*	*	*	*	*	*	*	*
2					*			*
3					*			*
4					*			*
5								*
6								*
7								

図3　実行後の配列*B*の状態

（注）ループ端の繰返し指定は，
変数名：初期値，増分，終値
を示す。

ア $A(i,j) \rightarrow B(7-i, 7-j)$ **イ** $A(i,j) \rightarrow B(7-j, i)$
ウ $A(i,j) \rightarrow B(i, 7-j)$ **エ** $A(i,j) \rightarrow B(j, 7-i)$

添字の i と j で縦と横の位置を表しています！

アスタリスク（*）を並べて大きな文字に見せるものを花文字と呼びます。練習問題7.7では、花文字でアルファベットのFを表しています。

アスタリスク（*）が花の形に見えるからですね！

section 7.5 | アルゴリズムとデータ構造の練習問題の解答・解説

ハッシュ表探索法

練習問題 7.1 　表探索におけるハッシュ法の特徴（H30 春 問7）

解答　ウ

解説　ハッシュ表探索法では、ハッシュ関数で求めたハッシュ値を、データの格納場所にします。正解は、選択肢ウです。ハッシュ法探索法では、2分木を使いません。ハッシュ値が同じになり格納場所が衝突する場合もあります。検索に要する計算量は、理想的には O(1) であり、表全体の大きさとは関係しません。

リスト

練習問題 7.2 　双方向リストへの挿入（R05 公開 問2）

解答　ウ

解説　社員Aの次ポインタ a を社員Gのアドレス（400番地）に、社員Gの前ポインタ y を社員Aのアドレス（100番地）に、社員Gの次ポインタ x を社員Kのアドレス（300番地）に、そして社員Kの前ポインタ f を社員Gのアドレス（400番地）にするので、追加後の表は、図7.30になります。a ～f の中で変更したポインタは、a と f です。正解は、選択肢ウです。

図7.30　社員Gを追加した後のポインタ

追加後の表

アドレス	社員名	次ポインタ	前ポインタ
100	社員A	a 400	b
200	社員T	c	d
300	社員K	e	f 400
400	社員G	x 300	y 100

262

二分探索法

> ### 練習問題 7.3　二分探索を使用することが適しているもの（H29 春 問7）

解答　ウ

解説　ソート済みのデータであれば、二分探索で効率的にデータを見つけられます。ここでは、顧客データを顧客番号で探索するので、顧客番号の昇順に配置されているデータ構造が、二分探索に適しています。

アルゴリズムの計算量

> ### 練習問題 7.4　二分探索法の計算量（H21 春 問7）

解答　ア

解説　データ数がn個のときの二分探索法の比較回数（計算量）は、$\log_2 n$です。正解は、選択肢アです。

二分探索木

> ### 練習問題 7.5　二分探索木から要素を削除する（H25 春 問5）

解答　ウ

解説　二分探索木は、小さいデータを左側に、大きいデータを右側につないだものです。12を削除した位置に新たなデータを移動しても、この関係を保たなければなりません。

選択肢アの9を移動すると、9の左側に9より大きい10があるので、二分探索木になりません。選択肢イの10を移動すると、木のつながりが切れてしまうので、二分探索木になりません。選択肢ウの13を移動すると、二分探索木になります。選択肢エの14を移動すると、木のつながりが切れてしまうので、二分探索木になりません。したがって、正解は、選択肢ウです。

7.5 アルゴリズムとデータ構造の練習問題の解答・解説　**263**

キューとスタック

練習問題 7.6　スタックの操作（H21 秋 問5）

解答　ア

解説　それぞれの操作におけるスタックの変化を図7.31に示します。スタックに残っているデータは、1と3です。正解は、選択肢アです。

図7.31　それぞれの操作におけるスタックの変化

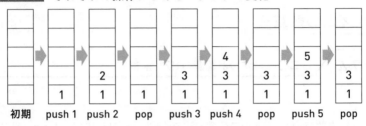

2次元配列を使ったアルゴリズム

練習問題 7.7　花文字の回転（H27 秋 問6）

解答　エ

解説　アスタリスクを文字の形に並べたものを、花文字と呼びます。2つの添字で要素を指定する配列を、2次元配列と呼びます。配列Aの具体的な1つの要素を選び、それが配列Bのどの位置になるかを調べてみましょう。たとえば、A (0, 1) の要素は、B (1, 7) の位置になります。選択肢ア～エの配列Bの添字に、i = 0、j = 1を代入すると、選択肢アのB (7－i, 7－j) はB (7, 6) になり、選択肢イのB (7－j, i) はB (6, 0) になり、選択肢ウのB (i, 7－j) はB (0, 6) になり、選択肢エのB (j, 7－i) はB (1, 7) になります。正解は、選択肢エです。

chapter 8

テクノロジ系の計算問題

この章では、テクノロジ系の分野で出題される計算問題の種類と解き方を説明します。説明を読むだけでなく、自分の手で計算して、答えを出してください。計算問題に慣れることが重要です。

8.0 なぜテクノロジ系の計算問題が出題されるのか？
8.1 コンピュータシステムの計算問題
8.2 技術要素の計算問題
8.3 開発技術の計算問題
8.4 テクノロジ系の計算問題の練習問題
8.5 テクノロジ系の計算問題の
　　練習問題の解答・解説

アクセスキー　R （大文字のアール）

section 8.0 なぜテクノロジ系の計算問題が出題されるのか？

重要度 ★★★　難易度 ★★★★

ここがポイント！
- テクノロジ系の計算問題が出題される理由を知りましょう。
- よく出題される確率の計算方法を覚えておきましょう。
- よく出題される期待値の計算方法も覚えておきましょう。

システムの性能を数値で示す

　基本情報技術者試験では、テクノロジ系、マネジメント系、ストラテジ系、どの分野でも計算問題が出題されます。この章では、テクノロジ系で過去に出題された主な計算問題を紹介し、その解き方を説明します。マネジメント系とストラテジ系は、第10章で取り上げます。

　テクノロジ系の計算問題の多くは、システムの性能を数値で評価したり、他のシステムと数値で比較したりするものです。表8.1は、システムの性能を示すときに使われる主な単位です。

表8.1　システムの性能を示すときに使われる主な単位

対象	評価項目	単位
CPU	クロック周波数	Hz
	1命令当たりのクロック数	CPI
	1秒間に実行できる命令数	MIPS
メモリ	記憶容量	バイト
	アクセス時間	秒
ディスク装置	記憶容量	バイト
	アクセス時間	秒
ネットワーク	伝送速度	bps
	伝送するデータ量	バイト

知らないものがあれば、ここで覚えておきましょう

クロック周波数

CPUは、時計と同様にカチカチと繰り返される**クロック信号**に合わせて動作しています。1秒間に何個のクロック信号が与えられるかを**クロック周波数**と呼び、**Hz**（**ヘルツ**）という単位で示します。たとえば、1GHzのクロック周波数なら、1秒間に1×10^9個＝10億個のクロック信号が与えられています。

CPI

CPUが、1つの命令を実行するのに要するクロック信号の数を**CPI**（Cycles Per Instruction＝サイクル／命令）と呼びます。**サイクル**とは、1個のクロック信号のことです。たとえば、5CPIなら、1つの命令を5個のクロック信号で実行します。このCPUのクロック周波数が1GHzなら、1個のクロック信号が$1/10^9$秒なので、1つの命令を$5 \times 1/10^9$秒＝5×10^{-9}秒＝5ナノ秒で実行します。

MIPS

CPUが、1秒間に実行できる命令の数を示す**MIPS**（Million Instructions Per Second＝百万命令／秒、ミップス）という単位もあります。たとえば、5MIPSのCPUなら、1秒間に5百万命令を実行できます。

記憶容量とアクセス時間

メモリやディスク装置の記憶容量はバイト単位で示され、アクセス時間は秒単位で示されます。アクセス時間とは、データの読み書きに要する時間のことです。

伝送速度とデータ量

ネットワークの伝送速度は、**bps**（bit per second＝ビット／秒）という単位で示されます。ネットワークで伝送されるデータ量は、バイト単位で示されます。1バイト＝8ビットなので、バイトかビットに単位を揃えて計算する必要があります。

第8章 テクノロジ系の計算問題

8.0 なぜテクノロジ系の計算問題が出題されるのか　267

計算問題を解くために必要な知識

　計算問題を解くときに、**特殊な公式は必要ありません。**どの問題も、用語の意味や、技術の仕組みがわかれば計算できます。ただし、確率、期待値、方程式、不等式など、中学～高校程度の基本的な数学の知識が必要とされる場合があります。

　計算問題を克服するには、できるだけ多くの過去問題を解いて、計算の手順に慣れることが重要です。**同じ問題を何度も繰り返し解くことも効果的です。**

　計算問題の例を示しましょう。例題8.1は、CPIとクロック周波数に関する問題です。CPIやHzの意味がわかれば計算できます。うっかり間違いをしないように、丁寧に計算してください。

例題8.1　CPIとクロック周波数（H22 春 問9）

問9　表のCPIと構成比率で，3種類の演算命令が合計1,000,000命令実行されるプログラムを，クロック周波数が1GHzのプロセッサで実行するのに必要な時間は何ミリ秒か。

演算命令	CPI(Cycles Per Instruction)	構成比率（%）
浮動小数点加算	3	20
浮動小数点乗算	5	20
整数演算	2	60

ア　0.4　　　　**イ**　2.8　　　　**ウ**　4.0　　　　**エ**　28.0

　問題に示されたCPU（プロセッサと呼んでいます）には、3種類の演算命令があり、命令ごとにCPIの値が異なります。構成比率が示されているので、CPIの平均値を求めると、$3 \times 0.2 + 5 \times 0.2 + 2 \times 0.6 = 2.8$CPIになります（この計算方法は、後で説明する期待値の計算と同様です）。2.8CPIは、1つの命令の実行に2.8個のクロック信号を使うという意味です。

　これら3種類の命令が$1,000,000 = 10^6$個実行されるので、2.8×10^6個のクロック信号が必要になります。CPUのクロック周波数は、$1GHz = 10^9$Hzです。10^9Hzは、1秒間に10^9個のクロック信号が与えられるという意味です。$2.8 \times$

10^6個のクロック信号が必要な命令を実行するには、$2.8 \times 10^6 \div 10^9 = 2.8 \times 10^{-3}$＝2.8ミリ秒の時間がかかります。正解は、選択肢イです。

　この問題を解くときに、クロック数とクロック周波数のどちらでどちらを割ればよいか、悩んだかもしれません。そのような場合には、**単純な数値で考えてみるとよいでしょう。**たとえば図8.1のように、実際にはあり得ない数字ですが、すべての命令を実行するのに100個のクロック信号が必要であり、CPUのクロック周波数が10Hz（1秒間に10個のクロック信号）だとしましょう。すべての命令の実行に要する時間は、100÷10＝10秒という計算で求められます。このことから、命令の実行に必要なクロック数をクロック周波数で割れば、実行時間が求められることがわかります。

図8.1 単純な数値で考えれば、計算方法がわかる

すべての命令を実行するのに必要なクロック数　……100個
CPUのクロック周波数　……10Hz（1秒間に10個のクロック）

すべての命令の実行に要する時間　……100÷10＝10秒　──　計算方法

確率

　確率に関する問題を解いてみましょう。確率には、**乗法定理**と**加法定理**があります。**2つの事象が連続して起きる確率は、それぞれの確率を乗算することで求められます。**これが、乗法定理です。**2つの事象のいずれかが起きる確率は、それぞれの確率を加算することで求められます。**これが、加法定理です。

　例題8.2は、乗法定理と加法定理を使って解く問題です。問題文の中にある「単純マルコフ過程」とは、未来の事象が現在の事象で決定されるということです。明日の天気は、今日の天気の影響を受けて決まるという意味なので、特に気にする必要はありません。

8.0　なぜテクノロジ系の計算問題が出題されるのか　　**269**

例題8.2　確率の乗法定理と加法定理（H22 秋 問3）

問3　表は，ある地方の天気の移り変わりを示したものである。例えば，晴れの翌日の天気は，40%の確率で晴れ，40%の確率で曇り，20%の確率で雨であることを表している。天気の移り変わりが単純マルコフ過程であると考えたとき，雨の2日後が晴れである確率は何％か。

単位　％

	翌日晴れ	翌日曇り	翌日雨
晴れ	40	40	20
曇り	30	40	30
雨	30	50	20

ア　15　　　イ　27　　　ウ　30　　　エ　33

　この問題を解くには、いきなり計算を始めるのではなく、雨の2日後が晴れになるパターンにどのようなものがあるかを考えて、図に描いてみるとよいでしょう（図8.2）。最初の日は、雨の1通り、1日後は、晴れ、曇り、雨の3通り、そして、2日後は、晴れの1通りなので、①、②、③の3つのパターンがあることがわかります。

図8.2　雨の2日後が晴れであるパターン

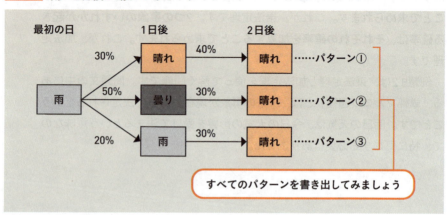

それぞれのパターンの確率は、事象が連続して起きる確率なので、乗法定理で求められます。パターン①は、雨 → 晴れ → 晴れ、となる確率であり、30% × 40% ＝0.3×0.4＝0.12＝12% です。パターン②は、雨 → 曇り → 晴れ、となる確率であり、50% × 30% ＝0.5×0.3＝0.15＝15% です。パターン③は、雨 → 雨 → 晴れ、となる確率であり、20% ×30% ＝0.2×0.3＝0.06＝6% です。

雨の2日後が晴れになる確率は、①、②、③のいずれかのパターンになる確率なので、加法定理で求められます。12% ＋15% ＋6% ＝0.12＋0.15＋0.06 ＝0.33＝33% です。正解は、選択肢エです。

もしも、**確率の乗法定理と加法定理の使い分け方がよくわからないなら、サイコロの目が出る確率を例にして、考えてみるとよいでしょう。**たとえば、サイコロを2回振って1が連続して出る確率は、1回目に1が出る確率が1/6で、2回目に1が出る確率が1/6なので、両者を乗算して、（1/6）×（1/6）＝1/36 です。これが、乗法定理です。サイコロを2回振って1または2が連続して出る確率は、1が連続して出る確率が1/36で、2が連続して出る確率が1/36なので、両者を加算して1/36＋1/36＝2/36＝1/18です。これが、加法定理です。このように、単純な例で考えると、わかりやすくなるはずです。

期待値

計算問題の中には、先ほど紹介した天気の確率の問題のように、コンピュータとは直接関係のない問題が出題されることもありますが、コンピュータに関係した問題の方がよく出題されます。

例題8.3は、<mark>期待値</mark>をコンピュータに関係した問題にしたものです。期待値とは、確率から得られる平均値のことです。この問題では、文字の出現確率（データの中に現れる確率）から、1文字当たりの平均ビット数、すなわち1文字当たりのビット数の期待値を求めます。

例題8.3　1文字当たりの平均ビット数（H23 特別 問3）

問3　表は，文字A～Eを符号化したときのビット表記と，それぞれの文字の出現確率を表したものである。1文字当たりの平均ビット数は幾らになるか。

8.0 なぜテクノロジ系の計算問題が出題されるのか　　271

文字	ビット表記	出現確率（%）
A	0	50
B	10	30
C	110	10
D	1110	5
E	1111	5

ア 1.6　　　**イ** 1.8　　　**ウ** 2.5　　　**エ** 2.8

　この問題では、文字の種類ごとに異なるビット数で符号化しています。A は1ビット、Bは2ビット、Cは3ビット、DとEが4ビットです。それぞれの出現確率から、1文字当たりの期待値を求めると、1×0.5＋2×0.3＋3×0.1＋4×0.05＋4×0.05＝1.8ビットです。正解は、選択肢イです。

　計算方法はシンプルであっても、コンピュータに関係した問題になると、難しく感じるかもしれません。その場合には、**コンピュータとは直接関係のない身近な例で考えてみるとよいでしょう。**たとえば図8.3のように、期待値の計算方法を、宝くじの例で考えると、わかりやすいはずです。

　1等の10,000円が当たる確率が0.3%、2等の1,000円が当たる確率が2%の宝くじがあるとします。1枚当たりの期待値は、10,000円×0.003＋1,000円×0.02＝50円になります。これは、宝くじを1枚買うと、50円の当選金が期待できるということです。この例からわかるように、**期待値は、それぞれの数値に確率を掛けた結果を集計して求めます。**

図8.3　宝くじの期待値の例

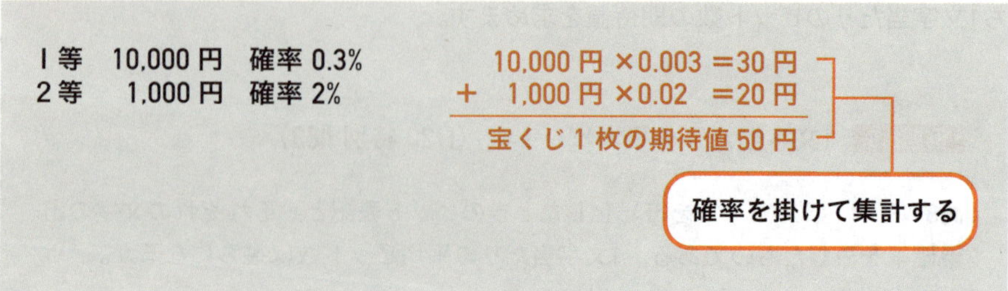

```
1 等   10,000 円   確率 0.3%      10,000 円 ×0.003 ＝30 円
2 等    1,000 円   確率 2%     ＋   1,000 円 ×0.02  ＝20 円
                                宝くじ 1 枚の期待値 50 円
```

確率を掛けて集計する

section 8.1 コンピュータシステムの計算問題

重要度 ★★★　難易度 ★★★

ここがポイント！
- MIPSは、言葉の意味がわかれば計算方法もわかります。
- メモリの実効アクセス時間は、期待値の計算で求めます。
- タスクスケジューリングは、図を描いて考えましょう。

MIPS

例題8.4は、コンピュータの性能をMIPS単位で示す問題です。平均命令実行時間が20ナノ秒というのは、1個の命令を実行するのに20ナノ秒かかるという意味です。MIPSの意味を知っていれば、どのような計算をすればよいかがわかるでしょう。

例題8.4 コンピュータの性能をMIPS単位で示す（H29秋 問9）

問9 平均命令実行時間が20ナノ秒のコンピュータがある。このコンピュータの性能は何MIPSか。

ア　5　　　　イ　10　　　　ウ　20　　　　エ　50

MIPSは、Million Instructions Per Secondの略で、1秒当たり何百万命令を実行できるかを示します。百万単位であることに注意してください。10のべき乗で示すと、百万は10^6です。

20ナノ秒を10のべき乗で示すと、20×10^{-9}秒です。1個の命令を実行するのに、20×10^{-9}秒かかるのですから、1秒間に実行できる命令数は、1秒÷（20×10^{-9}秒）＝$1/20 \times 10^9$という計算で求められます。百万は10^6なので、これを10^6の式にすると、$1/20 \times 10^9 = 1/20 \times 10^3 \times 10^6 = 1000/20 \times 10^6 = 50 \times 10^6$＝50百万になります。1秒間に50百万個の命令を実行できるので、50MIPSです。正解は、選択肢エです。

メモリの実効アクセス時間

メモリの種類には、高速だが高価な SRAM（Static RAM：エスラム）と、低速だが安価な DRAM（Dynamic RAM：ディーラム）があります。コンピュータの内部では、それぞれの長所を活かして、SRAM と DRAM が使い分けられています。

大容量の主記憶（メインメモリ）には、安価な DRAM が使われます。もしも、SRAM を使ったら、コンピュータの価格が、あまりにも高価になってしまうからです。ただし、DRAM だけでは、処理が遅くなってしまうので、CPU の内部に、小容量のキャッシュメモリがあります。主記憶から CPU に読み出したデータを、高速なキャッシュメモリに貯蔵しておけば、同じデータを再利用する際に処理が速くなるからです。キャッシュ（cache）とは、「貯蔵場所」という意味です（図8.4）。

図8.4　SRAM と DRAM の長所を活かして使い分ける

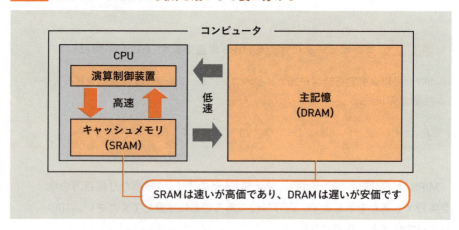

CPU の内部にある演算制御装置は、データが必要になると、はじめに高速なキャッシュメモリを読みます。もしも、そこにデータがなければ、低速な主記憶を読みます。運良くキャッシュメモリの中に目的のデータがある確率をヒット率と呼びます。仮に、高速なキャッシュメモリを読むヒット率が80%なら、残りの100％－80％＝20％の確率で低速な主記憶を読みます。

> **ここが大事！**
>
> 確率は、全部で100%なので、ヒット率（キャッシュメモリに目的のデータがある確率）が80%なら、残りの20%がヒットしない率（キャッシュメモリに目的のデータがない確率）になります。

　実際のメモリのアクセス時間は、「**キャッシュメモリのアクセス時間×ヒット率 ＋ 主記憶のアクセス時間×（100%－ヒット率）**」という計算で求められることになり、これを**実効アクセス時間**または**平均アクセス時間**と呼びます。この計算は、期待値の計算と同様です。例題8.5は、A～Dという4つのシステムの実効アクセス時間を求める問題です。

例題8.5　実効アクセス時間の計算（H31 春 問10）

問10　A～Dを，主記憶の実効アクセス時間が短い順に並べたものはどれか。

	キャッシュメモリ				主記憶
	有無	アクセス時間 （ナノ秒）	ヒット率 （％）		アクセス時間 （ナノ秒）
A	なし	－	－		15
B	なし	－	－		30
C	あり	20	60		70
D	あり	10	90		80

ア　A, B, C, D　　　　イ　A, D, B, C
ウ　C, D, A, B　　　　エ　D, C, A, B

　AとBは、キャッシュメモリがないので、主記憶のアクセス時間がそのまま実効アクセス時間になります。Aは15ナノ秒で、Bは30ナノ秒です。CとDは、キャッシュメモリがあるので、期待値の計算方法で、実効アクセス時間を求めます。

　Cは、60%のヒット率で20ナノ秒のキャッシュメモリを読み、残りの40%の確率で70ナノ秒の主記憶を読みます。したがって、実効アクセス時間＝20×0.6＋70×0.4＝40ナノ秒です。

Dは、90%のヒット率で10ナノ秒のキャッシュメモリを読み、残りの10%の確率で80ナノ秒の主記憶を読みます。したがって、実効アクセス時間＝10×0.9＋80×0.1＝17ナノ秒です。

以上のことから、実効アクセス時間が短い順に並べると、A（15ナノ秒）、D（17ナノ秒）、B（30ナノ秒）、C（40ナノ秒）になります。正解は、選択肢イです。

タスクスケジューリング

WindowsやLinuxなどのOS（Operating System＝基本ソフトウェア、オーエス）には、複数のプログラムを同時に実行する機能があり、これをマルチタスクと呼びます。タスク（task＝仕事）とは、プログラムのことです。タスクは、CPUを使ってデータの計算を行ったり、I/Oを使って周辺装置（キーボード、マウス、ディスプレイなど、コンピュータ本体に接続された装置）とデータの入出力を行ったりします。I/Oは、Input/Output（入力／出力）の略で、「アイオー」と読みます。

一般的なコンピュータシステムには、CPUが1つだけしかありません。したがって、複数のタスクが同時にCPUを利用しようとすると、競合が生じてしまいます。この競合を防ぐために、OSには、それぞれのタスクに順番にCPUを割り当てる機能が用意されています。これをタスクスケジューリングと呼びます。もしも、特定のI/Oが1つだけしかないコンピュータシステムの場合は、I/Oも順番に割り当てられます。

例題8.6は、タスクスケジューリングに関する問題です。AとBの2つのタスクを同時に実行しています。CPUは、1台だけです。I/Oは、それぞれのタスクが同時に利用可能でしたが、CPUと同様に、1つのタスクだけに割り当てられるように変更されています。したがって、CPUとI/Oを2つのタスクに順番に割り当てることになります。この問題を解くときには、タスクスケジューリングの図を描くとよいでしょう。

例題8.6 タスクが終了するまでのCPUの使用率（H23 特別 問18）

問18 CPUが1台で，入出力装置（I/O）が同時動作可能な場合の二つのタスクA，Bのスケジューリングは図のとおりであった。この二つのタスクにおいて，入出力装置がCPUと同様に，一つの要求だけを発生順に処理するように変更した場合，両方のタスクが終了するまでのCPU使用率はおよそ何％か。

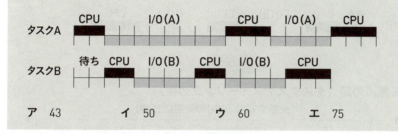

ア　43　　　イ　50　　　ウ　60　　　エ　75

　もしも、タスクに優先順位が決められている場合は、優先順位が低いタスクがCPUやI/Oを使用中であっても、優先順位が高いタスクがCPUやI/Oを要求すれば、CPUやI/Oの割り当てが切り換わります。この問題では、優先順位が設定されていないので、あるタスクがCPUやI/O使用中に、別のタスクがCPUやI/Oを要求すると、別のタスクはCPUやI/Oが空くのを待つことになります。

　問題文に示されている図は、左から右に向かって時間が経過しています。1つの枠は、単位が示されていませんが、何らかの時間を意味しています。図8.5の（1）は、タスクAとタスクBの視点で描かれていますが、これを図8.5の（2）のように、CPUとI/Oを2つのタスクに割り当てるOSの視点で描き換えれば、**タスクスケジューリングの図になります。**

図8.5 タスク視点の図をOS視点の図に描き換える

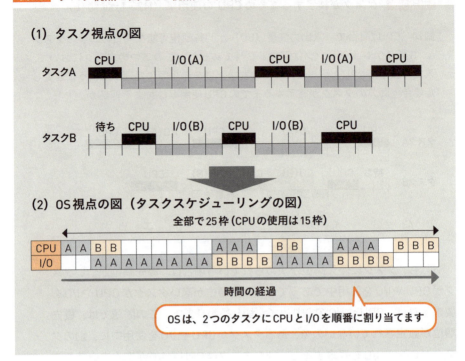

タスクAとタスクBの両方が終了するまでに、全部で25個の枠があります。その中の15個の枠で、CPUが使われています。したがって、CPUの使用率は、15÷25＝0.6（60％）です。正解は、選択肢ウです。

> OS視点の図に描き換えると、一気にわかりやすくなりますね！

> 論理演算でもベン図に書き出すとわかりやすくなったのと同様で、迷ったら図にしてみる、というのは大事ですよ。

section 8.2 技術要素の計算問題

重要度 ★★★　難易度 ★★★

ここがポイント！
- 音声のサンプリングの計算がよく出題されます。
- ネットワークの転送時間の計算もよく出題されます。
- ビットとバイトの単位に注意して計算してください。

ビットマップフォント

IT用語における**フォント**（font）は、文字の書体データを意味します。フォントの形式は、**ビットマップフォント**（bitmap font）と**スケーラブルフォント**（scalable font）に分類されます。

ビットマップフォントは、ドット（点）を並べて文字の形を表現したものです。データのサイズが小さいという長所がありますが、文字を拡大するとギザギザになるという短所があります。

スケーラブルフォントは、線の位置、形状、長さなどの情報から文字の形を表現したものです。文字を拡大しても滑らかであるという長所がありますが、データのサイズが大きくなるという短所があります。

> **フォントの形式**
> **ビットマップフォント**：データのサイズが小さいが、拡大するとギザギザになる
> **スケーラブルフォント**：拡大しても滑らかだが、データのサイズが大きい

例題8.7は、ビットマップフォントのサイズに関する問題です。**dpi**は、dot per inch（ドット／インチ）の略で、1インチに表示されるドットの数を示します。**ポイント**は、文字や余白のサイズを示す単位です。これらの用語や単位の意味がわかれば、計算ができるでしょう。

> **例題8.7** ビットマップフォントのサイズ（H31春問11）
>
> **問11** 96dpiのディスプレイに12ポイントの文字をビットマップで表示したい。正方フォントの縦は何ドットになるか。ここで，1ポイントは1／72インチとする。
>
> ア 8 イ 9 ウ 12 エ 16

　このビットマップフォントは、**正方フォント**（正方形のフォント）なので、縦と横のサイズは同じです。1ポイントが1/72インチで、12ポイントなので、縦と横のサイズは、1/72×12＝12／72＝1/6インチです。96dpi（1インチに96ドット）のディスプレイなので、縦と横のドット数は、1/6×96＝16ドットです。正解は、選択肢エです。16ドットのビットマップフォントの例を図8.6に示します。これは「A」という文字のフォントです。

図8.6 16ドットのビットマップフォントの例

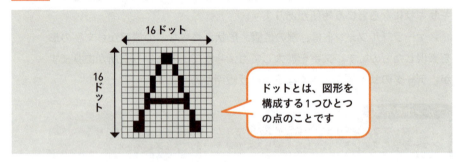

音声のサンプリング

　音声をコンピュータで取り扱える2進数のデータとして記録するときには、一定の時間間隔でデータを取り込むことを繰り返します。これを**サンプリング**（sampling＝標本化）と呼びます。サンプリングした値は、特定のビット数のデータにします。サンプリング間隔が小さく、ビット数が大きいほど、再生時に品質の高い音声を聞くことができます。

　例題8.8は、音声のサンプリングに関する問題です。サンプリングの意味がわかれば、計算できるでしょう。**フラッシュメモリ**（flash memory）と

は、USBメモリやSDカードなどで使われているメモリのことです。

例題8.8 **音声のサンプリングにおけるデータの容量（H31春 問25）**

問25 音声のサンプリングを1秒間に11,000回行い，サンプリングした値をそれぞれ8ビットのデータとして記録する。このとき，$512×10^6$バイトの容量をもつフラッシュメモリに記録できる音声の長さは、最大何分か。

ア 77 **イ** 96 **ウ** 775 **エ** 969

1秒間に11,000回のサンプリングを行って、1回のデータが8ビット＝1バイトなので、1分＝60秒のデータ容量は、$11,000×1×60＝660,000＝660×10^3$バイトです。フラッシュメモリの記憶容量は、$512×10^6$バイトなので、$(512×10^6)÷(660×10^3)≒775$分の記録ができます。正解は、選択肢ウです。

ネットワークの転送時間

例題8.9は、ネットワークでデータの転送時間を求める問題です。ネットワークの伝送速度は、bps（ビット／秒）で示されますが、100%の能力が使えるとは限りません。問題には、実際に利用できる能力が、伝送効率として示されています。問題文の中で、「伝送」という言葉と「転送」という言葉が混在していますが、両者の違いを気にする必要はありません。

例題8.9 **ネットワークの転送時間を求める（H27春 問31）**

問31 10Mバイトのデータを100,000ビット／秒の回線を使って転送するとき，転送時間は何秒か。ここで，回線の伝送効率を50%とし，1Mバイト＝10^6バイトとする。

ア 200 **イ** 400 **ウ** 800 **エ** 1,600

伝送速度の単位がビットであるのに対し、データ量の単位がバイトであることに注意してください。どちらかに単位を揃えて計算する必要があります。

8.2 技術要素の計算問題　281

ここでは、ビット単位に揃えます。1バイト＝8ビットなので、10Mバイトの
データ＝80Mビットのデータです。

　伝送効率が50%なので、実際の伝送速度は、100,000ビット／秒の50%の
50,000ビット／秒です。したがって、転送時間は80M÷50,000＝（80×10^6）
÷（5×10^4）＝16×10^2＝1,600秒です。正解は、選択肢エです。

ネットワークの回線利用率

　ネットワークの通信線のことを回線と呼びます。回線が持つデータの伝送
能力のうち何%を使っているかを回線利用率と呼びます。例題8.10は、ネッ
トワークの回線利用率を求める問題です。ここでも、回線速度の単位がビッ
トであるのに対し、データ量の単位がバイトであることに注意してください。

例題8.10 **ネットワークの回線利用率を求める（R01 秋 問30）**

問30　10Mビット／秒の回線で接続された端末間で，平均1Mバイトのファイル
を，10秒ごとに転送するときの回線利用率は何%か。ここで，ファイルの転送
時には，転送量の20%が制御情報として付加されるものとし，1Mビット＝10^6
ビットとする。

ア 1.2 　　　　 **イ** 6.4 　　　　 **ウ** 8.0 　　　　 **エ** 9.6

　ビットとバイトの単位が混在しているので、ビット単位に揃えて計算して
みましょう。10秒ごとに転送されるファイルのサイズは、1Mバイト＝8Mビッ
トです。これに20%の制御情報が付加されるので、全体のサイズは8Mビッ
ト×1.2＝9.6Mビットになります。10Mビット／秒の回線は、10秒間に、100M
ビットのデータを転送できます。したがって、回線利用率は、9.6Mビット÷
100Mビット＝0.096（9.6%）になります。正解は、選択肢エです。

section 8.3 開発技術の計算問題

重要度 ★★★☆　難易度 ★★★☆

ここがポイント！
- 仕組みや用語の意味がわかれば計算できる問題があります。
- 稼働率の計算がよく出題されます。
- 稼働率に関連してMTBFとMTTRもよく出題されます。

システムの処理能力

1秒間に処理できる**トランザクション**（処理のまとまり）の数で、システムの処理能力を示すことがあり、これを **TPS**（Transactions Per Second＝トランザクション／秒）と呼びます。例題8.11は、TPSを求める問題です。運用条件に示された数字を使えば、TPSを計算できます。特殊な公式は、必要ありません。

例題8.11　データベースシステムのTPSを求める（H23 特別 問19）

問19 Webサーバとデータベースサーバ各1台で構成されているシステムがある。次の運用条件の場合，このシステムでは最大何TPS処理できるか。ここで，各サーバのCPUは，1個とする。

〔運用条件〕
(1) トランザクションは，Webサーバを経由し，データベースサーバでSQLが実行される。
(2) Webサーバでは，1トランザクション当たり，CPU時間を1ミリ秒使用する。
(3) データベースサーバでは，1トランザクション当たり，データベースの10データブロックにアクセスするSQLが実行される。1データブロックのアクセスに必要なデータベースサーバのCPU時間は，0.2ミリ秒である。
(4) CPU使用率の上限は，Webサーバが70%，データベースサーバが80%である。
(5) トランザクション処理は，CPU時間だけに依存し，Webサーバとデータベースサーバは互いに独立して処理を行うものとする。

ア　400　　イ　500　　ウ　700　　エ　1,100

このシステムは、1台のWebサーバと1台のデータベースサーバから構成されています。**複数のサーバから構成されたシステムでは、最も遅いサーバの処理能力が、全体の処理能力を決めることになります。**

　Webサーバの処理能力は、1トランザクション当たり1ミリ秒なので、1秒÷1ミリ秒＝1,000TPSです。ただし、CPUの使用率の上限が70％なので、実際には1,000×0.7＝700TPSになります。

　データベースサーバでは、1トランザクション当たり10データブロックにアクセスし、1データブロックの処理時間が0.2ミリ秒なので、1トランザクション当たりの処理時間は、10×0.2＝2ミリ秒です。したがって、データベースサーバの処理能力は、1秒÷2ミリ秒＝500TPSです。ただし、CPUの使用率の上限が80％なので、実際には500×0.8＝400TPSになります（図8.7）。

　Webサーバが700TPSで、データベースサーバが400TPSなので、遅い方の400TPSが、システムの処理能力になります。正解は、選択肢アです。

図8.7 システムの処理能力

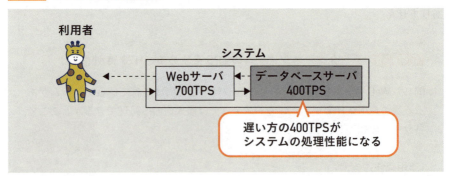

ターンアラウンドタイム

　1日の終業後や週末などに、それまでに蓄積された大量のデータをまとめて処理することを**バッチ処理**（batch＝束）と呼びます。バッチ処理を行うシステムでは、データの入力と出力に長い時間がかかるので、**CPUを使った計算時間だけでなく、データの入力と出力の時間も、システムの処理時間に加えます。**こうして得られた時間を**ターンアラウンドタイム**（turn around time）と呼びます（図8.8）。

図8.8 ターンアラウンドタイムを求める式

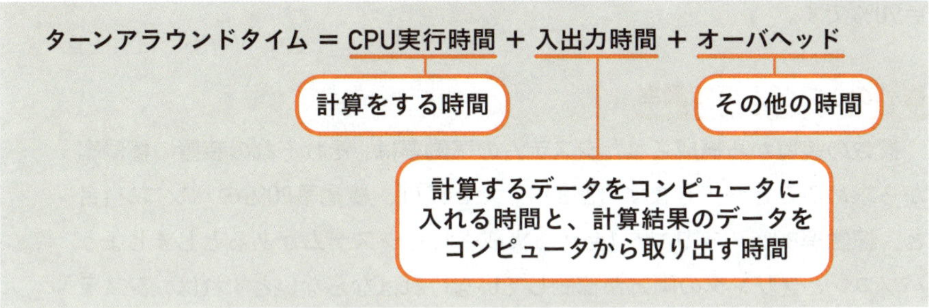

ターンアラウンドタイム ＝ CPU実行時間 ＋ 入出力時間 ＋ オーバヘッド

- 計算をする時間
- 計算するデータをコンピュータに入れる時間と、計算結果のデータをコンピュータから取り出す時間
- その他の時間

例題8.12は、ターンアラウンドタイムに関する問題です。この問題では、CPU実行時間と入出力時間の他にも、オーバヘッド（何らかの余分な時間）があるとしています。

例題8.12 ターンアラウンドタイムを改善する（H21 春 問18）

問18 プログラムのCPU実行時間が300ミリ秒，入出力時間が600ミリ秒，その他のオーバヘッドが100ミリ秒の場合，ターンアラウンドタイムを半分に改善するには，入出力時間を現在の何倍にすればよいか。

ア $\frac{1}{6}$　　　イ $\frac{1}{4}$　　　ウ $\frac{1}{3}$　　　エ $\frac{1}{2}$

改善前のターンアラウンドタイムは、CPU実行時間＋入出力時間＋オーバヘッド＝300＋600＋100＝1,000ミリ秒です。これを半分に改善するので、500ミリ秒にすればよいことになります。改善の対象とするのは、600ミリの入出力時間です。この入出力時間を100ミリ秒にすれば、ターンアラウンドタイムを300＋100＋100＝500ミリ秒に改善できます。600ミリ秒を100ミリ秒にするので、1/6です。正解は、選択肢アです。

稼働率

稼働しているシステムは、いつか必ず故障するものです。もしも、故障して停止したら、修理して再度システムを稼働させます。システムが稼働している割合を稼働率と呼びます。

8.3 開発技術の計算問題　285

たとえば、100時間のうち、90時間稼働したシステムの稼働率は、90／100＝90％です。

直列のシステムの稼働率

複数の装置から構成されたシステムの稼働率は、それぞれの装置の稼働率から求めることができます（図8.9）。たとえば、稼働率90％のパソコン1台と、稼働率80％のプリンタ1台から構成されたシステムがあるとしましょう。パソコンとプリンタの両方が稼働していなければならないとすれば、システムの稼働率は、それぞれの稼働率を乗算して0.9×0.8＝0.72＝72％という計算で求められます。これは、**確率の乗法定理**です。

図8.9　パソコン1台とプリンタ1台から構成されたシステムの稼働率

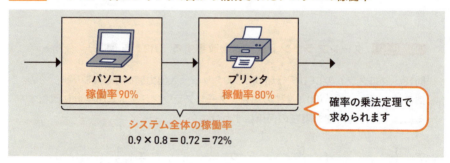

並列のシステムの稼働率

同じ装置を複数台用意して、少なくともいずれか1台が稼働していればよいという構成にすれば、システムの稼働率を向上できます。たとえば、先ほどのシステムのプリンタをAとBの2台にして、稼働率を計算してみましょう（図8.10）。2台のプリンタの稼働率は、どちらも80％だとします。80％の確率で稼働するので、残りの20％の確率で停止します。

この場合には、確率の乗法定理と加法定理を使います。パソコンが稼働し、プリンタAまたはBのいずれか1台が稼働するパターンには、「パソコンが稼働、プリンタAが稼働、プリンタBが稼働（パターン①）」「パソコンが稼働、プリンタAが稼働、プリンタBが停止（パターン②）」「パソコンが稼働、プリンタAが停止、プリンタBが稼働（パターン③）」という3つがあります。

それぞれの稼働率を、確率の乗法定理で求めると、パターン①が0.9×0.8×0.8＝0.576、パターン②が0.9×0.8×0.2＝0.144、パターン③が0.9×0.2×

0.8＝0.144になります。パターン①、②、③のいずれかになる確率が、システムの稼働率です。それは、**確率の加法定理**で求められ、0.576＋0.144＋0.144＝0.864＝86.4％になります。

図8.10 プリンタを2台にしたシステムの稼働率の求め方（その1）

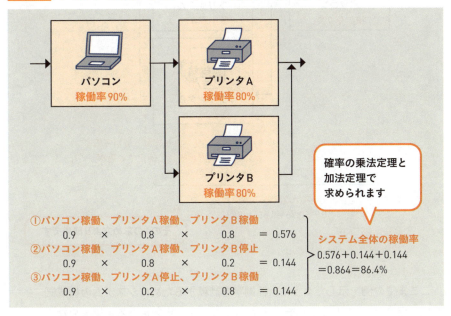

稼働率の効率的な求め方

　図8.10に示した計算は、確率の乗法定理と加法定理の練習をするには、よい題材ですが、実は、もっと簡単に、システムの稼働率を求めることができます。2台のプリンタの少なくとも1台が稼働している確率を「**100％－2台が同時に停止する確率**」で求めるのです（図8.11）。

　プリンタAが停止する確率は20％であり、プリンタBが停止する確率も20％です。したがって、両方が同時に停止する確率は、確率の乗法定理で、0.2×0.2＝0.04です。これを100％から引くと、1－0.04＝0.96になります。これが、2台のプリンタの少なくとも1台が稼働している確率です。さらに、プリンタと同時にパソコンも稼働していなければならないので、確率の乗法定理でパソコンの稼働率の90％を掛けて、0.9×0.96＝0.864＝86.4％がシステムの稼働率です。これは、先ほどの面倒な計算で求めた値と同じです。

図8.11 プリンタを2台にしたシステムの稼働率の求め方（その2）

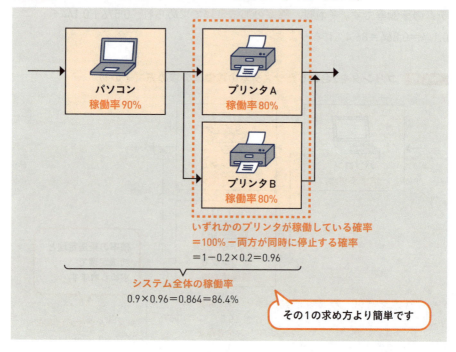

ここまでの例で示したように、稼働率を計算するためにシステムの構成図を描く場合は、1台しかない装置を<u>直列</u>でつなぎ、複数台ある装置（少なくともいずれか1台が動作していればよい装置）を<u>並列</u>でつなぎます。例題8.13は、直列と並列のシステムの稼働率を求める問題です。

例題8.13 直列と並列のシステムの稼働率を求める（R01 秋 問16）

問16 2台の処理装置から成るシステムがある。少なくともいずれか一方が正常に動作すればよいときの稼働率と，2台とも正常に動作しなければならないときの稼働率の差は幾らか。ここで，処理装置の稼働率はいずれも0.9とし，処理装置以外の要因は考慮しないものとする。

ア 0.09　　イ 0.10　　ウ 0.18　　エ 0.19

「少なくともいずれか一方が正常に動作すればよいとき」は、稼働率0.9の

2台の装置が並列でつながれています。それぞれが停止する確率は、1－0.9＝0.1であり、両方が同時に停止する確率は、0.1×0.1＝0.01です。したがって、少なくともいずれか一方が正常に動作する確率（稼働率）は、1－0.01＝0.99です。「2台とも正常に動作しなければならないとき」は、稼働率0.9の2台の装置が直列でつながれているので、稼働率は、0.9×0.9＝0.81です。両者の差は、0.99－0.81＝0.18なので、選択肢ウが正解です。

MTBFとMTTR

　システムを運用すると、稼働と停止を繰り返すことになります。ある期間において、システムが稼働していた時間の平均値をMTBF（Mean Time Between Failure＝平均故障間隔）と呼び、システムが停止していた時間の平均値をMTTR（Mean Time To Repair＝平均修理時間）と呼びます。システムは、故障と故障の間で稼働し、故障して停止したら修理するものだからです。

　たとえば、図8.12のように稼働と停止を繰り返したシステムでは、MTBF＝（80＋90＋70）÷3＝80時間であり、MTTR＝（20＋10＋30）÷3＝20時間です。

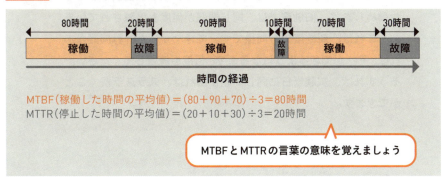

図8.12　システムのMTBFとMTTR

　MTBFとMTTRを使って稼働率を求めることができます。**「稼働率＝稼働した時間／すべての時間」**です。稼働した時間は、MTBFであり、すべての時間は、稼働した時間と停止した時間の合計値なので、MTBF＋MTTRです。したがって、**「稼働率＝MTBF／（MTBF＋MTTR）」**です。先ほど図8.9に示し

たシステムの稼働率は、80／(80＋20)＝0.8＝80％になります。例題8.14は、MTBFとMTTRから稼働率を求める問題です。

例題8.14　MTBFとMTTRから稼働率を求める（H23 特別 問16）

問16　装置aとbのMTBFとMTTRが表のとおりであるとき，aとbを直列に接続したシステムの稼働率は幾らか。

単位 時間

装置	MTBF	MTTR
a	80	20
b	180	20

ア　0.72　　　イ　0.80　　　ウ　0.85　　　エ　0.90

　装置aの稼働率は、80／(80＋20)＝0.8です。装置bの稼働率は、180／(180＋20)＝0.9です。これらを直列に接続したシステムの稼働率は、確率の乗法定理で、0.8×0.9＝0.72です。正解は、選択肢アです。

アドバイス

> 計算問題が苦手な人は、同じ過去問題を何度も練習することをお勧めします。旧制度では、同じ問題が何度も出題されています。これは、新制度でも同様です。できなかった計算問題があれば、それができるようになるまで、何度も練習してください。そうすれば、試験当日に同じ問題が出れば、スラスラ解くことができます。

section 8.4 テクノロジ系の計算問題の練習問題

MIPS

練習問題 8.1　MIPSとトランザクションの処理能力（H25秋 問9）

問9 1件のトランザクションについて80万ステップの命令実行を必要とするシステムがある。プロセッサの性能が200MIPSで，プロセッサの使用率が80%のときのトランザクションの処理能力（件／秒）は幾らか。

ア　20　　　　イ　200　　　　ウ　250　　　　エ　313

80万ステップの命令とは，80万個の命令ということです！

メモリの実効アクセス時間

練習問題 8.2　キャッシュメモリのヒット率（H25春 問12）

問12 図に示す構成で，表に示すようにキャッシュメモリと主記憶のアクセス時間だけが異なり，他の条件は同じ2種類のCPU XとYがある。
　あるプログラムをCPU XとYでそれぞれ実行したところ，両者の処理時間が等しかった。このとき，キャッシュメモリのヒット率は幾らか。ここで，CPUの処理以外の影響はないものとする。

図　構成

表　アクセス時間

単位　ナノ秒

	CPU X	CPU Y
キャッシュメモリ	40	20
主記憶	400	580

ア　0.75　　　　イ　0.90　　　　ウ　0.95　　　　エ　0.96

ヒット率を未知数として，方程式を立ててください！

タスクスケジューリング

練習問題 8.3　2つのタスクが完了するまでの時間（H26秋 問17）

問17 2台のCPUから成るシステムがあり，使用中でないCPUは実行要求のあったタスクに割り当てられるようになっている。このシステムで，二つのタスクA，Bを実行する際，それらのタスクは共通の資源Rを排他的に使用する。それぞれのタスクA，BのCPU使用時間，資源Rの使用時間と実行順序は図に示すとおりである。二つのタスクの実行を同時に開始した場合，二つのタスクの処理が完了するまでの時間は何ミリ秒か。ここで，タスクA，Bを開始した時点では，CPU，資源Rともに空いているものとする。

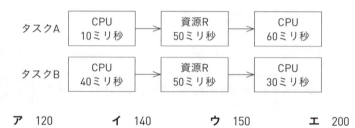

ア　120　　　イ　140　　　ウ　150　　　エ　200

CPUが2台あることに注意して，タスクスケジューリングを図示しましょう！

ビットマップフォント

練習問題 8.4　ビットマップフォント全体のサイズ（H25秋 問11）

問11 1文字が，縦48ドット，横32ドットで表される2値ビットマップのフォントがある。文字データが8,192種類あるとき，文字データ全体を保存するために必要な領域は何バイトか。ここで，1Mバイト＝1,024kバイト，1kバイト＝1,024バイトとし，文字データは圧縮しないものとする。

ア　192k　　　イ　1.5M　　　ウ　12M　　　エ　96M

1k＝1024であり、1M＝1024×1024であることに注意しましょう！

音声のサンプリング

練習問題 8.5 サンプリング間隔を求める（H25 春 問3）

問3 アナログ音声をPCM符号化したとき，1秒当たりのデータ量は64,000ビットであった。量子化ビット数を8ビットとするとき，サンプリング間隔は何マイクロ秒か。

ア　0.125　　イ　8　　ウ　125　　エ　512

サンプリング間隔を未知数として方程式を立ててください！

回線利用率

練習問題 8.6 回線利用率を求める（H24 秋 問32）

問32 通信速度64,000ビット／秒の専用線で接続された端末間で，平均1,000バイトのファイルを，2秒ごとに転送するときの回線利用率は何％か。ここで，ファイル転送に伴い，転送量の20％の制御情報が付加されるものとする。

ア　0.9　　イ　6.3　　ウ　7.5　　エ　30.0

ビットとバイトのどちらかに単位を揃えて計算しましょう！

稼働率

練習問題 8.7　システム全体の稼働率（H22 秋 問19）

問19 四つの装置A～Dで構成されるシステム全体の稼働率として，最も近いものはどれか。ここで，各装置の稼働率は，AとCが0.9，BとDが0.8とする。また，並列接続部分については，いずれか一方が稼働しているとき，当該並列部分は稼働しているものとする。

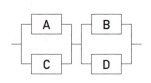

まず並列部分の稼働率を求め、次に全体の稼働率を求めます！

ア　0.72　　　イ　0.92　　　ウ　0.93　　　エ　0.95

カキカキカキ・・・（計算問題を解いている）

ひかるくん、計算問題、たくさん解いているみたいですね。

はい！　はじめは計算問題に苦手意識があったのですが、何度も問題を解くうちに徐々にできるようになってきたのが嬉しくて、練習しているんです。

がんばっていますね。計算問題は一度点数が取れるようになれば、得点源になりやすいので、合格にグッと近づきますよ。

そうですか。得点源にできるように、もう少しがんばってみますね。

section 8.5 テクノロジ系の計算問題の練習問題の解答・解説

MIPS

練習問題 8.1　　MIPS とトランザクションの処理能力（H25 秋 問9）

解答　イ

解説　プロセッサの使用率が80%なので、実際に利用できる性能は、200MIPSの80%の160MIPS（160百万命令／秒）です。トランザクション1件当たりが80万命令なので、1秒間に処理できる件数は、160百万÷80万＝200件になります。

メモリの実効アクセス時間

練習問題 8.2　　キャッシュメモリのヒット率（H25 春 問12）

解答　イ

解説　ヒット率をhとすると、CPU Xの実効アクセス時間は、40h＋400×（1－h）です。CPU Yの実効アクセス時間は、20h＋580×（1－h）です。問題文に、他の条件が同じで処理時間が等しいと示されているので、これら2つのCPUの実効アクセス時間も等しいはずです。したがって、40h＋400×（1－h）＝20h＋580×（1－h）という方程式が立てられます。これを解いて、h＝0.90です。

タスクスケジューリング

練習問題 8.3　2つのタスクが完了するまでの時間 (H26 秋 問17)

解答　イ

解説　図8.13は、タスクAとタスクBに、CPU1、CPU2、および資源R
を割り当てるタスクスケジューリングです。1つの枠は、10ミリ秒を表し
ています。2つのタスクが終了するまでには、14枠があるので、140ミリ秒
です。

図8.13　**2台のCPUと資源Rを割り当てるタスクスケジューリング**

全部で14枠＝140ミリ秒

CPU1	A					A	A	A	A	A	A			
CPU2	B	B	B	B									B	B	B
資源R		A	A	A	A	A	B	B	B	B	B			

時間の経過

ビットマップフォント

練習問題 8.4　ビットマップフォント全体のサイズ (H25 秋 問11)

解答　イ

解説　**2値ビットマップフォント**とは、1ドットが1ビットで表されたも
のです。1ビットで表せるのは、0と1の2値なので、それを白と黒に割り当
てれば、モノクロのフォントになります。

1文字当たりのサイズは、縦が48ドット、横が32ドットなので、48×32＝
1,536ビットになります。文字の種類が8,192種類あるので、文字データ全
体のサイズは、1,536×8,192ビットです。8,192＝8×1,024で、k＝1,024で
あり、1バイト＝8ビットなので、1,536×8,192ビット＝1,536×8×1,024＝
1,536kバイトです。この1,536を、さらに1,024で割ると、M単位になりま
す。1,536÷1,024＝1.5なので、答えは1.5Mバイトです。

人間の世界では、k＝1,000ですが、コンピュータの世界では、k＝1,024と
することがあります。10進数の1,000は、2進数で1111101000という切りが
悪い数になりますが、10進数の1,024なら、2進数で10000000000という切

りがよい数になるからです。1,000に近くて、2進数で切りがよい1,024をk
とするのです。**1,024をkとした場合は、M＝1,024×k、G＝1,024×M、T
＝1,024×Gです。**

音声のサンプリング

練習問題 8.5 サンプリング間隔を求める（H25 春 問3）

解答 ウ

解説 サンプリング間隔をs秒とすると、1秒間に1/s回のサンプリング
が行われます。1回のサンプリングで8ビットのデータを記録して、1秒当
たりのデータ量が64,000ビットになったことから、1/s×8＝64,000という
方程式が立てられます。これを解いて、s＝8/64,000＝0.125×10^{-3}＝125×
10^{-6}＝125マイクロ秒です。

回線利用率

練習問題 8.6 回線利用率を求める（H24 秋 問32）

解答 ウ

解説 平均1,000バイトのファイルを2秒ごとに送って、それに20％の制
御情報が付加されるので、全体で1,200バイトになります。1秒当たりに換
算すると、その半分の600バイトです。通信速度の64,000ビット／秒をバ
イト単位にすると、8,000バイト／秒です。したがって、回線利用率は、600
／8,000＝0.075＝7.5％です。この章の中ほどで紹介した例題では、ビット
単位に揃えて計算していましたが、この練習問題では、64,000ビット／秒
という数字が8で容易に割れるものだったので、バイト単位に揃えて計算
しました。

8.5 テクノロジ系の計算問題の練習問題の解答・解説　**297**

稼働率

練習問題 8.7 システム全体の稼働率（H22 秋 問19）

解答 エ

解説 図8.14は、システムを構成する装置A、B、C、Dに、それぞれの稼働率を書き込んだものです。AとCが並列になっている部分の稼働率は、100%から両方が同時に停止する確率を引いて、0.99になります。BとDが並列になっている部分の稼働率は、100%から両方が同時に停止する確率を引いて、0.96になります。システム全体の稼働率は、確率の乗法定理で、これらを掛けたものとなり、0.99×0.96＝0.9504≒95% です。

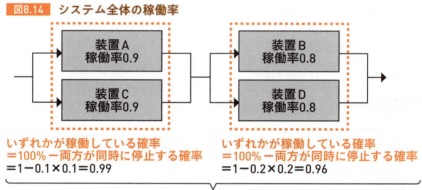

図8.14 システム全体の稼働率

直列のシステムの稼働率は「いずれのシステムも稼働している確率」で、並列のシステムの稼働率は「いずれかのシステムが稼働している確率」でしたね。

chapter 9

マネジメント系とストラテジ系の要点

この章では、マネジメント系とストラテジ系の問題を解くコツを説明します。どちらの分野も、つかみどころがない問題が多いのですが、言葉の意味を考えて、常識的な判断をすれば、選択肢の中から答えを絞り込めます。

- 9.0 なぜマネジメント系とストラテジ系の要点を学ぶのか？
- 9.1 マネジメント系の要点
- 9.2 ストラテジ系の要点
- 9.3 マネジメント系とストラテジ系の要点の練習問題
- 9.4 マネジメント系とストラテジ系の要点の練習問題の解答・解説

section 9.0 なぜマネジメント系とストラテジ系の要点を学ぶのか?

重要度 ★★★　難易度 ★☆☆

ここがポイント！
- テクノロジ系以外の分野を学ぶ理由を知りましょう。
- 言葉の意味から判断して解ける問題が多くあります。
- 常識的な判断をすれば解ける問題も多くあります。

社会人には技術だけでなく管理と戦略の知識も必要

　情報処理推進機構が公開している試験要綱には、基本情報技術者試験の対象者像および役割と業務が、図9.1のように示されています。

図9.1　基本情報技術者試験の対象者像および役割と業務

【対象者像】
ITを活用したサービス，製品，システム及びソフトウェアを作る人材に必要な基本的知識・技能をもち，実践的な活用能力を身に付けた者

【役割と業務】
上位者の指導の下に，次のいずれかの役割を果たす。

① 組織及び社会の課題に対する，ITを活用した戦略の立案，システムの企画・要件定義に参加する。
② システムの設計・開発，又は汎用製品の最適組合せ（インテグレーション）によって，利用者にとって価値の高いシステムを構築する。
③ サービスの安定的な運用の実現に貢献する。

　これを見てわかるのは、基本情報技術者試験が、社会人を対象とした試験であることと、システムの設計と開発（テクノロジ）ができるだけでなく、情報技術を活用した戦略の立案（ストラテジ）に参加でき、システムの構築と運用（マネジメント）に貢献できることを示す試験であることです。そのため、基本情報技術者試験の内容は、テクノロジ系、マネジメント系、ストラテジ系から構成されているのです。情報技術と聞くと、真っ先にテクノロジ

を思い浮かべるかもしれませんが、情報技術を活用できる社会人であること
を示すには、マネジメントとストラテジの知識も必要なのです。

マネジメント系とストラテジ系の問題を解くコツ

　マネジメント（management）は、「管理」という意味です。ストラテジ
（strategy）は、「戦略」という意味です。試験要綱では、それぞれの分野に
膨大な数のテーマが示されていますが、そのほとんどは「プロジェクトの環
境」や「変更のコントロール」のように、一般常識で意味がわかるものです。
**このことから、マネジメント系とストラテジ系の問題を解くコツは、言葉の
意味を考えて、常識的な判断をすることだといえます。**

　ただし、「エンタープライズアーキテクチャ（EA）」や「WBS」のように、
一般常識では意味のわからない用語もあります。**このような用語の多くは英
語なので、辞書で日本語の意味を調べてください。これが、用語を覚えるコ
ツです。**エンタープライズアーキテクチャのエンタープライズ（enterprise）
は「事業」という意味で、アーキテクチャ（architecture）は「構造」とい
う意味です。WBSは、Work（作業）Breakdown（分解）Structure（構造）
の略語です。

言葉の意味から判断する

　問題を解くコツの具体例を示しましょう。例題9.1は、マネジメント系の
サービスマネジメントに関する問題です。

例題9.1　一斉移行方式の特徴（H26 春 問55）

問55　システムの移行方式の一つである一斉移行方式の特徴として，最も適切
なものはどれか。

ア　新旧システム間を接続するアプリケーションが必要となる。
イ　新旧システムを並行させて運用し，ある時点で新システムに移行する。
ウ　新システムへの移行時のトラブルの影響が大きい。
エ　並行して稼働させるための運用コストが発生する。

9.0 なぜマネジメント系とストラテジ系の要点を学ぶのか　**301**

「システム」「移行」「一斉移行方式」という言葉の意味は、一般常識としてわかるでしょう。念のために説明すると、システムとは、何らかの業務で使用されるハードウェアとソフトウェア一式のことです。移行とは、現在のシステムを新しいシステムに置き換えることです。この問題では、旧システムと新システムと示されています。一斉移行方式とは、システムを分割して段階的に置き換えるのではなく、システム全体を一気に置き換えることです。これらの言葉の意味から、常識的な判断をすれば、答えを選べるでしょう。

選べなかったら消去法

もしも、答えを選べない場合は、不適切な選択肢を消していきましょう。基本情報技術者試験は、すべて選択問題なのですから、選べなかったら消去法です。第1章の問題解法テクニックで説明したように、選択肢に○、△、×という印を付けて、最も無難なものを選びましょう。

選択肢アは、×です。旧システムと新システムを同時に使うのなら両者を接続するアプリケーションが必要ですが、一斉移行方式では、旧システムから新システムに一気に置き換えるのですから、その必要はありません。

選選択肢イも、×です。一気に置き換えるのですから、新旧システムを並行させて運用することはありません。

選択肢ウは、△です。消去法で大事なのは、○と×だけにしないことです。なぜなら、この例のように、つかみどころのない問題では、すぐに○と×の判断ができないことがあるからです。×ではなさそうだが、○ともいえないなら、とりあえず△にしておきましょう。システムを一気に移行するのですから、移行時にトラブルが生じたら、業務に影響を与えそうです。これは、とりあえず△です。

選択肢エは、×です。一気に置き換えるのですから、並行して稼働させることはありません。

これで、すべての選択肢に印を付けられました。アは×、イは×、ウは△、エは×です。これらの中で最も無難なのは、△を付けたウです。答えとして、ウを選んでください。実際の正解も、選択肢ウです。

常識的な判断をする

例題9.2は、ストラテジ系の法務に関する問題です。労働者派遣法がテーマになっていますが、試験対策として、労働者派遣法の内容を学習する必要はありません。この問題の内容は、労働者派遣契約は、誰と誰の間で結ぶものか、ということだけだからです。常識的な判断をすれば、答えを選べるでしょう。もちろんここでも、選べなかったら消去法です。

> **例題9.2** 労働者派遣法の適用（H22 春 問79）
>
> **問79** 労働者派遣法に基づいた労働者の派遣において，労働者派遣契約の関係が存在するのはどの当事者の間か。
>
> **ア** 派遣先事業主と派遣労働者　　**イ** 派遣先責任者と派遣労働者
> **ウ** 派遣元事業主と派遣先事業主　　**エ** 派遣元事業主と派遣労働者

もしも、法律の専門家の試験であれば、常識的な判断ではわからないような問題が出るでしょう。しかし、基本情報技術者試験は、法律の専門家の試験ではありません。したがって、たとえ労働者派遣法という法律がテーマの問題であっても、常識的な判断を超えた知識が要求されることはありません。

常識的な判断の例

労働者派遣とは、派遣元の企業から、派遣先の企業に、労働者を派遣することです。労働者を求めている派遣先の企業は、派遣元の企業に依頼して、特定の技能を持った労働者を派遣してもらいます。したがって、労働者派遣契約は、派遣先の企業と、派遣元の企業の間で結ばれるものです。労働者と企業の間で結ばれるものではありません。

このことから、労働者派遣契約の関係が存在するのは、選択肢ウの派遣元事業主と派遣先事業主が適切です。実際の正解も、選択肢ウです。事業主とは、事業を経営する人や団体のことです。契約書には、事業主の名前が示されるので、派遣元事業主と派遣先事業主という表現になっているのです。

第9章 マネジメント系とストラテジ系の要点

9.0 なぜマネジメント系とストラテジ系の要点を学ぶのか　**303**

図9.2　派遣元の企業、派遣先の企業、および派遣労働者の関係

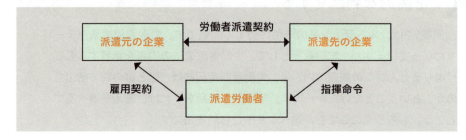

　図9.2は、派遣元の企業、派遣先の企業、および派遣労働者の関係を示したものです。このような図にすると難しく感じるかもしれませんが、常識的に判断できることを示しているだけです。派遣労働者は、派遣元の企業（派遣会社）に雇用されています。派遣元の企業と派遣先の企業が労働者派遣契約を結ぶと、派遣労働者が派遣先の企業に派遣されます。派遣労働者は、派遣先の企業に雇用されたわけではありませんが、派遣先の企業から業務に関する指揮命令を受けます。

　いかがでしょう。マネジメント系とストラテジ系には、つかみどころがない問題が多いのですが、「言葉の意味を考える」「常識的な判断をする」「選べなかったら消去法」というコツで、選択肢の中から答えを絞り込めることがわかったでしょう。これ以降では、マネジメント系とストラテジ系の出題範囲の中から代表的なテーマを取り上げて、コツを使って解ける問題を紹介します。用語の意味を覚えれば解ける問題も紹介します。問題が解けることを楽しんでください。

> **ここが大事！**
>
> マネジメント系とストラテジ系の問題を解くコツ
> ・言葉の意味を考える
> ・常識的な判断をする
> ・選べなかったら消去法

section 9.1 マネジメント系の要点

重要度 ★★★　難易度 ★★★

ここがポイント！
- 言葉の意味を考えて、常識的な判断をしてください。
- 監査人の独立性がよく出題されます。
- 監査における指摘事項もよく出題されます。

プロジェクトマネジメント

　基本情報技術者試験において、プロジェクトとは、何らかのシステムに関する一連の業務のことです。したがって、プロジェクトマネジメントとは、一連の業務の管理という意味です。プロジェクトマネジメントのノウハウをまとめたPMBOK（Project Management Body of Knowledge：ピンボック）という世界的に有名なガイドブックがあります。プロジェクトマネジメントの分野では、PMBOKに示されている概念や用語を問題に出すことがよくあります。

PMBOKの知識の分類

　PMBOKでは、プロジェクトマネジメントに関する知識を図9.3のように分類しています。このような図で説明すると、ここに示された「○○マネジメント」という用語を全部覚えなければならないのか、と思ってしまうかもしれませんが、そうではありません。ほとんどの用語は、「タイム」や「コスト」のように、一般的に意味がわかる言葉からできているからです。覚えるまでもないでしょう。

図9.3　PMBOKにおけるプロジェクトマネジメントに関する知識の分類

- ・インテグレーションマネジメント（integration＝総合）
- ・スコープマネジメント（scope＝範囲）
- ・タイムマネジメント（time＝時間）
- ・コストマネジメント（cost＝費用）
- ・クオリティマネジメント（quality＝品質）
- ・ヒューマンリソースマネジメント（human resource＝人的資源）
- ・コミュニケーションマネジメント（communication＝意思疎通）
- ・リスクマネジメント（risk＝危険）
- ・プロキュアメントマネジメント（procurement＝調達）
- ・ステークホルダマネジメント（stakeholder＝利害関係者）

　PMBOKは、とても有益なものですが、試験対策として、PMBOKの内容を学習する必要はありません。ほとんどの問題は、言葉の意味を考えて、常識的な判断をして、消去法で答えを絞り込めるからです。例題9.3は、PMBOKに示された「〇〇マネジメント」という用語に関する問題です。

例題9.3　マネジメントプロセス（H28 春 問52）

問52　プロジェクトの目的及び範囲を明確にするマネジメントプロセスはどれか。

ア　コストマネジメント　　　イ　スコープマネジメント
ウ　タイムマネジメント　　　エ　リスクマネジメント

　プロジェクトの目的および範囲を明確にするのですから、選択肢イのスコープマネジメントが適切でしょう。スコープは、「範囲」という意味だからです。実際の正解も、選択肢イです。
　他の選択肢が不適切であることも確認しておきましょう。選択肢アのコストは、「費用」という意味です。選択肢ウのタイムは、「時間」という意味です。選択肢エのリスクは、「危険」という意味です。どれもプロジェクトの目的および範囲には該当しません。

サービスマネジメント

　顧客に情報技術を利用させることをITサービスと呼びます。サービスマネジメントは、顧客に適切なITサービスを提供できるように管理することです。サービスマネジメントの世界的に有名なガイドブックとして、ITIL（Information Technology Infrastructure Library：アイティル）があります。サービスマネジメントの分野では、ITILに示されている概念や用語を問題に出すことがよくあります。ITILは、とても有益なものですが、試験対策として、ITILの内容を学習する必要はありません。ほとんどの問題は、言葉の意味を考えて、常識的な判断をして、消去法で答えを絞り込めるからです。

サービスマネジメントの分類

　ITILでは、サービスマネジメントの内容を「インシデント管理」「問題管理」「構成管理」「変更管理」「リリース管理」「サービスレベル管理」「サービス要求管理」「キャパシティ管理」などに分類しています。インシデント（incident）は、「出来事」や「事件」という意味です。リリース（release）は、新たなサービスを「提供する」という意味です。キャパシティ（capacity）は、「容量」という意味です。その他は、すべて一般用語なので、それぞれが何を管理することなのか、常識的に判断できるでしょう。例題9.4は、「インシデント管理」と「サービス要求管理」に関する問題です。

例題9.4 **インシデント管理とサービス要求管理（H29 春 問57）**

問57　ITサービスマネジメントの活動のうち，インシデント及びサービス要求管理として行うものはどれか。

ア　サービスデスクに対する顧客満足度が合意したサービス目標を満たしているかどうかを評価し，改善の機会を特定するためにレビューする。

イ　ディスクの空き容量がしきい値に近づいたので，対策を検討する。

ウ　プログラムを変更した場合の影響度を調査する。

エ　利用者からの障害報告を受けて，既知の誤りに該当するかどうかを照合する。

第9章 マネジメント系とストラテジ系の要点

9.1 マネジメント系の要点　**307**

言葉の意味で常識的に判断できる問題ですが、ITILの「〇〇管理」の〇〇の部分に、「インシデント」「問題」「構成」「変更」「リリース」「サービスレベル」「サービス要求」「キャパシティ」などが入ることを覚えておくと役に立ちます。なぜなら、正解以外の選択肢は、別の「〇〇管理」の説明になっているからです。別の「〇〇管理」の説明だとわかれば、自信を持って×を付けられます。選択肢イは、容量に関することなので「キャパシティ管理」でしょう。選択肢ウは、変更に関することなので「変更管理」でしょう。したがって、どちらも×です。

　残った選択肢アとエで、どちらがより適切かを判断しましょう。選択肢アは、「サービス」という言葉がありますが、サービス要求管理よりサービスレベル管理が適切でしょう。さらに、選択肢アには、インシデント管理に関する言葉がありません。それに対して、選択肢エは、「障害報告」という部分がインシデント管理に該当します。「サービス」という言葉がなくても、利用者のサービス要求が伴っていると考えることができます。このことから、選択肢アよりエの方がより適切でしょう。実際の正解も、選択肢エです。

システム監査

　監査に関する問題は、とてもよく出題されますが、ほとんどの問題は、「監査」という言葉の意味がわかれば、常識的な判断で答えを絞り込めます。監査とは、文字通り、監督して検査することです。一般的に知られている監査として、会計監査があります。これは、企業のお金のやり取りが適正であるかどうかを、監査人（公認会計士や監査法人）が監督して検査し、その結果を依頼者に報告することです。これは、システム監査でも同様です。監査人が、システムの信頼性、安全性、有効性などを監督して検査し、その結果を依頼者に報告します。

　監査でポイントとなるのは、監査人が監査対象から独立していること、すなわち監査対象となる企業やグループの内部の人間ではないことです。これは、常識的に納得できることでしょう。もしも、監査対象の内部の人間が監査を行ったら、わざと問題を見逃したり隠したりする恐れがあるからです。さらに、これも常識的なことですが、監査人が行うのは、監査だけであり、不備を改善する行為は行いません。監査に関する問題は、以上のような常識的な知識で解くことができます。

308

ヒアリングの際に注意すること

例題9.5は、システム監査で実施するヒアリングに関する問題です。ヒアリングとは、相手から何かを聞き出すことです。監査人が、監査対象となるシステムの関係者から、監査に関わる情報を聞き出すのです。その際に注意することが何であるかを問う内容になっています。

例題9.5 システム監査で実施するヒアリング（H29 秋 問59）

問59 システム監査人が実施するヒアリングに関する記述のうち，最も適切なものはどれか。

ア 監査業務を経験したことのある被監査部門の管理者をヒアリングの対象者として選ぶ。

イ ヒアリングで被監査部門から得た情報を裏付けるための文書や記録を入手するよう努める。

ウ ヒアリングの中で気が付いた不備事項について，その場で被監査部門に改善を指示する。

エ 複数人でヒアリングを行うと記録内容に相違が出ることがあるので，1人のシステム監査人が行う。

選択肢アは、悪くなさそうな気がするかもしれませんが、「管理者」という部分が不適切に思われます。ヒアリングの対象者としては、管理者よりも、もっと直接システムに触れている人の方がよいでしょう。とりあえず、△を付けておきましょう。

選択肢イは、「裏付けるための文書や記録を入手する」のですから、とてもよいことです。○どころか◎を付けたいくらいです。

選択肢ウは、「その場で改善を指示する」という部分が×です。監査人は、不備を改善する行為は行いません。改善の助言はしますが、ヒアリングの時点では行いません。監査結果を報告するときに助言します。

選択肢エは、1人の監査人よりも複数の監査人の方が、よりよいはずです。複数の記録内容の相違から、ヒアリングの誤りを見出しやすいからです。したがって、×です。

以上のことから、選択肢イが最も適切だと判断できます。実際の正解も、選択肢イです。

9.1 マネジメント系の要点　**309**

section 9.2 ストラテジ系の要点

重要度 ★★★　難易度 ★★★

ここがポイント！
- 言葉の意味を考えて、常識的な判断をしてください。
- CRMやERPなどは、略語の意味を調べて覚えましょう。
- 貸借対照表と損益計算書の役割を知っておきましょう。

システム戦略

　ストラテジ系の問題の多くも、マネジメント系の問題と同様に、言葉の意味を考えて、常識的な判断をすれば、選択肢の中から答えを絞り込めます。例題9.6は、情報戦略策定段階の成果物に該当するものを選ぶ問題です。この問題における成果物とは、何らかの書類のことです。

> **例題9.6　情報戦略策定段階の成果物（H28 春 問63）**
>
> 問63　"システム管理基準"によれば，情報戦略策定段階の成果物はどれか。
>
> ア　関連する他の情報システムと役割を分担し，組織体として最大の効果を上げる機能を実現するために，全体最適化計画との整合性を考慮して策定する開発計画
> イ　経営戦略に基づいて組織体全体で整合性及び一貫性を確保した情報化を推進するために，方針及び目標に基づいて策定する全体最適化計画
> ウ　情報システムの運用を円滑に行うために，運用設計及び運用管理ルールに基づき，さらに規模，期間，システム特性を考慮して策定する運用手順
> エ　組織体として一貫し，効率的な開発作業を確実に遂行するために，組織体として標準化された開発方法に基づいて策定する開発手順

　情報戦略策定段階は、システム開発を始めるより前の段階です。選択肢アの「開発計画」は、システム開発の段階なので×です。選択肢イは、「全体」「方針」「目標」という言葉が、システム開発を始める前の段階として適切です。とりあえず、△にしておきましょう。選択肢ウの「運用」は、完成後の

システムを利用することなので、×です。選択肢エの「開発作業」は、システム開発の段階なので×です。以上のことから、選択肢イが最も適切だと判断できます。実際の正解も、選択肢イです。

問題文の冒頭にある「システム管理基準」は、経済産業省が作成した資料です。この資料の名前を出しているのは、正解の裏付けとするためです。マネジメント系やストラテジ系には、絶対的な正解というものはありません。何を正しいとするのかは、状況によって様々だからです。そのため、正解の裏付けが必要なのです。システム管理基準は、とても有益なものですが、試験対策として、システム管理基準の内容を学習する必要はありません。問題の内容は、常識的な判断で正解を選べるようになっているからです。

システム企画

システム企画とは、どのようなシステムが必要なのかを考えることです。システム企画における重要な書類として、RFI（Request For Information：情報提供依頼書）とRFP（Request For Proposal：提案依頼書）があります。

システムを調達する場合には、まず、システムの発注元（システムを利用する側）がシステム化の目的や業務内容などを示し、複数の調達先（システムを開発する側）に情報提供（企業の能力や商品などの情報）を依頼します。これが、RFIです。

次に、システムの発注元は、RFIに回答した調達先に対して、調達条件などを示して提案書（開発するシステムの構成、費用、納期など）の提供を依頼します。これが、RFPです。そして、システムの発注元は、提出された提案書の内容に基づいて、調達先を決定します（図9.4）。

図9.4　システムの調達の手順

システムの発注元が複数の調達先にRFI（情報の提供）を依頼する

RFIに回答した調達先にRFP（提案書の提供）を依頼する

調達先から提出されたRFPの内容に基づいて、発注元が調達先を決定する

例題9.7は、RFIとRFPに関する問題です。RFIとRFPが、それぞれ何の略で、日本語でどういう意味かを覚えておけば、正解を選べるでしょう。もちろん、常識的な判断も必要です。この問題では、「公正」という言葉の意味を常識的に判断してください。

例題9.7　RFIとRFP（H28 秋 問66）

問66　RFIに回答した各ベンダに対してRFPを提示した。今後のベンダ選定に当たって，公正に手続を進めるためにあらかじめ実施しておくことはどれか。

ア　RFIの回答内容の評価が高いベンダに対して，選定から外れたときに備えて，再提案できる救済措置を講じておく。

イ　現行のシステムを熟知したベンダに対して，RFPの要求事項とは別に，そのベンダを選定しやすいように評価を高くしておく。

ウ　提案の評価基準や要求事項の適合度への重み付けをするルールを設けるなど，選定の手順を確立しておく。

エ　ベンダ選定後，迅速に契約締結をするために，RFPを提示した全ベンダに内示書を発行して，契約書や作業範囲記述書の作成を依頼しておく。

RFIではなくRFPの評価が高いベンダ（調達先のことです）を選定するので、選択肢アは×です。特定のベンダの評価を高くすると公正ではないので、選択肢イも×です。確立しておいた手順で選定するのは公正なので、選択肢ウは○でしょう。実際の正解も、選択肢ウです。選択肢エは、RFPを提示した全ベンダに内示書を発行すると、実際には選定されなかったベンダに迷惑をかけることになるので×でしょう。

経営戦略マネジメント

経営戦略マネジメントの分野でも、用語に関する問題が出されることがあります。たとえば、CRM（Customer Relationship Management：顧客関係管理）、SCM（Supply Chain Management：供給連鎖管理）、ERP（Enterprise Resources Planning：企業資源計画）などです。

CRMは、企業が顧客（カスタマ）との間に親密な信頼関係（リレーションシップ）を築くことで、顧客を何度も購入するリピータにして、収益の向

上を目指す管理（マネジメント）手法およびシステムのことです。

　SCMは、供給者から消費者までのつながり（サプライチェーン）を統合的に管理（マネジメント）することで、コスト削減や納期短縮を実現する手法およびシステムのことです。

　ERPは、企業全体（エンタープライズ）の経営資源（リソース）を有効かつ総合的に計画（プランニング）して管理することで、経営の効率を向上する手法およびシステムのことです。ERPに関する問題は、練習問題9.4で紹介します。

何の略であるかを覚える

　CRM、SCM、ERPのような英語の略語は、略語のまま丸暗記するのではなく、それぞれが何の略であるかを覚えてください。その際に、英語のスペルを正確に覚える必要はありません。カタカナ英語で十分です。たとえば、CRMなら、Cがカスタマ（顧客）で、Rがリレーションシップ（関係）で、Mがマネジメント（管理）と覚えてください。例題9.8は、CRMに関する問題です。この問題は、CRMのCがカスタマ（顧客）であることを覚えていれば、それだけで正解を選べるでしょう。

例題9.8　CRMの目的（H28秋 問69）

問69　CRMの目的はどれか。

- **ア**　顧客ロイヤリティの獲得と顧客生涯価値の最大化
- **イ**　在庫不足による販売機会損失の削減
- **ウ**　製造に必要な資材の発注量と発注時期の決定
- **エ**　販売時点での商品ごとの販売情報の把握

　選択肢アの「顧客ロイヤリティ」とは、企業に対する顧客の信頼や愛着の大きさのことです。「顧客生涯価値」とは、1人の顧客から得られる収益の総額のことです。したがって、選択肢アが正解です。他の選択肢は、どれも、カスタマ（顧客）とのリレーションシップ（関係）には、直接関係しません。したがって、CRMの目的ではありません。

9.2 ストラテジ系の要点　**313**

企業活動

　情報処理技術者は、社会人なのですから、お金の勘定ができなければなりません。企業活動の分野では、企業の財務諸表の種類がテーマになっています。さらに、費用や利益の計算問題が出題されることもありますが、マネジメント系とストラテジ系の計算問題は、第10章で取り上げます。

　日本の会計基準における財務諸表には、「貸借対照表」「損益計算書」「キャッシュフロー計算書」「株主資本等変動計算書」があります。例題9.9は、財務諸表の種類を問う問題です。それぞれの財務諸表の役割を知っていれば、答えを選べるでしょう。もしも知らないなら、この問題を通して覚えてください。

例題9.9　財務諸表の種類（H29 秋 問77）

問77　財務諸表のうち，一定時点における企業の資産，負債及び純資産を表示し，企業の財政状態を明らかにするものはどれか。

- ア　株主資本等変動計算書
- イ　キャッシュフロー計算書
- ウ　損益計算書
- エ　貸借対照表

　図9.5に貸借対照表の例を示します。左右2つの部分から構成され、左側に資産（企業が持っている財産）を示し、右が負債（他から借りているもの）と純資産（自分で持っているもの）を示します。企業は、決算時に貸借対照表を作成し、その時点での財政状態を示します。必ず資産＝負債＋純資産になるので、会社が持っている資産が、どのような負債と純資産から構成されているかがわかります。

　貸借対照表では「資産」を左側に、「負債」と「純資産」を右側に書くのですね・・・

図9.5　貸借対照表の例

資産		負債	
【流動資産】	30,000	【流動負債】	10,000
現金預金	10,000	買掛金	5,000
受取手形	10,000	短期借入金	5,000
売掛金	5,000	【固定負債】	20,000
商品	5,000	長期借入金	20,000
【固定資産】	20,000	**純資産**	
土地	10,000		
建物	5,000	資本金	15,000
設備	5,000	利益剰余金	5,000
合計	**50,000**	**合計**	**50,000**

　損益計算書は、企業の会計期間における売上、費用、利益を示すものです。損益計算書の具体例と問題は、第10章で紹介します。

　キャッシュフロー計算書は、企業の会計期間におけるキャッシュ（現金）のフロー（収入と支出）を、営業活動、投資活動、財務活動ごとに示したものです。練習問題9.6で、キャッシュフロー計算書に関する問題を紹介します。

　株主資本等変動計算書は、貸借対照表の純資産の変動額のうち、資本金の変動事由を報告するものです。選択肢の1つになっていますが、これまでの試験に、株主資本等変動計算書をテーマとした問題が出たことはありません。

　それでは、問題を見てみましょう。企業の資産、負債、純資産から財政状態を示すのですから、選択肢エの貸借対照表が適切でしょう。実際の正解も、選択肢エです。

法務

　基本情報技術者試験のシラバスには、様々な法律の名前が示されていますが、これまでの試験に出題されているのは、不正アクセス禁止法、個人情報保護法、著作権法、独占禁止法、労働者派遣法、不正競争防止法などです。

　法律には、難しいイメージがありますが、心配する必要はありません。ほとんどの問題は、法律の名前から常識的な判断をすれば、答えを絞り込めるからです。例題9.10は、不正アクセス禁止法に関する問題です。練習問題9.7では、個人情報保護法に関する問題を紹介します。

9.2　ストラテジ系の要点　**315**

> **例題9.10** 不正アクセス行為に該当するもの（H23 特別 問80）

問80 不正アクセス禁止法において，不正アクセス行為に該当するものはどれか。

ア　会社の重要情報にアクセスし得る者が株式発行の決定を知り，情報の公表前に当該会社の株を売買した。
イ　コンピュータウイルスを作成し，他人のコンピュータの画面表示をでたらめにする被害をもたらした。
ウ　自分自身で管理運営するホームページに，昨日の新聞に載った報道写真を新聞社に無断で掲載した。
エ　他人の利用者ID，パスワードを許可なく利用して，アクセス制御機能によって制限されているWebサイトにアクセスした。

もしも、選択肢ア、イ、ウ、エは、どれも悪いことなので正解を選べない、と思ったなら、言葉の意味に注目してください。不正アクセス禁止法は、不正アクセス、すなわち利用権限のないネットワークを使うことを禁止する法律です。したがって、選択肢ア、イ、ウ、エの中から、利用権限のないネットワークを使っているものを選べばよいのです。

選択肢アは、ネットワークを使っていますが、利用権限があるので不正アクセスではありません。選択肢イは、コンピュータウイルスをばらまくために利用権限のないネットワークを使ったとは明記されていないので、不正アクセスとはいえません。選択肢ウは、利用権限のある自分のホームページを使っているので、不正アクセスではありません。選択肢エは、他人のIDとパスワードを許可なく利用したのですから、利用権限のないネットワークを使ったことになり、不正アクセスでしょう。実際の正解も、選択肢エです。

言葉の意味に注目すればよい、という考え方、とても参考になりますね。

そうですね。用語の意味を知らなくても、言葉の意味を考えれば正解を選べることも多いです。実際の試験でも、知らない用語だと諦めずに、粘ってみましょう。

section 9.3 マネジメント系とストラテジ系の要点の練習問題

サービスマネジメント

練習問題 9.1 SLAを策定する方針（H25秋 問56）

問56 SLAを策定する際の方針のうち，適切なものはどれか。

ア 考えられる全ての項目に対し，サービスレベルを設定する。
イ 顧客及びサービス提供者のニーズ，並びに費用を考慮して，サービスレベルを設定する。
ウ サービスレベルを設定する全ての項目に対し，ペナルティとしての補償を設定する。
エ 将来にわたって変更が不要なサービスレベルを設定する。

SLAは、Service Level Agreement（サービス水準合意）の略語です！

本章の練習問題はあと6問！
がんばります。

システム監査

練習問題 9.2　システム監査人の独立性（R01 秋 問59）

問59 情報システム部が開発して経理部が運用している会計システムの運用状況を，経営者からの指示で監査することになった。この場合におけるシステム監査人についての記述のうち，最も適切なものはどれか。

ア　会計システムは企業会計に関する各種基準に準拠すべきなので，システム監査人を公認会計士とする。
イ　会計システムは機密性の高い情報を扱うので，システム監査人は経理部長直属とする。
ウ　システム監査を効率的に行うために，システム監査人は情報システム部長直属とする。
エ　独立性を担保するために，システム監査人は情報システム部にも経理部にも所属しない者とする。

> この章で解説した監査のポイントを思い出してください！

システム企画

練習問題 9.3　情報システムの調達の手順（H30 秋 問66）

問66 図に示す手順で情報システムを調達するとき，bに入るものはどれか。

手順	内容
a	発注元はベンダにシステム化の目的や業務内容などを示し，情報提供を依頼する。
b	発注元はベンダに調達対象システム，調達条件などを示し，提案書の提出を依頼する
c	発注元はベンダの提案書，能力などに基づいて，調達先を決定する
d	発注元と調達先の役割や責任分担などを，文書で相互に確認する。

ア　RFI　　イ　RFP　　ウ　供給者の選定　　エ　契約の締結

> RFIとRFPが何の略だったかを思い出してください！

経営戦略マネジメント

練習問題 9.4　ERPの説明（R05 公開 問17）

問17 ERPを説明したものはどれか。

ア　営業活動にITを活用して営業の効率と品質を高め，売上・利益の大幅な増加や，顧客満足度の向上を目指す手法・概念である。
イ　卸売業・メーカが小売店の経営活動を支援することによって，自社との取引量の拡大につなげる手法・概念である。
ウ　企業全体の経営資源を有効かつ総合的に計画して管理し，経営の効率向上を図るための手法・概念である。
エ　消費者向けや企業間の商取引を，インターネットなどの電子的なネットワークを活用して行う手法・概念である。

ERPが何の略だったかを思い出してください！

ビジネスインダストリ

練習問題 9.5　MRPシステムの導入で改善できる場面（H23 秋 問74）

問74 MRP（Material Requirements Planning）システムを導入すると改善が期待できる場面はどれか。

ア　図面情報が電子ファイルと紙媒体の両方で管理されていて，設計変更履歴が正しく把握できない。
イ　製造に必要な資材及びその必要量に関する情報が複雑で，発注量の算出を誤りやすく，生産に支障を来している。
ウ　設計変更が多くて，生産効率が上がらない。
エ　多品種少量生産を行っているので，生産設備の導入費用が増加している。

Material Requirements Planningを日本語に訳して考えてください！

企業活動

練習問題 9.6　キャッシュフロー計算書（H29春 問77）

問77　キャッシュフロー計算書において，営業活動によるキャッシュフローに該当するものはどれか。

- ア　株式の発行による収入
- イ　商品の仕入による支出
- ウ　短期借入金の返済による支出
- エ　有形固定資産の売却による収入

営業活動という言葉の意味から常識的に判断してください！

法務

練習問題 9.7　個人情報保護法で適切なもの（H25秋 問80）

問80　個人情報に関する記述のうち，個人情報保護法に照らして適切なものはどれか。

- ア　構成する文字列やドメイン名によって特定の個人を識別できるメールアドレスは，個人情報である。
- イ　個人に対する業績評価は，その個人を識別できる情報が含まれていても，個人情報ではない。
- ウ　新聞やインターネットなどで既に公表されている個人の氏名，性別及び生年月日は，個人情報ではない。
- エ　法人の本店住所，支店名，支店住所，従業員数及び代表電話番号は，個人情報である。

個人情報とは、特定の個人を識別できる情報のことです！

section 9.4 マネジメント系とストラテジ系の要点の練習問題の解答・解説

サービスマネジメント

練習問題 9.1　SLAを策定する方針（H25秋 問56）

解答　イ

解説　SLAは、サービスの提供者が、契約者に対して、どの程度の品質を保証するかを示すものです。SLAを策定する方針ですから、こういうことはしない方がよい、と思われることを除外しましょう。全ての項目にサービスレベルを設定するのは困難なので、選択肢アは△です。顧客と提供者のニーズと費用を考慮するのは、とてもよいことなので、選択肢イは○です。全ての項目に補償を設定するのは困難なので、選択肢ウは△です。サービスレベルは、状況に応じて変更できた方がよいので、選択肢エは×です。以上のことから、最も無難な選択肢イを選んでください。

システム監査

練習問題 9.2　システム監査人の独立性（R01秋 問59）

解答　エ

解説　監査のポイントは、監査人が監査対象から独立していることです。したがって、「システム監査人は情報システム部にも経理部にも所属しない者とする」と示された選択肢エが適切です。

　システム監査人は、公認会計士である必要はないので、選択肢アは不適切です。システム監査人が経理部長直属とある選択肢イと、情報システム部長直属とある選択肢ウは、監査対象から独立していないので、どちらも不適切です。

9.4 マネジメント系とストラテジ系の要点の練習問題の解答・解説　**321**

システム企画

練習問題 9.3　　情報システムの調達の手順（H30 秋 問66）

解答　イ

解説　RFI（Request For Information）は「情報提供依頼書」という意味で、RFP（Request For Proposal）は「提案依頼書」という意味です。まず、発注元から調達元に情報提供依頼（RFI）が行われます。次に、それに解答した調達先に対して提案依頼（RFP）が行われます。したがって、bに入るのは、選択肢イのRFPです。

経営戦略マネジメント

練習問題 9.4　　ERP の説明（R05 公開 問17）

解答　ウ

解説　ERP（Enterprise Resource Planning ＝企業資源計画）とは、企業全体の経営資源を管理し、有効に活用して、経営の効率化を図る、という考え方、およびそれを実践するためのコンピュータシステムのことです。

ビジネスインダストリ

練習問題 9.5　　MRP システムの導入で改善できる場面（H23 秋 問74）

解答　イ

解説　MRP（Material Requirements Planning）は、「資材」「所要量」「計画」という意味です。MRPシステムは、製造に必要な資材の在庫量や発注を管理します。

MRPシステムを導入することで改善が期待できる場面は、「資材」「必要量」「発注量」という言葉がある選択肢イです。選択肢アの図面情報、選択肢ウの設計変更、選択肢エの生産設備は、MRPシステムとは直接関係がありません。

企業活動

練習問題 9.6　キャッシュフロー計算書（H29 春 問77）

解答　イ

解説　キャッシュフロー計算書は、企業の会計期間における現金の収入と支出を、営業活動、投資活動、財務活動ごとに示したものです。ここでは、営業活動によるキャッシュフローを選びます。営業活動とは、商品を仕入れて販売することです。したがって、選択肢イが適切です。常識的に考えて、選択肢アの株式発行、選択肢ウの借入金返済、選択肢エの資産売却は、営業活動ではありません。

法務

練習問題 9.7　個人情報保護法で適切なもの（H25 秋 問80）

解答　ア

解説　個人情報とは、氏名や生年月日など、特定の個人を識別できる情報のことです。試験には、個人情報保護法の内容ではなく、個人情報であるかどうかを判断する問題がよく出されます。選択肢アのメールアドレスは、特定の個人を識別できるので、個人情報です。適切な記述なので、選択肢アが正解です。選択肢イの業績評価には、特定の個人を識別できる情報が含まれているので個人情報です。選択肢ウの個人の氏名、性別、生年月日は、個人情報です。選択肢エの法人の情報は、個人情報ではありません。したがって、選択肢イ、ウ、エの記述は、不適切です。

第9章 マネジメント系とストラテジ系の要点

9.4 マネジメント系とストラテジ系の要点の練習問題の解答・解説　323

chapter 10

マネジメント系と
ストラテジ系の計算問題

この章では、マネジメント系とストラテジ系の分野で出題される計算問題の種類と解き方を説明します。テクノロジ系と同様に、実際に自分の手で計算して、計算問題に慣れることが重要です。

10.0 なぜマネジメント系とストラテジ系の計算問題が
　　 出題されるのか？
10.1 マネジメント系の計算問題
10.2 ストラテジ系の計算問題
10.3 マネジメント系とストラテジ系の
　　 計算問題の練習問題
10.4 マネジメント系とストラテジ系の
　　 計算問題の練習問題の解答・解説

section 10.0 なぜマネジメント系とストラテジ系の計算問題が出題されるのか？

重要度 ★★★　難易度 ★★★☆

ここがポイント！
- 計算問題が出題される理由を知りましょう。
- 期待値の計算がよく出題されます。
- 重み付けをする評価もよく出題されます。

数値で管理して判断する

　マネジメント系とストラテジ系の計算問題の多くは、数値で評価して管理したり、数値で判断して戦略を決めたりするものです。プロジェクトを管理するときに「少し遅れている」では、評価ができません。経営戦略を立てるときに「まあまあよい」では、判断ができません。どちらにも、数値で示した明確な評価や判断の値が必要です。そのために、何らかの計算をして数値を得るのです。

　テクノロジ系と同様に、**マネジメント系とストラテジ系の計算問題を解くときにも、特殊な公式は必要ありません。** どの問題も、用語の意味や、業務の考え方がわかれば、計算できるようになっています。ただし、中学〜高校程度の基本的な数学の知識が必要とされる場合があります。

　例題10.1は、能力不足となる工程を求める問題です。一見すると難しそうに思えるかもしれませんが、この問題を解くために、特殊な公式や高度な数学の知識は、一切必要とされません。

アドバイス

中学〜高校程度の基本的な数学の知識が不足していると感じる場合は、学生時代の教科書や参考書を使って復習してください。一度学習しているはずなので、すぐに思い出せるでしょう。重点を置く分野は、方程式、連立方程式、不等式、関数、比例、統計、確率、順列、組合せ、などです。

例題10.1 能力不足となる工程（H26 秋 問74）

問74 四つの工程A，B，C，Dを経て生産される製品を，1か月で1,000個作る必要がある。各工程の，製品1個当たりの製造時間，保有機械台数，機械1台1か月当たりの生産能力が表のとおりであるとき，能力不足となる工程はどれか。

工程	1個製造時間（時間）	保有機械台数（台）	生産能力（時間／台）
A	0.4	3	150
B	0.3	2	160
C	0.7	4	170
D	1.2	7	180

ア A   **イ** B   **ウ** C   **エ** D

工程Aでは、1台当たりの1か月の生産能力が150時間で、1個の製造に0.4時間かかります。したがって、1台当たり1か月に150÷0.4＝375個の製品を作れます。工程Aには、機械が3台あるので、全部で375×3＝1,125個の製品を作れます。

同様の計算で、工程Bでは、1台当たり1か月に533個の製品を作れ、機械が2台あるので、全部で1,066個の製品を作れます。工程Cでは、1台当たり242個の製品を作れ、機械が4台あるので、全部で968個の製品を作れます。工程Dでは、1台当たり150個の製品を作れ、機械が7台あるので、全部で1,050個の製品を作れます。

1か月で1,000個の製品を作る必要があるので、968個の製品しか作れない工程Cだけが能力不足です。正解は、選択肢ウです。

期待値

テクノロジ系の計算問題で紹介した**期待値**は、マネジメント系やストラテジ系の計算問題でも出題されます。例題10.2は、費用の期待値を求める問題です。

10.0 なぜマネジメント系とストラテジ系の計算問題が出題されるのか   **327**

| 例題10.2 | 費用の期待値（H23 特別 問75） |

問75 良品である確率が0.9，不良品である確率が0.1の外注部品について，受入検査を行いたい。受入検査には四つの案があり，それぞれの良品と不良品1個に掛かる諸費用は表のとおりである。期待費用が最も低い案はどれか。

案	良品に掛かる費用	不良品に掛かる費用
A	0	1,500
B	40	1,000
C	80	500
D	120	200

ア A **イ** B **ウ** C **エ** D

　良品である確率が0.9で、不良品である確率が0.1なので、費用の期待値は、「良品に掛かる費用 ×0.9＋不良品に掛かる費用 ×0.1」という計算で求められます。それぞれの案の費用の期待値は、案Aが0×0.9＋1,500×0.1＝150、案Bが40×0.9＋1,000×0.1＝136、案Cが80×0.9＋500×0.1＝122、案Dが120×0.9＋200×0.1＝128です。したがって、費用の期待値が最も低いのは、案Cです。正解は、選択肢ウです。

重み付け

　評価や判断の数値を得る際に、重要度に応じて**重み付け**をすることがあります。たとえば、例題10.3には、省力化、期間短縮、資源削減という3つの評価項目がありますが、それぞれに4、3、3という重みが付けられています。他の項目より省力化の重みが高くなっているのは、他の項目より重要だからでしょう。

例題10.3　重み付け総合評価法（H28 秋 問64）

問64　改善の効果を定量的に評価するとき，複数の項目の評価点を統合し，定量化する方法として重み付け総合評価法がある。表の中で優先すべき改善案はどれか。

評価項目	評価項目の重み	改善案			
		案1	案2	案3	案4
省力化	4	6	8	2	5
期間短縮	3	5	5	9	5
資源削減	3	6	4	7	6

ア 案1　　　　**イ** 案2　　　　**ウ** 案3　　　　**エ** 案4

　もしも、評価項目に重みがなければ、それぞれの改善案の評価は、単に省力化と期間短縮と資源削減の数字を足しただけのものになります。たとえば、案1の評価は、6＋5＋6＝17です。実際には、評価項目に4、3、3という重みがあるので、案1の評価は、それぞれの評価項目の数字に重みを掛けて集計して、6×4＋5×3＋6×3＝57になります。

　同様に計算して、案2の評価は8×4＋5×3＋4×3＝59、案3の評価は2×4＋9×3＋7×3＝56、案4の評価は5×4＋5×3＋6×3＝53です。したがって、最も評価の高い案2を優先すべきです。正解は、選択肢イです。

会計の基礎知識

　基本情報技術者試験には、少しだけですが、会計の基礎知識を問う問題が出題されます。たとえば、例題10.4は、**帳簿価額（ちょうぼかがく）**と**減価償却（げんかしょうきゃく）**に関する問題です。帳簿価額とは、帳簿に記帳する資産の価額のことです。減価償却とは、使用年数に応じて、資産の価値を減らすことです。

10.0 なぜマネジメント系とストラテジ系の計算問題が出題されるのか　　329

| 例題10.4 | 定額法による減価償却（H23 秋 問76） |

問76 事業年度初日の平成21年4月1日に，事務所用のエアコンを100万円で購入した。平成23年3月31日現在の帳簿価額は何円か。ここで，耐用年数は6年，減価償却は定額法，定額法の償却率は0.167，残存価額は0円とする。

ア　332,000　　イ　499,000　　ウ　666,000　　エ　833,000

　エアコンを100万円で購入しましたが、その価値は、いつまでも100万円のままではありません。耐用年数を6年としているので、6年で価値が0円になるとみなします。償却率が0.167であり、100万円×0.167＝16.7万円になるので、毎年16.7万円ずつ定額で価値を減らして行きます（図10.1）。

　平成21年4月1日に購入して、平成23年3月31日まで使うと、2年間使ったことになります。したがって、16.7万円×2年＝33.4万円の価値が減っているので、帳簿価額は、100万円－33.4万円＝66.6万円になります。正解は、選択肢ウです。

図10.1 6年の減価償却で価値が0になる

【年数】　　【帳簿価額】
購入時　　　100万円
1年後　　　100万円－16.7万円＝83.3万円
2年後　　　83.3万円－16.7万円＝66.6万円
3年後　　　66.6万円－16.7万円＝49.9万円
4年後　　　49.9万円－16.7万円＝33.2万円
5年後　　　33.2万円－16.7万円＝16.5万円
6年後　　　16.5万円－16.7万円＝　　0円

毎年16.7万円ずつ減らしていく

使用年数が経つにつれて、資産の価値が下がっていくのが減価償却ですね。

section 10.1 マネジメント系の計算問題

重要度 ★★★☆　難易度 ★★★☆

ここがポイント！
- 頻出のアローダイアグラムは、よく練習してください。
- システム開発の工数の計算もよく出題されます。
- ファンクションポイント法の計算もよく出題されます。

アローダイアグラム

アローダイアグラム（arrow diagram）は、複数の作業の関係と日程を明確にするための図です。アローダイアグラムを描くことで**クリティカルパス**（critical path＝重大な経路）を求めることができます。クリティカルパスとは、余裕のない作業を結んだ経路であり、その中にある作業が遅れると、全体に遅れが生じます。例題10.5のアローダイアグラムを使って、クリティカルパスの求め方を説明しましょう。

例題10.5　アローダイアグラムとクリティカルパス（H21 春 問51）

問51　アローダイアグラムのクリティカルパスと、Hの最早開始日の適切な組合せはどれか。ここで、矢線の数字は作業所要日数を示し、Aの作業開始時を0日とする。

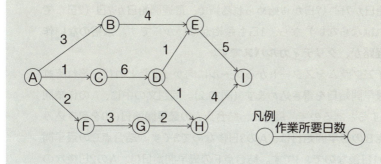

	クリティカルパス	Hの最早開始日
ア	A－B－E－I	7
イ	A－B－E－I	8
ウ	A－C－D－E－I	7
エ	A－C－D－E－I	8

　アローダイアグラムのアロー（arrow）は、「矢」という意味です。アローダイアグラムでは、矢印で作業を表します。矢印には、作業の所要日数を書き添えます。作業と作業をつなぐ位置に円を描きます。この円を**結合点**と呼びます。アローダイアグラムの左から右に向かって、時間が経過します。このアローダイアグラムでは、結合点Aをスタートとして、3つの作業が同時に開始されます。それぞれの作業の所要日数は、3日、1日、2日です。右端にある結合点Iがゴールです。

　クリティカルパスを求めるには、それぞれの結合点に2段重ねの四角形を描き、下段に**最早開始日**（いつから始められるか）を書き、上段に**最遅開始日**（いつまでに始めなければならないか）を書きます（下段と上段の使い方が逆でも構いません）。

結合点に書き込む数字

最早開始日：次の作業をいつから始められるか
最遅開始日：次の作業をいつまでに始めなければならないか

　最早開始日と最遅開始日が一致した作業には、余裕がありません。たとえば、最早開始日が7日（7日から始められる）で、最遅開始日が7日（7日までに始めなければならない）なら、1日も余裕がないからです。**余裕のない作業を結んだ経路が、クリティカルパスです。**

　アローダイアグラムをスタートからゴールに向かってたどれば、それぞれの結合点に最早開始日を書き込めます（図10.2）。問題文の中に、Aの作業開始時を0日とするとあるので、最初に、結合点Aの最早開始日に0を書き込みます。結合点Bの最早開始日は、Aの3日後なので3です。結合点Cの最早開始日は、Aの1日後なので、1です。結合点Fの最早開始日は、Aの2日後なので2です。

図10.2 スタート位置から順に最早開始日を書き込む

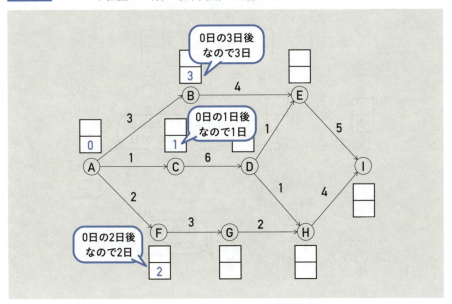

　結合点Eの最早開始日は、Bの4日後だからといって、すぐに3＋4＝7日とは決められません。**結合点Eは、Bからの矢印と、Dからの矢印の2つを待っているので、それらの遅い方を待って、最早開始日とします。**この部分は、後で書き込むことになります。

　すぐに最早開始日がわかる部分から、どんどん書き込んでいきましょう（図10.3）。結合点Dの最早開始日は、Cの6日後なので、1＋6＝7日です。結合点Gの最早開始日は、Fの3日後なので、2＋3＝5日です。

　複数の作業を待つ場合は、遅い方を最早開始日とします（図10.4）。結合点Eの最早開始日は、Bからの矢印を待つと3＋4＝7日であり、Dからの矢印を待つと7＋1＝8日なので、遅い方の8日です。同様に、結合点Hの最早開始日は、Dからの矢印を待つと7＋1＝8日であり、Gからの矢印を待つと5＋2＝7日なので、遅い方の8日です。

　結合点Iの最早開始日は、Eからの矢印を待つと8＋5＝13日であり、Hからの矢印を待つと8＋4＝12日なので、遅い方の13日です。結合点Iは、ゴールなので、すべての作業が完了するまでに13日かかることがわかりました。

図10.3 わかる部分から最早開始日を書き込んでいく

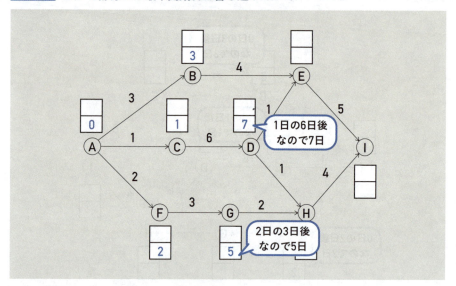

図10.4 複数の作業を待つ場合は、遅い方を最早開始日とする

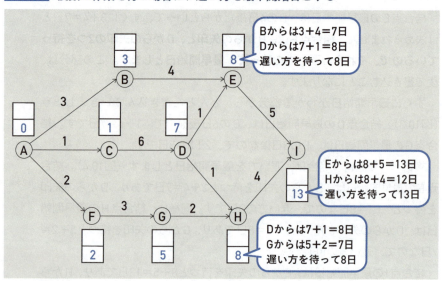

すべての作業が完了する日程がわかったら、アローダイアグラムをゴールからスタートに向かって逆にたどれば、最遅開始日を書き込むことができ、クリティカルパスがわかります（図10.5）。

　まず、ゴールである結合点Ｉの最遅開始日として、最早開始日と同じ13日を書き込みます。次に、結合点Ｉにつながっている E と H の最遅開始日を書き込みます。

　EからIまで5日かかります。Iでは、作業が13日に終わることになっています。したがって、EからIの作業は、13－5＝8日までに始めなければなりません。この作業は、8日から始められて（最早開始日）、8日までに始めなければならないので（最遅開始日）、余裕がありません。したがって、クリティカルパスの一部になります。

　それに対して、結合点HからIの作業を始めなければならないのは、13－4＝9日までになります。この作業は、8日から始められて（最早開始日）、9日までに始めなければならないので（最遅開始日）、1日の余裕があります。したがって、クリティカルパスにはなりません。図10.5では、クリティカルパスの一部となる作業を太い矢印で示しています。

図10.5　最早開始日と最遅開始日が同じ作業には余裕がない

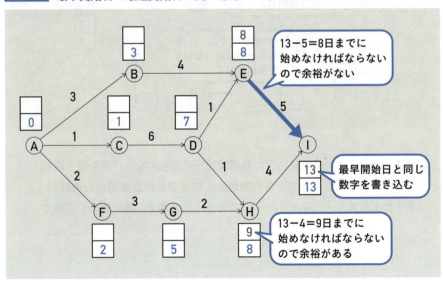

すぐに最遅開始日がわかる部分から、どんどん書き込んで行きましょう。その際に、**複数の矢印が出ている結合点では、早く始めなければならない方を最遅開始日にすることに注意してください**（図10.6）。

たとえば、結合点Dでは、DからEの作業を8－1＝7日までに、DからHの作業を9－1＝8日までに始めなければなりません。早く始めなければならないDからEの作業の7日が、最遅開始日になります。

結合点Dの最早開始日は7日なので、DからEの作業に余裕がないため、ここがクリティカルパスの一部となります。DからHの作業は、クリティカルパスではありません。

図10.6　早く始めなければならない方を最遅開始日とする

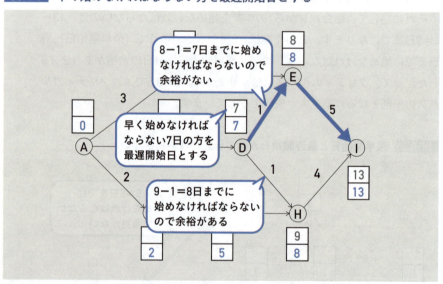

同様の手順で、すべての結合点に最遅開始日と余裕のない作業を書き込むと、図10.7のようになります。この問題は、結合点Hの最早開始日の8日と、クリティカルパスA→C→D→E→Iを求めるものなので、選択肢エが正解です。

図10.7 すべての結合点に最遅開始日と余裕のない作業を書き込む

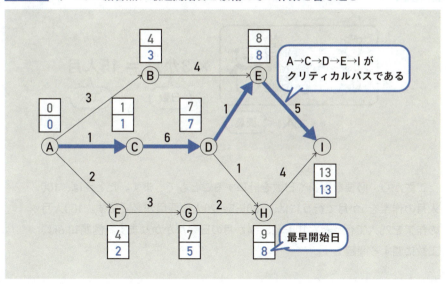

アローダイアグラムの問題は、とてもよく出題されます。 紙の上にアローダイアグラムを書き写し、最早開始日と最遅開始日を書き込んでクリティカルパスを求めることを、何度も繰り返し練習してください。問題によっては、最早開始日と最遅開始日を、<u>最早結合点時刻</u>と<u>最遅結合点時刻</u>と呼ぶことがあります。

工数の計算

工数（こうすう） とは、作業を完了させるために必要とされる仕事量のことで、多くの場合に、人数と時間の積で表されます。たとえば図10.8のように、ある作業を行うために、5人で3か月かかるなら、工数は、5×3＝15人月です。**人月（にんげつ）** は、工数の単位です。

図10.8　システム開発の仕事量は工数で示される

工数から、必要な要員や日数を計算することもできます。たとえば、100人月の作業を5か月で行うには、100÷5＝20人の要員が必要です。100人月の作業を25人で行うと、100÷25＝4か月の日数がかかります。例題10.6は、工数に関する問題です。

例題10.6　システムの開発を完了させるための工数（H21 秋 問52）

問52　あるシステムを開発するための工数を見積もったところ150人月であった。現在までの投入工数は60人月で，出来高は全体の3割であり，進捗に遅れが生じている。今後も同じ生産性が続くと想定したとき，このシステムの開発を完了させるためには何人月の工数が超過するか。

ア　50　　　　イ　90　　　　ウ　105　　　　エ　140

見積もりとは、事前に工数を予測することです。ここでは、システム開発の工数が150人月であると見積もりました。ところが、実際に作業を始めてみると、60人月を使って、全体の3割すなわち150人月×0.3＝45人月分の仕事しか終わっていません。これは、見積もりが適切ではなかったからです。

全体の3割を終わらせるのに、60人月－45人月＝15人月が超過しているのですから、全体の1割では、15人月÷3＝5人月の超過になります。全体は10割なので、システムの開発を完了させるには、5人月×10＝50人月の超過になります。正解は、選択肢アです。

ファンクションポイント法

ファンクションポイント法は、プログラムの開発規模を見積もる技法の1つです。プログラムの内容をいくつかの「ファンクション（function＝機能）」に分類し、それぞれの難易度に応じた「ポイント（point＝点）」を付けます。開発に時間がかかる機能ほど、ポイントを大きくします。ファンクションの数とポイントを掛けて集計すれば、プログラム全体の**ファンクションポイント値**が得られます。

例題10.7は、ファンクションポイント値を求める問題です。ここでは、「重み付け係数」と示されている数字が、ファンクションごとのポイントです。「個数」は、それぞれのファンクションの数です。「補正係数」が示されているので、それを掛けた値が、最終的なファンクションポイント値になります。

例題10.7 **ファンクションポイント値の計算（H27 秋 問52）**

問52 表の機能と特性をもったプログラムのファンクションポイント値は幾らか。ここで，複雑さの補正係数は0.75とする。

ユーザファンクションタイプ	個数	重み付け係数
外部入力	1	4
外部出力	2	5
内部論理ファイル	1	10
外部インタフェースファイル	0	7
外部照会	0	4

ア 18 　　**イ** 24 　　**ウ** 30 　　**エ** 32

ファンクションごとに個数と重み付け係数を掛けて、その結果を集計すると、24になります。この値に、補正係数の0.75を掛けると、18になります。したがって、正解は選択肢アです（図10.9）。

10.1 マネジメント系の計算問題　**339**

図10.9 ファンクションポイント値を求める手順

```
外部入力              1 × 4  = 4
外部出力              2 × 5  = 10       集計 4 + 10 + 10 = 24
内部論理ファイル      1 × 10 = 10       補正 24 × 0.75 = 18
外部インタフェースファイル  0 × 7  = 0
外部照会              0 × 4  = 0
```

> 個数と重み付け係数を掛けて集計し、その結果に補正係数を掛けます

> プログラム全体のファンクションポイント値を求めるには、それぞれのファンクションの数とポイント(例題10.7では重み付け係数)を掛けた値を集計して、その集計値に補正係数を掛けます!

section 10.2 ストラテジ系の計算問題

重要度 ★★★　難易度 ★★★

ここがポイント！
- 売上総利益や経常利益などの計算がよく出題されます。
- 先入先出法の計算もよく出題されます。
- 固定費、変動費、変動費率の意味を知っておきましょう。

損益計算書

損益計算書は、ある期間における企業の売上、費用、および利益を示すものです。単純に考えれば、「利益＝売上－費用」ですが、売上と費用が、いくつかに分類されているため、利益にも**売上総利益**、**営業利益**、**経常利益**、**税引前当期純利益**という種類があります。

図10.10に、利益の計算式を示します。これらは、売上総利益 → 営業利益 → 経常利益 → 税引前当期純利益の順に求めるものです。それぞれの利益の意味がわかれば、丸暗記しなくても、覚えられます。

図10.10　損益計算書に示される利益を求める計算式

売上総利益＝売上高－売上原価
営業利益＝売上総利益－販売費及び一般管理費
経常利益＝営業利益＋営業外収益－営業外費用
税引前当期純利益＝経常利益＋特別利益－特別損失

上の式で求めた値が、下の式で使われます

売上総利益は、**売上高**から**売上原価**を引いたもので、**粗利（あらり）**とも呼ばれます。たとえば、80万円（売上原価）で仕入れた品物を100万円（売上高）で売ったら、粗利（売上総利益）は20万円です。**この金額が、利益の計算のスタートラインに立つ最も大きな数字になるので、「総」利益と呼ぶと覚えるとよいでしょう。**この後の計算で、様々な費用が引かれて、利益が小さくなります（他の利益によって、大きくなる場合もあります）。

品物を売るための費用は、仕入れの原価だけではありません。広告費、交通費、人件費、家賃、光熱費などの**販売費及び一般管理費**も必要です。先ほど求めた売上総利益から販売費及び一般管理費を引いたものが、営業利益です。

営業利益は、企業の本業によって得られた利益です。企業によっては、預金の利息や不動産の賃貸収入など、本業以外の収益もあり、これを**営業外収益**と呼びます。同様に、本業以外の費用を**営業外費用**と呼びます。先ほど求めた営業利益に、営業外収益を足し、営業外費用を引いたものが、経常利益です。**企業の経営活動（本業と本業以外）によって通常得られる利益なので、「経常」と呼ぶと覚えるとよいでしょう。**

不動産や有価証券の売却など、経常ではない特別な要因で発生した利益を**特別利益**と呼びます。同様に、特別な要因で発生した損失を**特別損失**と呼びます。先ほど求めた経常利益に、特別利益を足し、特別損失を引いたものが、税引前当期純利益です。

例題10.8は、損益計算書から経常利益を計算する問題です。　　　　　になっている部分には、上から順に、売上利益、営業利益、経常利益、税引前当期純利益が入ります。順番に計算してみましょう。

例題10.8　経常利益の計算（H24 春 問76）

問76　図の損益計算書における経常利益は何百万円か。ここで，枠内の数値は明示していない。

単位　百万円

損益計算書	
Ⅰ．売上高	1,585
Ⅱ．売上原価	951
Ⅲ．販売費及び一般管理費	160
Ⅳ．営業外収益	80
Ⅴ．営業外費用	120
Ⅵ．特別利益	5
Ⅶ．特別損失	15

ア　424　　　**イ**　434　　　**ウ**　474　　　**エ**　634

売上総利益、営業利益、経常利益、税引前当期純利益を計算した結果を、図10.11に示します。この問題は、経常利益を求めるものなので、434百万円です。正解は、選択肢イです。

図10.11　損益計算書から利益を計算した結果

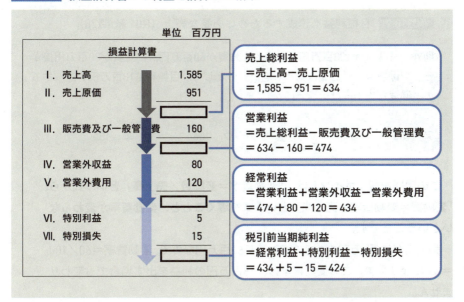

固定費と変動費

　費用は、**固定費**と**変動費**に分けることができます。固定費とは、給与や家賃など、商品の売上数量に関わらず、固定的にかかる費用です。変動費とは材料費や販売手数料など、商品の売上数量に応じて増える費用です。

　売上高に対する変動費の割合を**変動費率**と呼びます。「**変動費率＝変動費／売上高**」です。売上高が増えれば、変動費も増えるので、**変動費率は一定の数字になるとみなします**。

ここが大事！

・利益 ＝ 売上高－費用
・費用 ＝ 固定費＋変動費
・変動費率 ＝ 変動費÷売上高

例題10.9は、18百万円という目標利益を達成するために必要な売上高を求める問題です。「利益＝売上高－費用」「費用＝固定費＋変動費」「変動費率＝変動費／売上高」ということがわかっていれば、方程式を立てて計算できるでしょう。

例題10.9 **目標利益を達成するために必要な売上（R01 秋 問78）**

問78 売上高が100百万円のとき，変動費が60百万円，固定費が30百万円掛かる。変動費率，固定費は変わらないものとして，目標利益18百万円を達成するのに必要な売上高は何百万円か。

ア 108 　　**イ** 120 　　**ウ** 156 　　**エ** 180

この問題を解くポイントは、「変動費率＝変動費／売上高」という式から、「変動費＝変動費率×売上高」という式を導くことと、変動費率が変わらないということです。

売上高が100百万円のときの変動費が60百万円なので、変動費率＝60／100＝0.6になります。この変動費率は、18百万円の利益を出す場合でも変わりません。

18百万円の利益を出す場合の売上高をs百万とすれば、変動費＝変動費率×売上高＝0.6sであり、費用＝固定費＋変動費＝30＋0.6sです。

利益＝売上高－費用なので、18＝s－（30＋0.6s）という方程式が立てられます。これを解いて、s＝120です。正解は、選択肢イです。

この計算方法を理解すれば、損益分岐点の計算もできるようになります。損益分岐点は、利益が0になる売上高のことです。この問題に示された数字で、損益分岐点を求めると、0＝s－（30＋0.6s）という方程式を解いて、s＝75になります。すなわち、売上高が75百万円のとき、利益が0になります。売上高が75百万円を下回れば損失が生じ、75百万円を上回れば利益が生じます。損失と利益の分岐点なので、損益分岐点と呼ぶのです。

先入先出法

商品を販売する企業は、商品の仕入れと販売を繰り返しています。**先入先出法**は、先に仕入れた商品を先に販売したとみなして、売上原価や在庫の評価額を計算するものです。例題10.10は、先入先出法で売上原価を求める問題です。

例題10.10 先入先出法で売上原価を求める（H30 秋 問77）

問77 ある商品の前月繰越と受払いが表のとおりであるとき，先入先出法によって算出した当月度の売上原価は何円か。

日付	摘要	受払個数		単価(円)
		受入	払出	
1日	前月繰越	100		200
5日	仕入	50		215
15日	売上		70	
20日	仕入	100		223
25日	売上		60	
30日	翌月繰越		120	

ア 26,290 **イ** 26,450 **ウ** 27,250 **エ** 27,586

前月繰越で、単価200円で仕入れた商品が100個あります。5日に50個仕入れましたが、そのときの単価は、215円になっています。15日に70個を払出し（販売）しましたが、このとき、先に仕入れた200円で100個の商品から70個を払出して販売したと考えるのが、先入先出法です。この時点で残っているのは、200円で仕入れた商品が30個と、215円で仕入れた商品が50個です。

以下同様に、先入先出法で商品の仕入れと払出しを行うと、当月に払出した商品は、200円が70個、200円が30個、215円が30個の合計130個になります。**当月の売上原価は、**これらの合計値であり、**200×70＋200×30＋215×30＝26,450円**です。正解は、選択肢イです（図10.12）。

10.2 ストラテジ系の計算問題　345

図10.12 先入先出法で商品の仕入れと払出しを行う

日付	摘要	受払個数 受入	受払個数 払出	単価（円）
1日	前月繰越	100		200
5日	仕入	50		215
15日	売上		70	
20日	仕入	100		223
25日	売上		60	
30日	翌月繰越		120	

- 在庫＝200円が100個
- 在庫＝200円が100個＋215円が50個
- 払出し＝200円が70個
- 在庫＝200円が30個＋215円が50個
- 在庫＝200円が30個＋215円が50個＋223円が100個
- 払出し＝200円が30個＋215円が30個
- 在庫＝215円が20個＋223円が100個

第10章の練習問題を終えれば、科目Aの対策は完了です！
あと少し、がんばりましょう！

section 10.3 マネジメント系とストラテジ系の計算問題の練習問題

数値で管理して判断する

練習問題 10.1　最も安く購入する方法（H26 春 問76）

問76 六つの部署に合計30台のPCがある。その全てのPCで使用するソフトウェアを購入したい。表に示す購入方法がある場合，最も安く購入すると何円になるか。ここで，各部署には最低1冊のマニュアルが必要であるものとする。

購入方法	使用権	マニュアル	価格(円)
単体で1本	1	1	15,000
1ライセンス	1	0	12,000
5ライセンス	5	0	45,000

ア　270,000　　イ　306,000　　ウ　315,000　　エ　318,000

PC1台に1ライセンス、各部署に1冊のマニュアルが必要です！

期待値

練習問題 10.2　利益の期待値が最大になる仕入個数（H30 秋 問75）

問75 商品の1日当たりの販売個数の予想確率が表のとおりであるとき，1個当たりの利益を1,000円とすると，利益の期待値が最大になる仕入個数は何個か。ここで，仕入れた日に売れ残った場合，1個当たり300円の廃棄ロスが出るものとする。

		販売個数			
		4	5	6	7
仕入個数	4	100%	ー	ー	ー
	5	30%	70%	ー	ー
	6	30%	30%	40%	ー
	7	30%	30%	30%	10%

ア 4　　　イ 5　　　ウ 6　　　エ 7

まず、販売個数の期待値を求め、次に、利益の期待値を求めます！

重み付け

練習問題 10.3　4段階評価のスコアリングモデル（H21 春 問64）

問64　定性的な評価項目を定量化する方法としてスコアリングモデルがある。4段階評価のスコアリングモデルを用いると，表に示した項目から評価されるシステム全体の目標達成度は何%となるか。

評価項目	重み	判定内容
省力化効果	5	予定どおりの効果があった
期間の短縮	8	従来と変わらない
情報の統合化	12	部分的には改善された

4段階評価点　3:予定どおり　2:ほぼ予定どおり
　　　　　　1:部分改善　　0:変わらず

ア 27　　　イ 36　　　ウ 43　　　エ 52

重みと評価点を掛けて集計します！

アローダイアグラム

練習問題 10.4 最早結合点時刻を求める（H23 秋 問51）

問51 次のアローダイアグラムで表されるプロジェクトがある。結合点5の最早結合点時刻は第何日か。

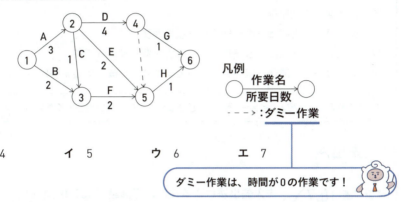

ア 4 　　イ 5 　　ウ 6 　　エ 7

工数の計算

練習問題 10.5 工数から要員を求める（H31 春 問54）

問54 システムを構成するプログラムの本数とプログラム1本当たりのコーディング所要工数が表のとおりであるとき，システムを95日間で開発するには少なくとも何人の要員が必要か。ここで，システムの開発にはコーディングのほかに，設計及びテストの作業が必要であり，それらの作業にはコーディング所要工数の8倍の工数が掛かるものとする。

	プログラムの本数	プログラム1本当たりのコーディング所要工数（人日）
入力処理	20	1
出力処理	10	3
計算処理	5	9

ア 8 　　イ 9 　　ウ 12 　　エ 13

損益計算書

練習問題 10.6　売上総利益の計算式（H23 特別 問77）

問77 売上総利益の計算式はどれか。

- ア　売上高－売上原価
- イ　売上高－売上原価－販売費及び一般管理費
- ウ　売上高－売上原価－販売費及び一般管理費＋営業外損益
- エ　売上高－売上原価－販売費及び一般管理費＋営業外損益＋特別損益

売上総利益の「総」のイメージから、どのような利益か思い出してください！

先入先出法

練習問題 10.7　先入先出法による在庫の評価額（H30 春 問78）

問78 商品Aの当月分の全ての受払いを表に記載した。商品Aを先入先出法で評価した場合，当月末の在庫の評価額は何円か。

日付	摘要	受払個数 受入	受払個数 払出	単価（円）
1	前月繰越	10		100
4	仕入	40		120
5	売上		30	
7	仕入	30		130
10	仕入	10		110
30	売上		30	

ア　3,300　　イ　3,600　　ウ　3,660　　エ　3,700

同じ商品Aでも、仕入れのタイミングで単価が異なることに注意してください！

section 10.4 マネジメント系とストラテジ系の計算問題の練習問題の解答・解説

数値で管理して判断する

練習問題 10.1　最も安く購入する方法（H26 春 問76）

解答　ウ

解説　このソフトウェアの購入方法には、製品を単体で購入する方法と、ライセンス（使用権）だけを購入する方法があります。製品を購入すると、ライセンス1台分とマニュアル1冊が付いてきます。ただし、単体で購入するより、ライセンスだけを購入した方が割安です。さらに、5ライセンスをまとめて購入すると割安になります。

6つの部署それぞれに1冊のマニュアルが必要なので、少なくとも単体を6つ購入する必要があります。価格は15,000×6＝90,000円で、ライセンスは6台分になります。

全部で30台のPCがあるので、あと24ライセンスが必要です。この中の20ライセンスは、5ライセンスを4つ購入することで割安になり、価格は45,000×4＝180,000円です。

残りの4ライセンスは、1ライセンスを4つ購入すると12,000×4＝48,000円になるので、5ライセンスを1つ購入した45,000円の方が割安です。ライセンスは、1つ余ることになります。

以上のことから、最も安く購入すると、90,000＋180,000＋45,000＝315,000円になります。正解は、選択肢ウです。

第10章　マネジメント系とストラテジ系の計算問題

10.4 マネジメント系とストラテジ系の計算問題の練習問題の解答・解説　351

期待値

練習問題 10.2 利益の期待値が最大になる仕入個数 （H30 秋 問75）

解答 ウ

解説 販売確率の表の見方に注意してください。4個仕入れた場合は、4個売れる確率が100%ということです。5個仕入れた場合は、4個売れる確率が30%で、5個売れる確率が70%ということです。それぞれの仕入個数に対する販売個数の期待値を求めると、図10.13になります。

図10.13 仕入個数に対する販売個数の期待値

仕入個数4個 ……… 4個×100%＝4個
仕入個数5個 ……… 4個×30%＋5個×70%＝4.7個
仕入個数6個 ……… 4個×30%＋5個×30%＋6個×40%＝5.1個
仕入個数7個 ……… 4個×30%＋5個×30%＋6個×30%＋7個×10%＝5.2個

1個当たりの利益が1,000円で、売れ残った場合の損失が1個当たり300円なので、最終的な利益は「売れた個数×利益 － 売れ残った個数×損失」になります。売れ残った個数は、仕入個数から、先ほど図10.13で求めた販売個数の期待値を引くことで求められます。たとえば、仕入個数5個のとき、販売個数の期待値は4.7個なので、5個－4.7個＝0.3個が売れ残った個数です。

それぞれの仕入個数に対する最終的な利益の期待値は、図10.14になります。最終的な利益の期待値が最大になる仕入れ個数は、6個です。正解は、選択肢ウです。

図10.14 仕入個数に対する最終的な利益の期待値

仕入個数4個 ……… 4個×1,000円＝4,000円
仕入個数5個 ……… 4.7個×1,000円－0.3個×300円＝4,610円
仕入個数6個 ……… 5.1個×1,000円－0.9個×300円＝4,830円
仕入個数7個 ……… 5.2個×1,000円－1.8個×300円＝4,660円

重み付け

練習問題 10.3　4段階評価のスコアリングモデル（H21春 問64）

解答　イ

解説　省力化効果は、「予定どおり」の3点で重みが5なので、3×5＝15点です。期間の短縮は、「変わらず」の0点で重みが8なので、0×8＝0点です。情報の統合化は、「部分改善」の1点で重みが12なので、1×12＝12点です。これらを合計すると、15＋0＋12＝27点です。
すべての評価項目が、予定通りの3点になることが目標だと思われるので、目標の評価の合計は、3×5＋3×8＋3×12＝75点です。75点の目標に対して27点なので、目標達成度は、27÷75＝0.36＝36％です。正解は、選択肢イです。

アローダイアグラム

練習問題 10.4　最早結合点時刻を求める（H23秋 問51）

解答　エ

解説　ダミー作業は、時間が0の作業であり、破線の矢印で示します。この問題では、クリティカルパスを求めずに、結合点5の最早結合点時刻（いつから始められるか）だけを求めます。それぞれの結合点に最早結合点時刻を書き込むと、図10.15になります。結合点5の最早結合点時刻は、7日です。正解は、選択肢エです。

図10.15　アローダイアグラムに最早結合点時刻を書き込む

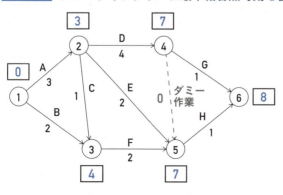

工数の計算

練習問題 **10.5**　工数から要員を求める（H31 春 問54）

解答　イ

解説　それぞれの処理のプログラムの本数と、プログラム1本当たりのコーディング所要工数（人日）を掛けて集計すれば、コーディング全体の工数が求められます。20本×1人日＋10本×3人日＋5本×9人日＝95人日です。

コーディング（coding）とは、プログラムを作る作業のことです。このシステムの開発には、コーディングの他に、設計やテストの作業が必要であり、それらにコーディングの8倍の工数が掛かります。95人日×8＝760人日です。

システム開発の工数は、全部で95人日＋760人日＝855人日になります。人日＝人数×日数なので、855人日の工数を95日で終わらせるには、855人日÷95日＝9人の要員が必要です。正解は、選択肢イです。

損益計算書

練習問題 **10.6**　売上総利益の計算式（H23 特別 問77）

解答　ア

解説　売上総利益は、売上高から売上原価を引いたものです。様々な費用を引く前の最も大きな数字であることを「総」という言葉のイメージに結び付けると覚えやすいでしょう。正解は、選択肢アです。

先入先出法

練習問題 10.7 先入先出法による在庫の評価額（H30 春 問78）

解答 エ

解説 先入先出法では、先に仕入れた商品を先に販売したとみなして、売上原価や在庫の評価額を計算します。先入先出法で当月末の在庫の評価額を求めると、図10.16に示したように、3,700円になります。正解は、選択肢エです。

図10.16 先入先出法で当月末の在庫の評価額を求める

日付	摘要	受払個数 受入	受払個数 払出	単価（円）
1	前月繰越	10		100
4	仕入	40		120
5	売上		30	
7	仕入	30		130
10	仕入	10		110
30	売上		30	

在庫＝100円が10個

在庫＝100円が10個 ＋120円が40個

在庫＝120円が20個

在庫＝120円が20個 ＋130円が30個

在庫＝120円が20個 ＋130円が30個 ＋110円が10個

在庫＝130円が20個＋110円が10個＝3,700円

科目Aのテキスト・解説部分はこれで終了です。おつかれさまでした！

chapter 11
科目Bの対策

この章では、科目Bの対策として、擬似言語の読み方と、情報セキュリティのポイントを説明します。

11.0 なぜ擬似言語の読み方と情報セキュリティの
　　　ポイントを学ぶのか？
11.1 擬似言語の読み方
11.2 情報セキュリティのポイント
11.3 科目Bの対策の練習問題
11.4 科目Bの対策の練習問題の解答・解説

section **11.0** 重要度 ★★★　難易度 ★☆☆

なぜ擬似言語の読み方と情報セキュリティのポイントを学ぶのか？

ここがポイント！
- 科目Bの内容と問題構成を知りましょう。
- 擬似言語の読み方をマスターしましょう。
- 事例風の問題を読み取れるようになりましょう。

科目A・科目Bの両方に60％以上正解することが合格の目安

　第1章の受験ガイダンスでも説明しましたが、基本情報技術者試験は、科目Aと科目Bから構成されています。それぞれが1000点満点であり、それぞれで600点以上（60％以上の正解）が合格の目安です。第2章～第10章では、試験全体の出題分野と科目Aの問題を取り上げてきましたが、**実際の試験に合格するには、科目Bの対策も必要です。**

　科目Bは、全部で20問あり20問に解答します。問題は「アルゴリズムとプログラミング」と「情報セキュリティ」の二つの分野であり、「アルゴリズムとプログラミング」が8割（16問）、「情報セキュリティ」が2割（4問）です。図11.1は、科目Bの出題範囲です。これらの中で、1～4は、「アルゴリズムとプログラミング」、5は「情報セキュリティ」です。どれも、問題を解くための基本的な知識は、第2章～第10章で学習していますが、注意してほしいのは、「アルゴリズムとプログラミング」で、プログラミング言語として擬似言語が使われることです。**この擬似言語は、基本情報技術者試験独自のものなので、あらかじめ読み方をマスターしておく必要があります。**

　この章では、擬似言語の読み方を重点的に説明します。「情報セキュリティ」に関しては、基本的な知識があれば十分なのですが、問題の内容が事例（架空の事例です）になっているので、解き方のポイントを説明します。

図11.1　科目Bの出題範囲

1　プログラミング全般に関すること
　　実装するプログラムの要求仕様（入出力，処理，データ構造，アルゴリズムほか）の把握，使用
するプログラム言語の仕様に基づくプログラムの実装，既存のプログラムの解読及び変更，処理の
流れや変数の変化の想定，プログラムのテスト，処理の誤りの特定（デバッグ）及び修正方法の検
討　など
注記　プログラム処理言語について，基本情報技術者試験では擬似言語を扱う。

2　プログラムの処理の基本要素に関すること
　　型，変数，配列，代入，算術演算，比較演算，論理演算，選択処理，繰返し処理，手続・関数の呼
出し　など

3　データ構造及びアルゴリズムに関すること
　　再帰，スタック，キュー，木構造，グラフ，連結リスト，整列，文字列処理　など

4　プログラミングの諸分野への適用に関すること
　　数理・データサイエンス・AIなどの分野を題材としたプログラム　など

5　情報セキュリティの確保に関すること
　　情報セキュリティ要求事項の提示（物理的及び環境的セキュリティ，技術的及び運用のセキュリ
ティ），マルウェアからの保護，バックアップ，ログ取得及び監視，情報の転送における情報セキュ
リティの維持，脆弱性管理，利用者アクセスの管理，運用状況の点検　など

擬似言語の読み方をマスターする

　図11.2に、擬似言語の記述形式を示します。ここには、擬似言語で記述さ
れたプログラムの具体例が示されていないので、わかりにくいかもしれませ
ん。そこで、「11.1 擬似言語の読み方」では、簡単なプログラムの具体例を
示して、擬似言語の読み方を説明します。ここでは、図11.2に示した擬似言
語の記述形式にざっと目を通しておいてください。

アドバイス

> 試験問題の内容は、プログラムを作るものではなく、プログラ
> ムを読み取るものです。擬似言語のプログラムを読むという意
> 識を持って、これ以降の説明で示されるプログラムを見てくだ
> さい。

11.0　なぜ擬似言語の読み方と情報セキュリティのポイントを学ぶのか　　**359**

図11.2 擬似言語の記述形式

擬似言語を使用した問題では,各問題文中に注記がない限り,次の記述形式が適用されているものとする。

〔擬似言語の記述形式〕

記述形式	説明
○*手続名又は関数名*	手続又は関数を宣言する。
型名:*変数名*	変数を宣言する。
/* *注釈* */	注釈を記述する。
// *注釈*	
変数名 ← *式*	変数に*式*の値を代入する。
手続名又は関数名(*引数*, …)	手続又は関数を呼び出し,*引数*を受け渡す。

if (*条件式 [1]*)
　処理 [1]
elseif (*条件式 [2]*)
　処理 [2]
elseif (*条件式 [n]*)
　処理 [n]
else
　処理 [n+1]
endif
	選択処理を示す。
	*条件式*を上から評価し,最初に真になった*条件式*に対応する*処理*を実行する。以降の*条件式*は評価せず,対応する*処理*も実行しない。どの*条件式*も真にならないときは,*処理[n+1]*を実行する。
	各*処理*は,0以上の文の集まりである。
	elseifと*処理*の組みは,複数記述することがあり,省略することもある。
	elseと*処理[n+1]*の組みは一つだけ記述し,省略することもある。

while (*条件式*)
　処理
endwhile
	前判定繰返し処理を示す。
	*条件式*が真の間,*処理*を繰返し実行する。
	*処理*は,0以上の文の集まりである。

do 　*処理* while (*条件式*)	後判定繰返し処理を示す。 *処理*を実行し,*条件式*が真の間,*処理*を繰返し実行する。 *処理*は,0以上の文の集まりである。

for (*制御記述*)
　処理
endfor
	繰返し処理を示す。
	*制御記述*の内容に基づいて,*処理*を繰返し実行する。
	*処理*は,0以上の文の集まりである。

〔演算子と優先順位〕

演算子の種類		演算子	優先度
式		() .	高
単項演算子		not ＋ －	↑
二項演算子	乗除	mod × ÷	
	加減	＋ －	
	関係	≠ ≦ ≧ ＜ ＝ ＞	
	論理積	and	↓
	論理和	or	低

注記　演算子 . は,メンバ変数又はメソッドのアクセスを表す。
　　　演算子 mod は,剰余算を表す。

〔論理型の定数〕
true, false

〔配列〕
　配列の要素は，"["と"]"の間にアクセス対象要素の要素番号を指定することでアクセスする。なお，二次元配列の要素番号は，行番号，列番号の順に","で区切って指定する。"{"は配列の内容の始まりを，"}"は配列の内容の終わりを表す。ただし，二次元配列において，内側の"{"と"}"に囲まれた部分は，1行分の内容を表す。

〔未定義，未定義の値〕
　変数に値が格納されていない状態を，"未定義"という。変数に"未定義の値"を代入すると，その変数は未定義になる。

 memo

擬似言語の分岐や繰り返しの記述形式は，C言語やJavaに似ています。以下は，whileで繰り返しを行い，ifとelseで分岐を行うプログラムを，擬似言語とC言語およびJavaで記述した例です。擬似言語では，endwhileやendifで分岐や繰り返しの終わりを示します。C言語やJavaでは，{と}で囲んで分岐や繰り返しの範囲を示します。もしも，C言語やJavaをご存じなら，似ていても，まったく同じというわけではないので注意してください。

```
/* 擬似言語のプログラムの例 */
while (A ≠ B)
   if (A > B)
      A ← A － B
   else
      B ← B － A
   endif
endwhile
```

```
/* C言語やJavaのプログラムの例 */
while (A != B) {
   if (A > B) {
      A = A － B
   else
      B = B － A
   }
}
```

section 11.1 擬似言語の読み方

重要度 ★★★　難易度 ★★★

ここがポイント！
- プログラムを読むという意識を持ってください。
- if、while、forなどの意味は、英語として理解できます。
- 再帰呼出しは、やや難しいですが、よく出題されます。

変数、関数、手続

　擬似言語では、実際の多くのプログラミング言語と同様に、データの入れ物を「変数」で表し、処理のまとまりを「関数」または「手続」で表します。変数、関数、手続の例を示しましょう。リスト11.1は、キー入力された2つの数値の平均値を画面に表示するプログラムを、擬似言語で記述したものです。このプログラムでは、A、B、Aveという変数、Input()という関数、およびPrint()という手続が使われています。関数や手続は、名前の後に（）を付けます。

リスト11.1　変数、関数、手続の例

```
/* 2つの数値の平均値を画面に表示するプログラム */
整数型：A, B, Ave
A ← Input()
B ← Input()
Ave ← (A + B) ÷ 2
Print(Ave)
```

　プログラムの内容を、1行ずつ説明しましょう。1行目にある「/*」と「*/」で囲まれた文は、コメント（注釈）です。「//」から行末までをコメントにすることもできます。コメントとは、プログラムの中に任意に書き込んだ説明文です。実用的なプログラムでは、誰にでもプログラムの内容がわかるように、多くのコメントがありますが、試験問題のプログラムでは、問題を解くためのヒントとして、少しだけコメントがあります。

2行目の「整数型：A, B, Ave」は、**変数の宣言**です。「データ型：変数名」という構文で、「これから、こういうデータ型でこういう名前の変数を使います」と宣言するのです。同じデータ型で複数の変数を宣言する場合は、変数名をカンマで区切ります。ここでは「これから、整数型で、A、B、Aveという名前の変数を使います」と宣言しています。

変数の宣言の後にある4行は、どれも「〜せよ」という処理です。処理は、基本的に、上から下に向かって流れます。

3行目の「A ← Input()」は、「Input() という関数を呼び出し、その戻り値を、変数Aに代入せよ」という意味です。Input() は、キー入力された整数値を返す関数として、あらかじめ用意されているとします。どのような関数が用意されているのかに関しては、まったく決まりがないので、気にする必要はありません。**試験問題ごとに、「あらかじめ、このような機能の関数が用意されている」という説明があります。**

関数の機能を使うことを「**関数を呼び出す**」と言います。呼び出された関数が処理結果として返す値を「**戻り値**」または「**返却値**」と呼びます。「←」は、右辺から左辺の変数への値の**代入**を意味します。代入の右辺には、単独のデータ、演算式、関数の呼び出しなど、何らかの値が得られるものを置きます。

4行目の「B ← Input()」は、「Input() という関数を呼び出し、その戻り値を、変数Bに代入せよ」という意味です。

5行目の「Ave ← (A + B) ÷ 2」は、「AとBを足して2で割った値を、Aveに代入せよ」という意味です。これによって、AとBの平均値が、Aveに格納されます。演算を意味する「＋」や「÷」を「**演算子**」と呼びます。演算子の種類と意味は、後でまとめて説明しますが、一般的な数式で使われるものと同様です。

6行目の「Print(Ave)」は、「Aveという引数を渡して、Print() という手続を呼び出せ」という意味です。Print() は、データの値を画面に表示する手続として、あらかじめ用意されているとします。「**引数**」とは、関数や手続に渡すデータのことです。引数は、関数や手続のカッコの中に置きます。

関数と手続は、どちらも処理のまとまりに名前を付けたものです。処理の結果として値を返すものを関数と呼び、値を返さないものを手続と呼びます。なお、実際のプログラミング言語の中には、関数と手続を区別せずに、どちらも関数と呼ぶものがあります。

第11章 科目Bの対策

11.1 擬似言語の読み方　363

> 変数を宣言した直後の状態では、変数に値が格納されていません。これを「未定義」と呼びます。何らかの値が格納されている変数でも「変数 ← 未定義の値」という表現で、変数を未定義の状態にすることができます。実際の多くのプログラミング言語では、未定義の値をnull（「空」という意味です）というキーワードで示します。擬似言語では、nullを「未定義の値」という言葉で示すのです。

擬似言語を読む練習とトレースの練習

ここまでの説明がわかったら、先ほど示したリスト11.1のプログラムを読んでみましょう。**プログラムを読むとは、プログラミング言語（ここでは、擬似言語）で表記された宣言や処理を、自分にわかる言葉に置き換えることです。** 図11.3に、プログラムを読んだ例を示します。擬似言語に慣れるまでは、プログラムの1行ごとに、このような言葉を書き込む練習をするとよいでしょう。やがて、言葉を書き込まなくても、擬似言語を読めるようになります。

図11.3 擬似言語の表記を自分にわかる言葉に置き換える

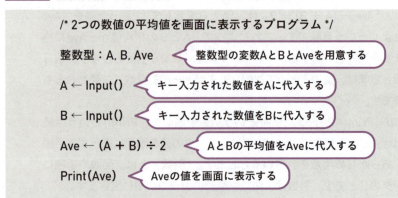

試験問題のテーマは、「擬似言語が読めますか？」ということではありません。「擬似言語で記述されたアルゴリズムを読み取れますか？」ということです。したがって、**擬似言語を読めるようになったら、次のステップとし**

て、アルゴリズムを読み取る練習が必要です。練習の手段として、プログラムを**トレース**するとよいでしょう。トレースとは、具体的な値を想定して、処理の流れにおけるデータの値の変化を追いかけることです。

　リスト11.1のプログラムをトレースした結果を、図11.4に示します。ここでは、1回目のキー入力で5が入力され、2回目のキー入力で8が入力されたことを想定しています。**試験問題を解くときにも、具体的な値を想定することで、アルゴリズムを理解しやすくなります。**

図11.4　**具体的な値を想定してプログラムをトレースする**

```
/* 2つの数値の平均値を画面に表示するプログラム */
```

整数型：A, B, Ave	A	B	Ave
A ← Input()	5		
B ← Input()		8	
Ave ← (A ＋ B) ÷ 2			6
Print(Ave)			

処理の流れ ↓

データ型

　先ほど図11.4に示したトレースで、注目してほしいことがあります。Aに5が代入され、Bに8が代入されることを想定しているので、AとBの平均値であるAveの値は、（5＋8）÷2＝6.5になるはずです。ところが、トレースでは、Aveの値を6にしています。なぜでしょうか？ それは、「整数型：A, B, Ave」という変数の宣言で、A、B、Aveのデータ型を整数型にしているからです。**整数型の除算結果では、小数点以下がカットされます。**（5＋8）÷2＝6.5の小数点以下がカットされて結果が6になり、Aveに6が代入されます。

　データ型は、データの種類を示します。データ型には、整数（小数点以下がない数）を格納する**整数型**、実数（小数点以下がある数）を格納する**実数型**、文字列を格納する**文字列型**、true（真）かfalse（偽）という定数だけを格納できる**論理型**などがあります。データ型の種類は、明確には取り決められていないので、試験問題に示されたデータ型の名前を見て、「たぶん、こういう意味だろう」と判断してください。

第11章　科目Bの対策

11.1　擬似言語の読み方　**365**

分岐の基本

プログラムで記述する処理の流れの種類は、**順次**、**分岐**（**選択とも呼ぶ**）、**繰り返し**の3つです。順次を表すのに、特殊な構文はありません。プログラムに記述した処理は、基本的に上から下に流れるので、順次になるからです。分岐と繰り返しを表すには、それぞれの構文を使います。

擬似言語では、分岐を if〜endif という構文で記述します。ifの後にカッコで囲んで条件を書き、条件が真ならifの後に記述された処理を行い、そうでないなら（条件が偽なら）elseの後に記述された処理を行います。これらの処理は、どの条件に応じて実行するかがわかりやすいように、**インデント**します。インデントとは、先頭にスペース（空白文字）をいくつか入れて字下げをすることです（この章で示すプログラムでは、スペースを2個入れています）。endif は、分岐の構文の終わりを示します。**どれも英語なので、ifを「もしも〜なら」、elseを「そうでなければ」、endifを「if構文の終わり」と読めば、意味がわかりやすいでしょう。**

リスト11.2に分岐のプログラムの例を示します。ここでは、変数Ageに年齢をキー入力し、Age ≧ 18という条件が真なら Print("成人です")という処理を行い、そうでないなら Print("未成年です")という処理を行います。

リスト11.2 ifとelseを使った分岐の例

```
整数型：Age
Age ← Input()
if (Age ≧ 18)
  Print("成人です")
else
  Print("未成年です")
endif
```

分岐のバリエーション

if〜endif という構文には、2つのバリエーションがあります。1つ目のバリエーションは、**ifだけがありelseがない構文です**。これは、ある条件なら処

理を行い、それ以外なら何もしない場合に使います。リスト11.3に例を示します。これは、変数Aにキー入力された値の絶対値を表示するプログラムです。A＜0という条件が真なら、つまり変数Aの値がマイナスなら、A←－Aという処理を行ってAの符号をプラスにしています。そうでないなら、つまり変数Aの値がプラスなら、何もしません。

リスト11.3 ifだけがありelseがない分岐の例

```
整数型：A
A ← Input()
if (A ＜ 0)
    A ← －A
endif
Print(A)
```

　2つ目のバリエーションは、**ifの後に、必要な数だけelseifを置く構文です。**
elseifは（そうではなくてもしも〜なら）という意味です。この構文を使うと、3つ以上の処理に分岐できます。リスト11.4に例を示します。これは、変数Scoreにキー入力されたテストの得点が、もしも80以上なら「優」、そうではなくてもしも70点以上なら「良」、そうではなくてもしも60点以上なら「可」、そうでなければ「不可」と表示するプログラムです。全部で4つの処理に分岐しています。

アドバイス

ここでは、擬似言語のプログラムを読めるようになることが目標ですが、そのためには、プログラムを書き写す練習も効果的です。一般的なワープロやテキストエディタ（Windowsならメモ帳）で、この章で例として示しているプログラムを書き写してください。1行ずつ、意味を考えながら、ゆっくり丁寧に書き写してください。何度か繰り返し練習しているうちに、プログラムをスラスラ読めるようになるはずです。

リスト11.4　if、elseif、elseを使って分岐する例

```
整数型：Score
Score ← Input()
if (Score ≧ 80)
    Print("優")
elseif (Score ≧ 70)
    Print("良")
elseif (Score ≧ 60)
    Print("可")
else
    Print("不可")
endif
```

繰り返しの基本

　擬似言語では、繰り返しを記述するためにwhile～endwhile、do～while、for～endfor という3つの構文があります。これらの中で基本となるのは、while～endwhile です。while の後にカッコで囲んで条件を書き、条件が真である限り while～endwhile で囲まれた処理が繰り返されます。分岐の処理と同様に、繰り返す処理も、インデントします。**while は「～である限り」、endwhile は「while 構文の終わり」という意味です。**

　while～endwhile の例を示しましょう。リスト11.5は、所持金を示す変数 Money の値（初期値は10000です）が0より大きい限り（所持金がある限り）買い物を繰り返すプログラムです。繰り返されるのは、「買い物した金額を入力してください」と表示する処理と、買い物した金額を変数 Price にキー入力する処理と、変数 Money から変数 Price の値を引く処理です。繰り返しが終わると「残金がなくなりました」と表示します。

リスト11.5 while ～ endwhile を使った繰り返しの例

```
整数型：Money
Money ← 10000
while (Money ＞ 0)
    Print("買い物した金額を入力してください")
    Price ← Input()
    Money ← Money － Price
endwhile
Print("残金がなくなりました")
```

　試験問題では、たとえば「AとBが等しくなるまで繰り返す」のように、繰り返しの条件を「〜になるまで」という言葉で説明する場合があります。「〜になるまで」を英語で表すと until です。それに対して、**擬似言語では、while（〜である限り）という言葉を使うことに注意してください。**したがって、「AとBが等しくなるまで繰り返す」をプログラムにするときには、「〜になるまで」を「〜である限り」に言い換えて、「AとBが等しくない限り繰り返す」として、while（A ≠ B）と表記します。これは、後で示す do〜while と for〜endfor の条件でも同様です。

前判定の繰り返しと後判定の繰り返し

　while〜endwhile は、条件をチェックし、それが真なら処理を繰り返しました。このような繰り返し処理を「前判定の繰り返し」と呼びます。それに対し、do〜while という構文では処理を行ってから、条件をチェックし、それが真なら処理を繰り返します。このような繰り返し処理を「後判定の繰り返し」と呼びます。do は「やれ」、while は「〜である限り」という意味です。

　do〜while の例を示しましょう。リスト11.6は、クイズに正解するまで答案の入力を繰り返すプログラムです。「日本で一番長い川は？」「1：十勝川、2：利根川、3：信濃川」というクイズなので、正解は「3」です。問題と選択肢を示して、答案を変数 Ans にキー入力する処理を行ったら、while（Ans ≠ 3）というチェックを行い、Ans ≠ 3 という条件が真である限り（答案が正解でない限り）、処理を繰り返します。

11.1 擬似言語の読み方　**369**

リスト11.6　do～whileを使った繰り返しの例

```
整数型：Ans
do
    Print("日本で一番長い川は？")
    Print("1：十勝川、2：利根川、3：信濃川")
    Ans ← Input()
while (Ans ≠ 3)
```

　前判定の繰り返しと後判定の繰り返しの違いを、難しく考える必要はありません。先ほどリスト11.5に示した買い物のプログラムは、所持金があることをチェックしなければ買い物の処理ができないので、必然的に前判定の繰り返しになります。ここで示したクイズのプログラムは、答案をキー入力する処理をしなければ正解かどうかの判定ができないので、必然的に後判定の繰り返しになります。

ループカウンタを使った繰り返し

　for～endforは、「ループカウンタ」を使った繰り返しを行います。ループカウンタとは、繰り返しの回数をカウントする変数のことです。forの後にカッコで囲んで制御記述を書き、制御記述にしたがってfor～endforで囲まれた処理が繰り返されます。他の構文と同様に、繰り返す処理をインデントします。forは「～の期間」、endforは「for構文の終わり」という意味です。制御記述の部分には、「iを0から4まで1ずつ増やす」のようにループカウンタ（ここでは変数iです）をどのように変化させながら繰り返すかを示す文を記述します。

　for～endforは、配列の要素を1つずつ順番に処理する繰り返し処理でよく使われます。例を示しましょう。リスト11.7は、「12」「34」「56」「78」「90」という5つの要素を持つ配列Aの合計値を求めるプログラムです。「整数型の配列：A ← {12, 34, 56, 78, 90}」の部分で、5つの要素を持つ配列Aを宣言しています。**配列の要素は、{ と } の中にカンマで区切って並べます。個々の要素は、「配列名［添字］」という表現で取り扱います。「添字」のことを「要素番号」と呼ぶ場合もあります。問題によって、先頭の要素の添字を0とす**

る場合と、1とする場合があることに注意してください。ここでは、先頭の要素の添字を0として、5つの要素をA[0]、A[1]、A[2]、A[3]、A[4]で取り扱います。forの制御記述が「iを0から4まで1ずつ増やす」なので、プログラムの中にあるA[i]のiが0から4まで1ずつ増えながら、Sum ← Sum + A[i]という処理が繰り返されます。繰り返しが終了すると、変数SumにA[0]からA[4]の合計値が得られているので、それを画面に表示します。

リスト11.7 for～endforを使った繰り返しの例

```
整数型の配列：A ← {12, 34, 56, 78, 90}
整数型：i, Sum
Sum ← 0
for (iを0から4まで1ずつ増やす)
   Sum ← Sum + A[i]
endfor
Print(Sum)
```

for～endforを使った繰り返し処理は、while～endwhileで記述することもできます。リスト11.8は、リスト11.7の内容をwhile～endwhileで書き換えた例です。while～endwhileを使った方が、ループカウンタの初期値、繰り返す条件、およびループカウンタの更新が明確ですが、for～endforを使った方が、プログラムを短く記述できます。どちらの構文を使うのかは、出題者の考え次第でしょう。

配列の先頭の要素の添字を0とするか1とするかは、問題に示されているので、必ず確認してください。

リスト11.8 リスト11.7の内容を while ～ endwhile で書き換えた例

```
整数型の配列：A ← {12, 34, 56, 78, 90}
整数型：i, Sum
Sum ← 0
i ← 0                  // ループカウンタの初期値
while (i < 5)          // 繰り返す条件
  Sum ← Sum + A[i]
  i ← i + 1            // ループカウンタの更新
endwhile
Print(Sum)
```

分岐と繰り返しの組合せ

分岐と繰り返しの構文は、目的に応じて組み合せて使うことができます。
繰り返しの処理の中で分岐を行うことも、繰り返しの処理の中で繰り返しを
行うことも、分岐の処理の中で分岐を行うこともできます。例を示しましょ
う。リスト11.9は、先ほどリスト11.5に示した買い物のプログラムを改良し
て、もしも買い物した金額が所持金より大きい場合は「買えません」と表示
し、そうでないなら所持金の更新をするようにしたものです。繰り返しの処
理の中で分岐を行っていることに注目してください。

リスト11.9 繰り返しの処理の中で分岐を行っている例

```
整数型：Money
Money ← 10000
while (Money > 0)
  Print("買い物した金額を入力してください")
  Price ← Input()
  if (Price > Money)
    Print("買えません")
  else
```

```
      Money ← Money - Price
    endif
  endwhile
  Print("残金がなくなりました")
```

　このようなプログラムの構造は、図11.5に示したように、**繰り返しや分岐の構文の範囲を四角形で囲む**とわかりやすいでしょう。

図11.5 繰り返しや分岐の範囲を四角形で囲んだ例

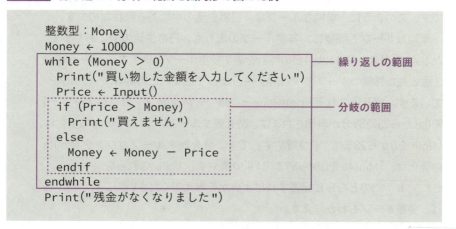

多重ループ

　繰り返しの処理の中で繰り返しを行うことを「**多重ループ**」と呼びます。**ループ（loop）** は、「繰り返し」という意味です。多重ループの流れは難しいと思われるかもしれませんが、日常生活の中にある身近な事物と対応させれば、とてもわかりやすくなるはずです。

　例を示しましょう。リスト11.10は、多重ループではなく、単純なループの例です。ループカウンタである変数Monthが1から12まで1ずつ増えて、Print（Month + "月"）という処理が繰り返されます。これが、日常生活の中にある何を表しているかわかりますか？ Month + "月"は、Monthの値の後に"月"を連結した文字列を作るという意味だとします。「＋演算子は変数の値を文字列に変換して他の文字列に連結する」のように、**問題ごとにプログラム**

で使われている演算子や構文の説明が示される場合もあります。

リスト11.10　日常生活の中にある単純なループの例

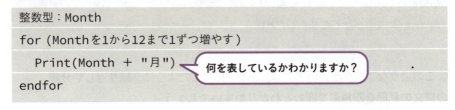

答えは、「1月」から「12月」まで表示する1年分のカレンダー（月だけ）です。このように、単純なループは、日常生活の中にある流れなのです。

単純なループと同様に、多重ループの流れも、日常生活の中にあります。たとえば、リスト11.11は、1日の時計を表す多重ループの例です。for〜endforで囲まれた外側のループの中に、for〜endforで囲まれた内側のループが入っています。繰り返されるPrint(Hour + "時" + Minute + "分")によって、0時0分から23時59分が表示されます。時を表すループカウンタHourの変化は、「Hourを0から23まで1ずつ増やす」です。分を表すループカウンタMinuteの変化は、「Minuteを0から59まで1ずつ増やす」です。これらを　a　と　b　のどちらに記述すればよいかを考えてください。これがわかれば、多重ループもわかります。

リスト11.11　1日の時計を表す多重ループの例（問題）

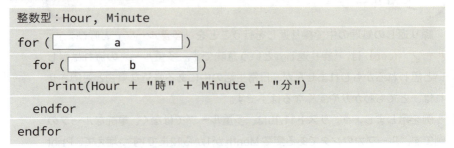

答えを図11.6に示します。多重ループであっても、プログラムの処理の流れが、基本的に上から下に向かって進むことに変わりはありません。したがって、はじめに、外側のループでHourが0に設定されます。次に、内側の

ループに進み、Minuteが0から59まで変化して、0時0分から0時59分が表示されます。次に、外側のループの先頭に戻って、その際にHourが1に更新されます。次に、内側のループに進み、Minuteが0から59まで変化して、1時0分から1時59分が表示されます。このように、**外側のループカウンタの値を固定して、内側のループカウンタの値が変化するのが、多重ループの流れです**。以下、同様の処理が繰り返され、23時59分を表示して処理が終了します。

図11.6 1日の時計を表す多重ループの例（答え）

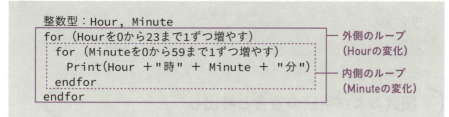

二次元配列と多重ループ

　表形式のデータの集まりをプログラムで表現するときには、**二次元配列**が使われます。擬似言語では、配列の要素を囲む｛ ｝で1行分のデータ（通常の配列）を表し、それらを複数並べて｛ ｝で囲むことで、二次元配列を表します。つまり、**二次元配列は、配列の配列（配列を要素とした配列）です**。二次元配列の個々の要素は、「**配列名[行番号, 列番号]**」という表記で示します。問題によって、行番号と列番号は、0から始まる場合と、1から始まる場合があります。

　二次元配列の要素を1つずつ順番に処理するときには、**行番号を変換させる繰り返しの中で列番号を変化させる繰り返しを行う多重ループ**を使います。例を示しましょう。リスト11.12は、3行×3列の二次元配列Aの要素を1つずつ順番に表示するプログラムです。二次元配列は、配列の配列なので、Aのデータ型を「整数型の配列の配列」としています。ここでは、行番号と列番号が0から始まるとします。行番号を表す変数iは、外側のループのループカウンタであり、0から2まで変化します。列番号を表す変数jは、内側のループカウンタであり、0から2まで変化します。この多重ループによって、Print(A[i, j])という処理が3×3＝9回繰り返され、A[0, 0]からA[2, 2]までの要素が順番

に表示されます。

リスト11.12 二次元配列の要素を多重ループで処理する例

```
整数型の配列の配列：A ← { {1, 2, 3}, {4, 5, 6}, {7, 8, 9} }
整数型：i, j
for (iを0から2まで1ずつ増やす)
  for (jを0から2まで1ずつ増やす)
    Print(A[i, j])
  endfor
endfor
```

関数および手続の宣言と呼出し

試験問題では、あらかじめ用意されている何らかの関数や手続を呼び出すプログラムだけでなく、呼び出される側の関数や手続を記述したプログラムが示されることもあります。この場合には、**関数や手続を宣言する**（「定義する」と言う場合もあります）構文が使われます。関数を宣言する例を示しましょう。リスト11.13は、引数で指定された2つの数値の平均値を返す関数Average()の宣言です。

リスト11.13 関数を宣言する構文の例

```
○実数型：Average(実数型：X, 実数型：Y)
  実数型：Ans
  Ans ← (X + Y) ÷ 2
  return Ans
```

先頭に○がある1行目は、「これから、こういう構文の関数を記述します」という宣言です。「**○戻り値のデータ型：関数名（引数のデータ型：引数名，…）**」という構文です。手続も同様の構文で宣言しますが、手続は戻り値がないので「**○手続名（引数のデータ型：引数名，…）**」という構文を使います。ここでは、Averageが関数の名前です。Averageの前にある実数型は、関数

376

の戻り値のデータ型です。Averageの後のカッコの中にある実数型：Xと実数型：Yは、関数の引数のデータ型と名前です。関数でも、手続でも、宣言の後に処理の内容を記述します。

2行目の「実数型：Ans」は、この関数の中だけで使う変数の宣言です。このような変数を「**ローカル変数**」や「**局所変数**」と呼びます。関数の内側で変数を宣言するとローカル変数になります。それに対して、関数の外側で変数を宣言すると、プログラムのすべての部分から使える変数になり、これを「**グローバル変数**」や「**大域変数**」と呼びます。

3行目の「Ans ← (X + Y) ÷ 2」では、引数で渡されたXとYの平均値をローカル変数Ansに代入しています。ここでも、具体的な値を想定すると、処理内容がわかりやすくなるでしょう。たとえば、Xに5、Yに8が渡された場合は、Ansに6.5が代入されます。かなり前で示した平均値を求めるプログラムの例では6でしたが、ここでは6.5です。引数とローカル変数のデータ型が、整数型ではなく実数型だからです。

4行目の「return Ans」では、ローカル変数Ansに格納されている6.5という値を、関数Average()の戻り値として返します。**returnは、戻り値を返して、関数の処理を終了する命令です。**

関数Average()を呼び出す側のプログラムの例も示しておきましょう。リスト11.14は、キー入力された2つの数値の平均値を画面に表示するプログラムです。ここでは、関数Input()はキー入力された実数値を返すとします。

リスト11.14 関数Average()を呼び出す側のプログラムの例

```
実数型：A, B, Ave
A ← Input()
B ← Input()
Ave ← Average(A, B)
Print(Ave)
```

再帰呼出しによる繰り返し

関数の処理の中で同じ関数を呼び出すことで、繰り返しを実現するテクニックがあります。これを「**再帰呼出し（recursive call）**」または単に「**再**

11.1 擬似言語の読み方　**377**

帰」と呼びます。再帰呼出しは、while〜endwhile、do〜while、for〜endforの構文を使うより、短く効率的にプログラムを記述できる場合に使われます。再帰呼出しは、関数だけでなく手続でも使えますが、ここでは関数で例を示します。

　再帰呼出しを説明するときには、引数Nの階乗（factorial）を求める関数Fact()がよく例にあげられます。Nの階乗とは、Nから1までの整数をすべて掛け合わせた値です。たとえば、5の階乗は、5×4×3×2×1＝120です。ここで、4×3×2×1の部分は、4の階乗なので、5の階乗は、「5×4の階乗」で求めることもできます。つまり、5の階乗は、Fact(5)の処理の中で、5とFact(4)を呼び出した戻り値を乗算すれば求められるのです。**関数Fact()の処理の中で同じ関数Fact()を呼び出すことになり、これが再帰呼出しです。**リスト11.15に関数Fact()の宣言を示します。

リスト11.15 再帰呼出しで引数Nの階乗を求める関数Fact()の宣言

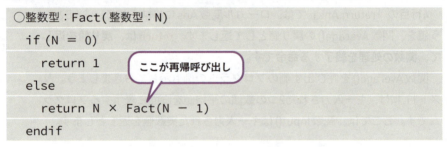

　数学では、0の階乗は、0ではなく1であると決められています。関数Fact()の処理で、N＝0という条件が真のときに戻り値として1を返しているのは、0の階乗が1だからです。N＝0でない場合は、戻り値としてN×Fact(N−1)を返しています。N＝5を想定すれば、この部分は5×Fact(4)になり、5の階乗を「5×4の階乗」で求めるという意味になります。この部分が、再帰呼出しです。再帰呼出しで5の階乗が求められる手順を図11.7に示します。**引数を変えながら関数Fact()が繰り返し呼び出され、引数が0になった時点から、戻り値が繰り返し返されるのです。**

図11.7 再帰呼出しで5の階乗が求められるまでの手順

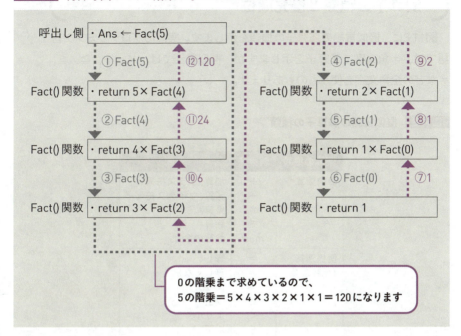

クラスとオブジェクト

　関数と手続は、プログラムの部品だと言えるでしょう。擬似言語では、プログラムの部品として「**クラス**」が使われることがあります。**関数と手続が、単独の処理を行う小さな部品であるのに対し、クラスは、内部に複数のデータと複数の処理を持った大きな部品です。** クラスが持つデータを「**メンバ変数**」と呼び、クラスが持つ処理を「**メソッド**」と呼びます。

　クラスは、それが必要とされるタイミングで、クラス一式をメモリにロードして使います。クラス一式がメモリにロードされたものを「**オブジェクト**」または「**クラスのインスタンス**」と呼びます。**オブジェクトが持つメンバ変数やメソッドを使うときには、「．（ドット）」を使って「オブジェクト名．メンバ変数名」や「オブジェクト名．メソッド名 ()」という構文を使います。** どのようなクラスが用意されているのかに関しては、まったく決まりがないので、気にする必要はありません。試験問題ごとに、「あらかじめ、このような機能のクラスが用意されている」という説明があります。

11.1 擬似言語の読み方　379

演算子の種類と優先順位

図11.8に、擬似言語の**演算子**の種類を示します。実際のプログラミング言語では、半角文字で演算子を示しますが、擬似言語では、×、÷、≧、≦、≠などの全角文字を使うものもあります。

図11.8 擬似言語の演算子の種類

演算の種類	演算子	意味
算術演算	＋	加算、プラス符号
	－	減算、マイナス符号
	×	乗算
	÷	除算
	mod	除算の余り
関係演算 （比較演算）	＝	等しい
	≠	等しくない
	＞	より大
	≧	以上
	＜	より小
	≦	以下
論理演算	and	論理積（かつ）
	or	論理和（または）
	not	論理否定（でない）

演算子には、優先順位が取り決められていますが、覚える必要はありません。優先順位がわかりにくい式では、演算を優先する部分がカッコで囲まれて示されるからです。ただし、**一般常識である乗除算の×と÷の方が加減算の＋と－より優先順位が高いことと、ITエンジニアの常識である「かつ」を意味するandの方が「または」を意味するorより優先順位が高いことを覚えておいてください**。日本語で、andは論理積（論理演算の乗算）であり、orは論理和（論理演算の加算）なので、「論理演算でも乗算（and）の方が加算（or）より優先順位が高い」と考えれば、すぐに覚えられるでしょう。なお、**notはandとorより優先順位が高い**です。これは、＋や－の符号と同様に、notが単項演算子（＋Aや－Bのように1つの項に対する演算子）だからです。

380

section 11.2 情報セキュリティのポイント

重要度 ★★★　難易度 ★★★

ここがポイント！
- 科目Bの情報セキュリティは、事例風の問題です。
- 事例の文章の中から、答えの裏付けを見つけましょう。
- 科目Aの問題を解くことで、知識の補充ができます。

科目Aと科目Bの違いを知る

「情報セキュリティ」の分野では、科目Aと科目Bの内容に大きな違いはありません。両者の違いは、**科目Aが基本的な知識（仕組みや用語の意味）を問うものであるのに対し、科目Bが実践的な技能を問うものである**ことです。そのため、科目Bの多くは「A社では…」や「B社の販売管理システムにおいて…」などの文章で始まる事例（架空の事例です）になっています。一見して難しそうに感じるかもしれませんが、設問を見れば、そこで問われている内容は、科目Aと同様だとわかるはずです。したがって、**科目Aの情報セキュリティの過去問題や公開問題を数多く学習することが、科目Bの情報セキュリティの対策になります**。

例を示しましょう。例題11.1は、「情報セキュリティ」の科目Bの問題（旧制度の午後試験の過去問題の一部を利用したもの）です。「営業支援システムなんて経験がない！」「VPNなんて知らない！」と思って尻込みしてしまうかもしれませんが、設問の内容をよく見てください。科目Aに出題される基本的な知識の範囲で正解できるはずです。

> **例題11.1** VPN（Virtual Private Network）（H25 秋 問4改）
>
> 　A社は、関東のN事業所で利用している営業支援システムを、関西のM事業所でも利用することにした。M事業所でN事業所の営業支援システムを利用するために、システム部が中心となってIPsecを利用したVPNの導入を検討し、報告書を作成した。IPsecでは、データ受信側のVPNルータがデータ送信側のVPNルータを認証する仕組みの一つとして、RSAアルゴリズムを用いたディジタル署名を利用している。その仕組みを図に示す。

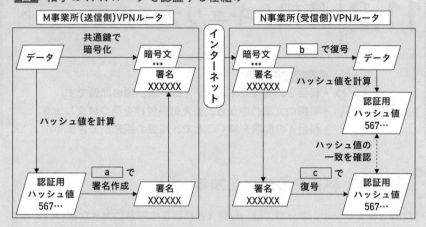

設問 図中の ☐ に入れる適切な答えの組合せを、解答群の中から選べ。

解答群

	a	b	c
ア	共通鍵	受信者の秘密鍵	送信者の公開鍵
イ	共通鍵	受信者の公開鍵	受信者の秘密鍵
ウ	送信者の公開鍵	受信者の秘密鍵	共通鍵
エ	送信者の公開鍵	送信者の秘密鍵	受信者の秘密鍵
オ	送信者の秘密鍵	共通鍵	送信者の公開鍵
カ	送信者の秘密鍵	受信者の公開鍵	共通鍵
キ	受信者の公開鍵	共通鍵	送信者の秘密鍵
ク	受信者の公開鍵	送信者の秘密鍵	共通鍵

　　b　は、共通鍵で暗号化した暗号文を復号するものなので「共通鍵」です。　a　は、ディジタル署名を作成するものなので「送信者の秘密鍵」です。　c　は、ディジタル署名を復号（検証）するものなので「送信者の公開鍵」です。したがって、選択肢オが正解です。これらは、どれも科目Aに出題される基本的な知識です。

事例の内容を的確に読み取る

繰り返しますが、科目Bは実践的な技能を問うものであり、多くの場合に事例になっています。事例なのですから、**事例の内容を的確に読み取ってください**。例を示しましょう。例題11.2は、Webサーバに対する不正侵入とその対策に関する問題です。

例題11.2 Webサーバに対する不正侵入とその対策（H28 春 問1改）

A社は、口コミによる飲食店情報を収集し、提供する会員制サービス業者である。会員制サービスを提供するシステム（以下、A社システムという）を図に示す。A社システムでは、外部からTelnetやSSHでWebサーバに接続して、インターネットを介したリモートメンテナンスが行えるようにしてあるが、現在はリモートメンテナンスの必要性はなくなっている。

図 A社システム

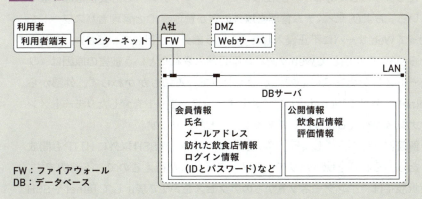

ある日、システム管理者が、ログの確認において、通常とは異なるログが記録されているのを発見した。そのログを詳しく調査したところ、システム管理者以外の者が管理者IDと管理者パスワードを使ってWebサーバに不正侵入したことが明らかになった。そこで、システム管理者は上司と相談し、会員制サービスを直ちに停止した。次に、今回の不正侵入に対する被害状況の特定と対策の検討を行った。

設問 FWを経由してWebサーバに不正侵入された、という被害に対する適切な対策を、解答群の中から選べ。

解答群

ア TelnetやSSH以外にHTTPも利用できるようにするために、HTTPのポートを開放する。

イ インターネットからのアクセスをFWで禁止し、TelnetやSSHのポートは閉じる。

ウ システム管理者がどこからでもすぐにA社のシステムメンテナンスができるように、TelnetやSSHのポートの開放は継続する。

エ パスワードやA社システムの実装情報の漏えいを防ぐために、Telnetのポートは閉じ、SSHに限定してポートを開放する。

　この問題を解くには、FW（ファイアウォール）の役割や、TelnetやSSHの機能などの基本的な知識が必要ですが、それだけでなく、**事例の内容を的確に読み取る**ことも必要です。「A社システムでは、外部からTelnetやSSHでWebサーバに接続して、インターネットを介したリモートメンテナンスが行えるようにしてあるが、現在はリモートメンテナンスの必要性はなくなっている」および「システム管理者以外の者が管理者IDと管理者パスワードを使ってWebサーバに不正侵入した」という部分に注目してください。これらから、FWを経由してWebサーバに不正侵入されたという被害の原因は、リモートメンテナンスの必要性がなくなっているにもかかわらず、外部からTelnetやSSHでWebサーバに接続してインターネットを介したリモートメンテナンスが行えるようにしてあることだとわかります。

　解答群を見てみましょう。選択肢アは、TelnetやSSH以外にHTTPも開放したら、それらを使ったリモートメンテナンスが行えるので、不適切です。選択肢イは、インターネットからのアクセスをFWで禁止してTelnetやSSHのポートを閉じれば、リモートメンテナンスが行えなくなるので、適切です。選択肢ウは、TelnetやSSHのポートの開放を継続したら、リモートメンテナンスも継続できるので、不適切です。選択肢エは、SSHに限定してポートを開放したら、そのポートでリモートメンテナンスが行えるので、不適切です。したがって、選択肢イが正解です。

　この例題のように、科目Bの問題を解くには、基本的な知識だけでなく、事例の内容を的確に読み取ることが必要になります。これは、国語の文章の読解問題に似ています。

自分で勝手な想像をせずに、文章に書かれていることを的確に読み取るのです。問題の答えの裏付けとなることが、文章のどこかに必ずあるはずです。

ここが大事！
科目Bの問題を解くには
・自分で勝手な想像をせずに、文章に書かれていることを的確に読み取る。
・文章の中から問題の答えの裏付けとなることを見つける。

科目Bの問題は、科目Aよりも文章がとても長いですね。

いいところに気が付きましたね。科目Aは**基本的な仕組みや用語の意味**を問う問題が多いのに対し、科目Bは実践的な知識や技能を問う問題が多いですよ。
科目Bで多く得点するためには、まずは**「文章を的確に読み取る」**ことが重要です！

確かに、解説を読むと「こんなところに答えが書いてあったのか！」と思うことが多いです。あとは、科目Aで覚えた知識が役に立つこともあります。「これはファイアウォール」だなと判断したり。

その通りです！　科目Aの対策は、実は科目Bの問題で問われる「基本的な知識」の対策にもなります。
ですから、科目Aの対策を一通り終えてから、科目Bの文章読解の練習を始めるというのが、効率的で効果的な学習方法なのです。

section
11.3 科目Bの対策の練習問題

アルゴリズムとプログラミング

練習問題 **11.1** 素数を格納した配列を返す関数（R05 公開 問1）

問1 次のプログラム中の ▢ a ▢ と ▢ b ▢ に入れる正しい答えの組合せを，解答群の中から選べ。ここで，配列の要素番号は1から始まる。

関数findPrimeNumbersは，引数で与えられた整数以下の，全ての素数だけを格納した配列を返す関数である。ここで，引数に与える整数は2以上である。

〔プログラム〕

```
○整数型の配列: findPrimeNumbers(整数型: maxNum)
  整数型の配列: pnList ← {} // 要素数0の配列
  整数型: i, j
  論理型: divideFlag
  for (i を 2 から    a    まで 1 ずつ増やす)
    divideFlag ← true

    /* iの正の平方根の整数部分が2未満のときは，繰返し処理を実行しない */
    for (j を 2 から iの正の平方根の整数部分 まで 1 ずつ増やす) // α
      if (    b    )
        divideFlag ← false
        αの行から始まる繰返し処理を終了する
      endif
    endfor
    if (divideFlag が true と等しい)
```

386

	pnListの末尾 に iの値 を追加する	
	endif	
endfor		
return pnList		

解答群

	a	b
ア	maxNum	i ÷ j の余り が 0 と等しい
イ	maxNum	i ÷ j の商 が 1 と等しくない
ウ	maxNum + 1	i ÷ j の余り が 0 と等しい
エ	maxNum + 1	i ÷ j の商 が 1 と等しくない

解答群に示された
選択肢をヒントに
してください！

アルゴリズムとプログラミング

練習問題 11.2 手続が呼び出される順序 （R05 公開 問2）

問2 次の記述中の　　　　　　に入れる正しい答えを，解答群の中から選べ。

次のプログラムにおいて，手続proc2を呼び出すと，　　　　　　の順に出力される。

〔プログラム〕

```
○proc1()
  "A"を出力する
  proc3()


○proc2()
  proc3()
  "B"を出力する
  proc1()

```

11.3 科目 B の対策の練習問題　**387**

○proc3()
"C"を出力する

> 手続が呼び出されて出力が行われる順序を紙の上に書き出してみましょう！

解答群

ア　"A", "B", "B", "C"　　　　　イ　"A", "C"
ウ　"A", "C", "B", "C"　　　　　エ　"B", "A", "B", "C"
オ　"B", "C", "B", "A"　　　　　カ　"C", "B"
キ　"C", "B", "A"　　　　　　　ク　"C", "B", "A", "C"

アルゴリズムとプログラミング

練習問題 11.3 二つの配列のコサイン類似度を返す関数（R05 公開 問5）

問5 次のプログラム中の　a　と　b　に入れる正しい答えの組合せを，解答群の中から選べ。ここで，配列の要素番号は1から始まる。

コサイン類似度は，二つのベクトルの向きの類似性を測る尺度である。関数 calcCosineSimilarity は，いずれも要素数が n(n≧1) である実数型の配列 vector1 と vector2 を受け取り，二つの配列のコサイン類似度を返す。配列 vector1 が $\{a_1, a_2, \cdots, a_n\}$，配列 vector2 が $\{b_1, b_2, \cdots, b_n\}$ のとき，コサイン類似度は次の数式で計算される。ここで，配列 vector1 と配列 vector2 のいずれも，全ての要素に 0 が格納されていることはないものとする。

$$\frac{a_1 b_1 + a_2 b_2 + \cdots + a_n b_n}{\sqrt{a_1^2 + a_2^2 + \cdots + a_n^2} \sqrt{b_1^2 + b_2^2 + \cdots + b_n^2}}$$

〔プログラム〕

```
○実数型: calcCosineSimilarity(実数型の配列: vector1,
                              実数型の配列: vector2)
 実数型: similarity, numerator, denominator, temp ← 0
 整数型: i
```

```
numerator ← 0

for (i を 1 から vector1の要素数 まで 1 ずつ増やす)
    numerator ← numerator +  [  a  ]
endfor


for (i を 1 から vector1の要素数 まで 1 ずつ増やす)
    temp ← temp + vector1[i]の2乗
endfor
denominator ← tempの正の平方根


temp ← 0
for (i を 1 から vector2の要素数 まで 1 ずつ増やす)
    temp ← temp + vector2[i]の2乗
endfor
denominator ← [  b  ]
similarity ← numerator ÷ denominator
return similarity
```

解答群

	a	b
ア	(vector1[i] × vector2[i])の正の平方根	denominator × (tempの正の平方根)
イ	(vector1[i] × vector2[i])の正の平方根	denominator + (tempの正の平方根)
ウ	(vector1[i] × vector2[i])の正の平方根	tempの正の平方根
エ	vector1[i] × vector2[i]	denominator × (tempの正の平方根)
オ	vector1[i] × vector2[i]	denominator + (tempの正の平方根)
カ	vector1[i] × vector2[i]	tempの正の平方根
キ	vector1[i]の2乗	denominator × (tempの正の平方根)
ク	vector1[i]の2乗	denominator + (tempの正の平方根)
ケ	vector1[i]の2乗	tempの正の平方根

問題に示された数式に対応付ければ、プログラムの内容を理解できます！

情報セキュリティ

練習問題 **11.4** 人事業務の委託における情報セキュリティリスク（R05 公開 問6）

問6 A社は，放送会社や運輸会社向けに広告制作ビジネスを展開している。A社は，人事業務の効率化を図るべく，人事業務の委託を検討することにした。A社が委託する業務（以下，B業務という）を図1に示す。

図1 **B業務**

> ・採用予定者から郵送されてくる入社時の誓約書，前職の源泉徴収票などの書類をPDFファイルに変換し，ファイルサーバに格納する。
> （省略）

委託先候補のC社は，B業務について，次のようにA社に提案した。
・B業務だけに従事する専任の従業員を割り当てる。
・B業務では，図2の複合機のスキャン機能を使用する。

図2 **複合機のスキャン機能（抜粋）**

> ・スキャン機能を使用する際は，従業員ごとに付与した利用者IDとパスワードをパネルに入力する。
> ・スキャンしたデータをPDFファイルに変換する。
> ・PDFファイルを従業員ごとに異なる鍵で暗号化して，電子メールに添付する。
> ・スキャンを実行した本人宛てに電子メールを送信する。
> ・PDFファイルが大きい場合は，PDFファイルを添付する代わりに，自社の社内ネットワーク上に設置したサーバ（以下，Bサーバという）[1]に自動的に保存し，保存先のURLを電子メールの本文に記載して送信する。

注[1] Bサーバにアクセスする際は，従業員ごとの利用者IDとパスワードが必要になる。

A社は，C社と業務委託契約を締結する前に，秘密保持契約を締結した。その後，C社に質問表を送付し，回答を受けて，業務委託での情報セキュリティリスクの評価を実施した。その結果，図3の発見があった。

390

図3 発見事項

- 複合機のスキャン機能では，電子メールの差出人アドレス，件名，本文及び添付ファイル名を初期設定[1]の状態で使用しており，誰がスキャンを実行しても同じである。
- 複合機のスキャン機能の初期設定情報はベンダーのWebサイトで公開されており，誰でも閲覧できる。

注[1] 複合機の初期設定はC社の情報システム部だけが変更可能である。

そこで，A社では，初期設定の状態のままではA社にとって情報セキュリティリスクがあり，初期設定から変更するという対策が必要であると評価した。

設問 対策が必要であるとA社が評価した情報セキュリティリスクはどれか。解答群のうち，最も適切なものを選べ。

解答群

ア　B業務に従事する従業員が，攻撃者からの電子メールを複合機からのものと信じて本文中にあるURLをクリックし，フィッシングサイトに誘導される。その結果，A社の採用予定者の個人情報が漏えいする。

イ　B業務に従事する従業員が，複合機から送信される電子メールをスパムメールと誤認し，電子メールを削除する。その結果，再スキャンが必要となり，B業務が遅延する。

ウ　攻撃者が，複合機から送信される電子メールを盗聴し，添付ファイルを暗号化して身代金を要求する。その結果，A社が復号鍵を受け取るために多額の身代金を支払うことになる。

エ　攻撃者が，複合機から送信される電子メールを盗聴し，本文に記載されているURLを使ってBサーバにアクセスする。その結果，A社の採用予定者の個人情報が漏えいする。

文章に書かれていることを的確に読み取り，答えの裏付けとなることを見つましょう！

section

11.4 | 科目Bの対策の練習問題の解答・解説

アルゴリズムとプログラミング

練習問題 **11.1** 素数を格納した配列を返す関数（R05 公開 問1）

解答 ア

解説 findPrimeNumbers(整数型：maxNum) は、2〜maxNum の範囲の素数を格納した配列を返します。このプログラムは、for 文の中に for 文がある多重ループになっています。外側の for 文では、素数かどうかをチェックする変数 i を 2〜maxNum まで変化させます。したがって、空欄 a は maxNum です。内側の for 文では、変数 j を 2〜$\sqrt{i}$（小数点以下カット）まで変化させます。これは、変数 i が素数かどうかを判定するのに「2〜$\sqrt{i}$ までのすべての整数で割ってみて、割り切れる数が見つかれば素数ではない、見つからなければ素数である」というアルゴリズムを使っているからです。空欄 b の条件が真のときに divideFlag に false を代入して、内側の繰り返しを終了しています。その後にある if 文で、divideFlag が true なら変数 i を配列 pnList の末尾に追加しています。したがって、空欄 b は変数 i が素数でないと判断する条件であり、変数 i が変数 j で割り切れるです。選択肢の中で、これに該当するのは「i ÷ j の余りが 0 と等しい」です。割り切れるなら、割り算の余りが 0 になるからです。以上のことから、選択肢アが正解です。

アルゴリズムとプログラミング

練習問題 **11.2** 手続が呼び出される順序（R05 公開 問2）

解答 ク

解説 手続 proc2 を呼び出すと、以下の処理が行われます。"C"、"B"、"A"、"C" の順に出力されるので、選択肢クが正解です。

```
proc3()
"C"を出力する
↓
"B"を出力する
↓
proc1()
"A"を出力する
↓
proc3()
"C"を出力する
```

アルゴリズムとプログラミング

練習問題 11.3　二つの配列のコサイン類似度を返す関数（R05 公開 問5）

解答　エ

解説　空欄aがある行では、繰り返し足し算が行われていることから、問題に示された数式の分子の値を、変数numeratorに得ていることがわかります。変数iを1からvector1の要素数まで1ずつ増やして繰り返すので、空欄aは「vector1[i] × vector2[i]」が適切です。この時点で、正解を選択肢エ、オ、カに絞り込めます。

　空欄bでは、変数denominatorに代入を行ったら、その後でnumerator ÷ denominatorという処理を行っています。このことから、変数denominatorは、問題に示された数式の分母の値であることがわかります。空欄bの前にある2つのfor文では、前側のfor文でvector1に関する2乗や平方根の計算を行い、その結果の変数tempの平方根を変数denominatorに格納しています。後側のfor文でvector2に関する2乗や平方根の計算を行い、その結果を変数tempに得ています。したがって、空欄bは、現在のdenominatorの値にtempの平方根を掛ける「denominator × (tempの正の平方根)」が適切です。以上のことから、選択肢エが正解です。

第11章 科目Bの対策

11.4 科目Bの対策の練習問題の解答・解説　**393**

情報セキュリティ

練習問題 11.4　人事業務の委託における情報セキュリティリスク（R05 公開 問6）

解答　ア

解説　A社では、初期設定の状態のままでは情報セキュリティリスクがあり、初期設定を変更する対策が必要であると評価しています。この「初期設定の状態のままでは情報セキュリティリスクがあり」とは何かを、選択肢の中から選ぶ問題です。図3に示された発見事項を見ると、誰がスキャンを実行しても、電子メールの差出人アドレス、件名、本文、および添付ファイル名が初期設定のままであり、さらに、初期設定の情報がベンダーのWebサイトで公開されているので誰でも閲覧できる、とあります。このことから、初期設定の状態のままでは、攻撃者が複合機になりすまして電子メールを利用者に送り、そこにあるURLをクリックさせて悪意のあるWebサイトに誘導するリスクがあります。したがって、「攻撃者からの電子メールを複合機からのものと信じて本文中にあるURLをクリックし、フィッシングサイトに誘導される」とある選択肢アが正解です。

11章までやりきったー！

がんばりましたね。
本当におつかれさまでした！

あとは何をやればよいですか？

一休みしてから、次のページの模擬試験で力だめしをしましょう。

模擬試験もがんばるぞ〜！

Appendix

基本情報技術者模擬試験のご案内

本書の読者特典として、科目Aと科目Bの模擬試験を提供しています。実際の試験を受ける前に、それぞれの1回分の全問を解いてみましょう。問題、解答、および解説は、翔泳社のWebページからダウンロードできます。

Appendix 01 なぜ試験問題の全問を解くのか？
Appendix 02 模擬試験のダウンロード方法と実施方法

Appendix 01 なぜ試験問題の全問を解くのか？

全問を解いて苦手分野を知る

科目Aは、すべての分野から出題されます。科目Bは、アルゴリズムとプログラミング、および情報セキュリティの分野から出題されます。したがって、**合格基準まで得点を上げるには、苦手分野を克服するしかありません。**本書の学習の総仕上げとして、科目A模擬試験と科目B模擬試験の全問を解いて、自分の苦手分野を知ってください。**苦手分野がわかったら、本書の該当する章を復習してください。**その章の解説、例題、練習問題を、しっかりと理解できるようになるまで復習してください。

制限時間内に問題を解く練習をする

これまでの学習では、時間を気にすることなく、問題を1問ずつ解いていたことでしょう。ただし実際の試験には、制限時間があることに注意してください。科目Aは、90分で全60問に解答します。科目Bは、100分で全20問に解答します。**科目A模擬試験と科目B模擬試験を解くときには、制限時間内に全問を解いてください。もしも、時間が余ったら、制限時間いっぱいまで見直しをしてください。**これらは、実際の試験に向けて、とてもよい練習になります。

試験当日までの学習計画を立てて実施する

科目Aと科目Bの1回分の全問を解いたら、それぞれの正解数を確認してください。全体の60%以上の正解が合格の目安です。実際の試験には、問題ごとの配点割合が設定されていませんが、科目Aが36問以上で、かつ科目Bが12問以上なら合格と考えてよいでしょう。**もしも合格基準に達していない場合は、あとどのくらい学習すればよいかがわかるはずです。学習計画を立てて実施してください。**

Appendix 02 模擬試験のダウンロード方法と実施方法

模擬試験のダウンロード方法

　模擬試験の問題、解答、および解説は、翔泳社のWebページからダウンロードしてください（P.xiiも参照）。以下にURLとURLのQRコードを示します。

URL https://www.shoeisha.co.jp/book/present/9784798183282

　模擬試験の問題の出典は、情報処理推進機構が2022年12月に公開したサンプル問題セットです。**本書執筆時点（2023年10月）で、実際の試験と同じ形式になっているのは、このサンプル問題セットだけなので、模擬試験として最適なものです。**情報処理推進機構では、2023年7月に令和5年度の公開問題を公開していますが、科目Aが20問だけで、科目Bが6問だけなので、模擬試験には適していません。ただし、これらの問題も試験対策として大いに有益なものなので、本書の第2章〜第11章の例題や練習問題として使っています。

模擬試験の実施方法

　上述のダウンロードページにアクセスすると、科目Aと科目Bそれぞれの模擬試験の問題、解答、および解説のPDFファイルを閲覧できます。**もしも、十分に時間が取れるなら、実際の試験と同様の試験時間で、それぞれの全問を解いてください**（時間が取れない場合は、少しずつ時間を解くのでも構いません）。**科目Aは90分で、科目Bは100分です。**実際の試験では、科目Aと科目Bの間に、最大で10分間（本書執筆時点）の休憩があります。休憩時間

も同じにすると、実際の試験のボリューム感を知ることができるでしょう。

　実際の試験は、コンピュータを使って行われ、試験専用のアプリの画面に問題と選択肢が表示され、画面上で解答します。電卓の持ち込みはできないので、計算が必要な場合は、手作業で計算します。メモ用紙が何枚か配布されるので（メモ用紙が足りなくなった場合は、追加でもらうことができます）、メモ用紙に計算手順を書き込みます。**実際の試験と似た環境で模擬試験を行うには、問題のPDFファイルをコンピュータの画面に表示し、メモ用紙を何枚か用意して、問題を解くとよいでしょう。** 画面上で解答することはできないので、メモ用紙に問題番号と解答を書いてください。問題を解き終わったら、解答を見て正解数をカウントしてください。できなかった問題は、解説を見て解法を知ってください。

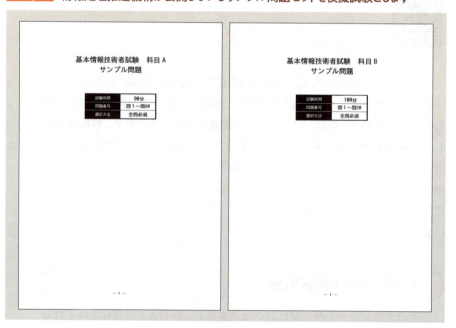

図Ap.1　情報処理推進機構が公開しているサンプル問題セットを模擬試験とします

索引

記号

μ（マイクロ）	27
−	38, 380
％	117
％	62, 64
＋	62, 380
＜	380
＝	380
≠	380
＞	380
×	380
÷	380
∩	63
∪	63
≦	380
≧	380

数字

16進数	27, 32
1対1	103
1対多	103
2進数	22
2値ビットマップフォント	296
2の補数表現	37
8進数	27, 32

A

ACID特性	128, 138
algorithm	224
and	380
AND演算	58
AND回路	75
array	227
arrow diagram	331
ASC	117
assessment	213
Atomicity	129
availability	212
AVG関数	119

B

batch	284
behavior	204
BETWEEN	115
binary tree	250
bit	23
bit per second	267
bitmap font	279
bps	267, 281
bridge	160
broadcast	171
buffer	255
byte	23

C

CA	202
cache	165
cache poisoning	192
capacity	307
Central Processing Unit	56
CHAR型	125, 127
check digit	318
CIDR表記	172
CIO	11
Classless Inter Domain Routing	172
code	24
coding	354
commit	130
compare	204
Consistency	129
COUNT関数	119
CPI	267
CPU	56, 266, 276
CREATE TABLE命令	125
CREATE VIEW命令	121
critical path	331
CRM	312
cross site scripting	191
Cycles Per Instruction	267

D

DataBase Management System	94
DATE型	125, 127
DBMS	94
DDoS攻撃	194
dead lock	133
DELETE	97
DELETE命令	139
De-Militarized Zone	207
dequeue	255
DESC	117
DHCP	152, 157
DHCPサーバ	153
DISTINCT	116
DMZ	207
DNS	152
DNSキャッシュポイズニング	192
DNSサーバ	152
do	369
do〜while	368
DoS攻撃	193
DRAM	274
Durability	129
Dynamic Host Configuration Protocol	153
Dynamic RAM	274

E

EA	301
elseif	367
endfor	370
endif	366
endwhile	368
enqueue	255
Entity	102
ERP	312
E-R図	102
ethernet	147
excess	44

F

false	59
FIFO方式	255
File Transfer Protocol	154
First In First Out	255
flash memory	280
flow chart	66
font	279
for	370
for〜endfor	368
foreign key	99
FROM	121
FTP	154
full adder	79

G

G（ギガ）	26
GROUP BY	121

H

half adder	79
hash	200
HAVING	120
header	159
heap	254
heuristic	204
HTTP	147
HTTP Secure	199
Hyper Text Transfer Protocol	154
Hz	267

I

I/O	276
if	360
if〜endif	366
incident	307
index	227
Information-technology Promotion Agency	9
INNER JOIN	126
INSERT	97
INSERT命令	125
INTEGER型	126, 127
integrity	212
internet	146
Internet Protocol	157
Internet Protocol version 4	176
Internet Protocol version 6	176
IPA	9
IPv4	176
IPv6	176, 181

IPアドレス 148, 162, 167	NOT演算 58, 62	SCM 312
IPパケット 159	NOT回路 75	search 229
IPヘッダ 159	NTP 154, 157	Secure SHell 154
IPマスカレード 175	NULL 97	Secure Sockets Layer/Transport
IRT 6		Layer Security 199
Isolation 129	**O**	security hole 210
IT Skill Standard 3	ONU 184	SELECT 97, 113
ITスキル標準 3	Open System Interconnection 155	SELECT命令 114, 122
Item Response Theory 6	Operating System 276	shift 45
ITIL 307	Optical Network Unit 184	signature 205
ITSS 3	or 59, 360, 380	Simple Mail Transfer Protocol 154
	order 241	SLA 321
K	ORDER BY 117	SMTP 154
k(キロ) 36	Organizationally Unique Identifier	social engineering 188
	183	sort 229
L	OR演算 58	SQL 113, 190
LAN 146	OR回路 75	SQLインジェクション攻撃 190, 209
LAN間接続装置 160	OS 276	SQL文 113
Last In First Out 255	OSI基本参照モデル 155	SRAM 274
LIFO方式 255	OUI 183	SSH 154
LIKE 116		SSL/TLS 199
list 247	**P**	Static RAM 274
Local Area Network 146	p(ピコ) 26	Structured Query Language 113
loop 373	packet 148	SUM関数 118
lost update 131	parity bit 91	
	pattern matching 204	**T**
M	penetration 243	T(テラ) 27
m(ミリ) 26	phishing 193	task 276
M(メガ) 26	PKI 203	TCP 157
MACアドレス 162	PMBOK 305	TCP/IP 147, 157
malware 188	pointer 247	TCPセグメント 159
mask 70	pop 255	TCPヘッダ 159
masquerade 175	POP3 154	Teletype network 154
MAX関数 118	port scanner 243	Telnet 154
Mean Time Between Failure 289	Post Office Protocol version 3 154	TPS 283
Mean Time To Repair 289	primary key 97	trace 225
Media Access Control 162	protocol 147	transaction 128
message digest 200	provider 151	Transactions Per Second 283
million Instructions Per Second 267	Public Key Infrastructure 203	Transmission Control Protocol 157
MIL記号 75	push 255	true 365
MIN関数 118		turn around time 284
MIPS 267, 273	**R**	
mod 243, 380	recursive call 377	**U**
MRP 319	register 56	UDP 157
MTBF 289	relational database 94	UPDATE 97
MTTR 289	relationship 99, 102	UPDATE命令 96, 125
	release 307	User Datagram Protocol 178
N	repeater 160	
n(ナノ) 26	return 377	**V**
NAND演算 61	RFI 311	VARCHAR型 125, 127
NAND回路 75	RFP 311	vender 183
NAPT 175	risk 213	view 121
NAT 175	risk finance 214	
Network Address Port Translation	roll back 130	**W**
175	roll forward 130	WAF 209
Network Address Translation 175	router 150	WAN 146
Network Time Protocol 154, 157		WBS 301
NOR演算 61	**S**	Web Application Firewall 209
NOR回路 75	sampling 280	Webサーバ 149
not 380	scalable font 279	well-known 164

INDEX

WHERE	120
while	360, 369
while〜endwhile	368
Wide Area Network	164

X

XOR演算	61, 70
XOR回路	75

あ

アーキテクチャ	301
アイオー	276
アクセス時間	267, 275
アセスメント	213
後判定の繰り返し	369
アドレスクラス	168
アプリケーションデータ	159
アプリケーション層	155
粗利	341
アルゴリズム	224
アローダイアグラム	331, 337
暗号化	187, 195
暗号文	195

い

イーサネット	147
イーサネットフレーム	159
イーサネットヘッダ	159
イクセス	44
一貫性	129
一斉同報	171
インシデント	307
インシデント管理	307
インターネット	146
インタプリタ方式	313
インデント	366

う

ウイルス対策ソフト	204
ウイルス定義ファイル	205
ウェルノウンポート番号	164
売上原価	341
売上総利益	341
売上高	341

え

営業外収益	342
営業外費用	342
営業利益	341
エスラム	274
枝	252
エンキュー	255
演算子	363, 380
演算制御装置	56
エンタープライズ	301
エンタープライズアーキテクチャ	301
エンティティ	102

お

オーエス	276
オーダ	241
オブジェクト	379
重み付け	328

か

回線	282
回線利用率	282
外部キー	99
鍵	195
確率	269
確率の加法定理	287
確率の乗法定理	286
過去問題	12
仮数部	43
稼働率	285
株主資本等変動計算書	314
加法定理	269
仮面舞踏会	175
科目A	5
科目A免除制度	20
科目B	5
可用性	212
関係代数	123
関係データベース	94
緩衝記憶領域	255
緩衝材	255
環状リスト	250
関数	362
関数を呼び出す	363
完全性	212
関連	102

き

偽	365
キーロガー	188
記憶容量	267
企業活動	314
企業資源計画	312
擬似言語	358, 362
基数変換	28
期待値	271, 327
基本ソフトウェア	276
機密性	212
キャッシュ	274
キャッシュフロー計算書	314
キャッシュメモリ	274
キャパシティ	307
キャパシティ管理	307
キュー	247, 255
脅威	187
供給連鎖管理	312
共通鍵	196
共通鍵暗号方式	196, 199
共有ロック	131, 133
局所変数	377

く

クイックソート	236

クライアント

クライアント	149
クラウドファンディング	17
クラス	379
クラスA	168
クラスB	168
クラスC	168
繰り返し	67, 107, 366
クリティカルパス	331
グループ化	120
グローバルIPアドレス	174
グローバル変数	377
クロスサイトスクリプティング	191
クロック周波数	267
クロック信号	267

け

経営戦略マネジメント	7, 312
計算量	241
経常利益	341
桁の重み	29, 33
結合	123, 234
結合点	332
減価償却	329
原子性	129

こ

公開鍵	196
公開鍵暗号方式	196, 197, 199
公開鍵基盤	203
公開鍵証明書	202
降順	229
更新	96
工数	337
構成管理	307
項目応答理論	6
コーディング	354
コード	24
顧客関係管理	312
午後試験	12
個人情報	320
午前試験	12
固定小数点形式	40
固定費	343
コミット	130
コメント（注釈）	362
コンピュータウイルス	187
コンペア法	204

さ

サーチ	229
サーバ	149
サービス	308
サービス供給管理	362
サービスマネジメント	7, 307
サービス要求管理	307
サービスレベル管理	307
再帰	377
再帰呼出し	377
サイクル	267
サイダー表記	172

401

最遅開始日 ……………… 332
最遅結合点時刻 ……… 337
最早開始日 ……………… 332
最早結合点時刻 ……… 337
財務諸表 ………………… 314
先入先出法 ……………… 345
削除 ………………………… 96
サブクエリ ……………… 122
サブネットマスク……… 169
サプライチェーン……… 313
算術シフト ……………… 46
算術左シフト …………… 46
算術右シフト …………… 46
参照の整合性 …………… 101
サンプリング …………… 280

し

シーザー暗号 …………… 196
シグネチャ ……………… 205
シグネチャファイル…… 205
試験要綱 …………………… 10
次数 ………………………… 241
指数部 ……………………… 43
システム監査 ………7, 308
システム企画 ………7, 311
システム戦略 ………7, 310
実効アクセス時間……… 275
実数型 ……………………… 365
シフト ……………………… 45
ジャーナルファイル …… 130
射影 ………………………… 123
修正パッチ ……………… 210
従属性 ……………………… 98
集約関数 ………………… 118
主キー ………………97, 99
主記憶 ……………………… 274
主問い合せ ……………… 122
順次 ………………… 67, 366
昇順 ………………………… 117
情報処理技術者試験 …… 2
情報戦略策定段階 …… 310
乗法定理 ………………… 269
情報漏えい ……………… 187
シラバス …………………… 10
真 …………………………… 59
真偽値 ……………………… 59
真理値 ……………………… 59
真理値表 ………………… 59

す

推移従属性 ………111, 112
スケーラブルフォント … 279
スコープ ………………… 306
スタック ……………255, 256
ステークホルダマネジメント … 306
ストラテジ ……………… 214
ストラテジ系 ……………… 6
スパイウェア …………… 188

せ

正規化 …………………… 106
制御記述 ………………… 370
脆弱性 …………………… 210
整数型 …………………… 365
税引前当期純利益 …… 341
正方フォント …………… 280
整列 ……………………… 229
セキュリティの三大要素 … 212, 213
セキュリティホール …… 210
節 ………………………… 252
セッション層 …………… 156
全加算 ……………………… 79
全加算器 …………………79, 81
線形 ……………………… 240
線形計画法 …404, 415, 422
線形探索法 …240, 243, 246
選択 ……………………… 67
選択ソート ………232, 243
専有ロック ………131, 133

そ

挿入ソート ……………… 233
双方向リスト …………… 250
添字 ………………227, 370
ソーシャルエンジニアリング … 188
ソート …………………… 229
損益計算書 ………314, 341
損益分岐点 ……………… 344

た

ターンアラウンドタイム … 284
第1正規化 ……………… 108
第1正規形 ……………… 108
第2正規形 ………108, 111
第3正規形 ………111, 112
大域変数 ………………… 377
耐久性 …………………… 129
貸借対照表 ……………… 314
代入 ………………227, 363
多重度 …………………… 103
多重ループ ……………… 373
タスク …………………… 276
タスクスケジューリング … 276
ダミー作業 ……………… 353
探索 ……………………… 229
単方向リスト …………… 250

ち

チェックサム …………… 205
チェックサム法 ………… 204
帳簿価額 ………………… 329
直列 ……………………… 288

つ

追跡 ……………………… 225

て

ディーラム ……………… 274
ディジタル署名 ………… 200

ディジタル証明書……… 202
データ型 ………………… 365
データベース ……………… 94
データベース管理システム …… 94
データ量 ………………… 267
データリンク層 ………… 156
データ構造 ………224, 247
デキュー ………………… 255
テクノロジ系 ……………… 6
手続 ……………………… 362
デッドロック …………… 133
伝送効率 ………………… 281
伝送速度 ………………… 267

と

ド・モルガンの法則 …… 68
動的グローバルIP……… 211
登録 ………………………… 96
特別損失 ………………… 342
特別利益 ………………… 342
独立行政法人情報処理推進機構 … 9
独立性 …………………… 129
ドメイン名 ……………… 152
トランザクション …128, 283
トランスポート層 ……… 156
トレース ………………… 225
トロイの木馬 …………… 188

な

流れ図 ……………………… 66
ナノ ………………………… 26

に

二次元配列 ……………… 375
二分木 …………………… 250
二分探索木 ……………… 251
二分探索法 ………238, 242
人月 ……………………… 337
認証局 …………………… 202

ぬ

ヌル ………………………… 97

ね

ネットワークアドレス … 168
ネットワークカード …… 183
ネットワーク層 ………… 156

は

葉 ………………………… 252
排他制御 ………………… 131
バイト ……………………… 23
ハイブリッド暗号 ……… 199
配列 ……………………… 227
パケット ………………… 148
パケットフィルタリング型ファイア
　ウォール ……………… 205
パターンファイル ……… 205
パターンマッチング法 … 204
バックドア ……………… 188

402

INDEX

ハッシュ関数	243
ハッシュ値	243
ハッシュ表	243
ハッシュ表探索法	243, 246
バッチ処理	284
バッファ	254
花文字	261
バブルソート	231
パリティビット	91
半加算	79
半加算器	79
販売費及び一般管理費	342

ひ

ヒープ	254
ヒープソート	254
引数	363
ビジネスインダストリ	7
非正規形	107, 112
左シフト	45
ビット	23
ビットパターン	25
ビットマップフォント	279
ヒット率	274
非武装地帯	207
ビヘイビア法	204
秘密鍵	196
ビュー	121
ヒューマンリソースマネジメント	306
ヒューリスティック法	204
費用	306
平文	195

ふ

ファイアウォール	205
ファンクションポイント値	339
ファンクションポイント法	339
フィッシング	193
フォント	279
復号	195
複合キー	108
副問い合せ	122
符号	24
符号あり整数	37
符号化	60
符号拡張	49
符号なし整数	37
符号ビット	37
符号部	43
プッシュ	255
物理層	155
不等式	268
浮動小数点形式	40, 43
部分従属性	108
プライベートIPアドレス	174
フラッシュメモリ	280
ブリッジ	160
プレゼンテーション層	156
フローチャート	66

ブロードキャスト	171
プロキシサーバ	165
プロジェクトマネジメント	305
プロトコル	147, 154
プロバイダ	151
分岐	67, 366

へ

平均アクセス時間	275
平均位置決め時間	323
平均回転待ち時間	323
平均故障間隔	289
平均修理時間	289
並列	288
ヘッダ	159
ヘルツ	267
返却値	363
変更管理	307
変数	226, 362
変数の宣言	363
変数名	226
ベンダ	183
変動費	343
ベン図	63

ほ

ポインタ	247
ポイント	279
法務	315
ポート番号	162
補集合	63
ホスト	153
ホストアドレス	168
ボット	188
ポップ	255

ま

マージソート	234, 243
前判定の繰り返し	369
マクロウイルス	188
交わり	63
マスク	70
マネジメント	300
マネジメント系	6
マルウェア	188
マルチタスク	276

み

右シフト	45
ミップス	267

む

結び	63

め

命題	59
メインクエリ	122
メインメモリ	274
メールサーバ	149
メッセージダイジェスト	200

も

文字列型	365
戻り値	363
問題管理	307

よ

要素	227
要素番号	227, 370

ら

ラン	146

り

利益	341
利害関係者	306
リスク	187, 213
リスクアセスメント	213
リスクファイナンス	214
リスク移転	214
リスク保有	214
リスト	247
リピータ	160
リリース	307
リリース管理	307
リレーションシップ	99, 102, 312

る

ルータ	150, 160
ループ	373
ループカウンタ	370

れ

レジスタ	56
連立方程式	326

ろ

ローカル変数	377
ロールバック	130
ロールフォワード	130
ログファイル	130
ロストアップデート	131
ロック	131
論理演算	58
論理回路	75
論理型	365
論理シフト	45
論理積	62, 380
論理値	59
論理左シフト	45
論理否定	62, 380
論理右シフト	45
論理和	62, 380

わ

ワーム	188
ワフ	209
ワン	146

403

著者プロフィール

矢沢久雄（やざわ・ひさお）

（株）ヤザワ 代表取締役社長
（株）SE プラス アドバイザリースタッフ
　長年に渡りシステム開発に従事し、現在は主に講師業と著作業を行っている。20年ほど前から、基本情報技術者試験の対策講座の講師を始めて、様々な講座を年間で100回程度こなしている。Ｉ Ｔを初めて学ぶ受講者のクラスを好んで担当し、わかりやすさと楽しさで、抜群の顧客満足度とリピート率を誇る。『スラスラわかるC++ 第3 版』（翔泳社）や『プログラムはなぜ動くのか 第3 版』（日経BP社）など、コンピュータやプログラミングに関する著書が数多くある。

ブックデザイン
米倉 英弘（細山田デザイン事務所）

イラスト
Okuta

DTP
株式会社トップスタジオ

情報処理教科書
出るとこだけ！
基本情報技術者
テキスト＆問題集
［科目A（エー）］［科目B（ビー）］2024年版
2023年11月20日　初版第1刷発行

著者	矢沢 久雄（やざわ ひさお）
発行者	佐々木 幹夫
発行所	株式会社翔泳社 https://www.shoeisha.co.jp
印刷	昭和情報プロセス株式会社
製本	株式会社国宝社

© 2023 Hisao Yazawa

本書は著作権法上の保護を受けています。本書の一部または全部について、株式会社 翔泳社から文書による許諾を得ずに、いかなる方法においても無断で複写、複製することは禁じられています。
ソフトウェアおよびプログラムは各著作権保持者からの許諾を得ずに、無断で複製・再配布することは禁じられています。
本書へのお問い合わせについては、ii ページに記載の内容をお読みください。
落丁・乱丁はお取り替えいたします。03-5362-3705 までご連絡ください。

ISBN 978-4-7981-8328-2
Printed in Japan